"十一五"、"十二五"国家科技支撑计划资助项目

城市大型公共建筑全寿命周期风险管理

周红波 著

中国建筑工业出版社

图书在版编目（CIP）数据

城市大型公共建筑全寿命周期风险管理／周红波著.—北
京：中国建筑工业出版社，2018.1
ISBN 978-7-112-21362-7

I.①城…　II.①周…　III.①城市建筑 — 公共建筑 — 风
险管理—研究　IV.①TU2

中国版本图书馆CIP数据核字（2017）第256598号

　　本书是作者多年研究成果的总结，旨在使城市大型公共建筑项目的施工参建
各方和运营维护相关方对建筑施工和运维中的风险有一个比较全面的认识和了
解，并为之提供风险识别与分析、评估与预控、跟踪与监测、预警与应急等风险
管理环节的管理流程、管理方法、处置措施等。全书共7章，包括：城市大型公
共建筑风险管理概述、城市大型公共建筑风险研究发展现状、城市大型公共建筑
风险评估方法、城市大型公共建筑决策阶段风险管理、城市大型公共建筑施工阶
段的风险管理、城市大型公共建筑运营实施阶段的风险管理、城市大型公共建筑
运营风险管理系统。内容全面、翔实，具有较强的指导性，可供建筑工程施工企
业、运营单位管理人员等参考使用。

责任编辑：王砾瑶　范业庶
责任校对：党　蕾

城市大型公共建筑全寿命周期风险管理

周红波　著

*

中国建筑工业出版社出版、发行（北京海淀三里河路9号）
各地新华书店、建筑书店经销
北京京点图文设计有限公司制版
北京富生印刷厂印刷

*

开本：787×1092 毫米　1/16　印张：14½　字数：316 千字
2018 年7月第一版　2018 年7月第一次印刷
定价：**49.00**元
ISBN 978-7-112-21362-7
（31093）

随着我国国民经济的发展和城镇化的推进，基础设施投资近年来不断加大，大型公共建设工程在我国呈现日益增多的趋势。工程建设呈现出投资主体多元化、技术工艺复杂化、建筑材料新型化和企业独立自主化、建设项目规模大型化等特点。

我国历来重视建设工程的安全问题。"九五"期间以城乡居民住宅工程、特种工程、城乡建设为重点，解决建筑设计、产品开发、工程施工和管理中的关键技术问题，研究超高、大跨度建筑、城市地下空间和水下工程、隧洞工程等特种工程的设计方法、结构和施工技术。"十五"期间重点开展重大工程活动与自然环境相互作用及诱变灾害的机理、预测和防治研究。"十一五"科学技术发展规划中就公共安全领域确定"国家公共安全应急技术保障工程"为重点项目，重点研究应急平台的信息互通、数据共享、联动响应和安全保障技术，开发国家突发公共事件应急总平台、典型行业应急平台和典型省地市级应急平台的技术方案。住房城乡建设部关于建设事业"十一五"规划纲要中提出研究城市灾害和工程事故类别及其应急救援措施和快速反应的指挥与装备，提高城市生命线工程和地下空间的抗灾能力。加强建设系统一线作业人员的综合防灾教育，广泛宣传和普及公共安全知识、应急管理知识、灾害防治和救助知识，提高一线作业人员参与应急管理能力和自救能力。

"九五"期间国家将建设工程提到重点发展领域。"十五"以来逐步开展了工程安全的机理、预测、防治、应急等各个方面的研究，工程安全首次作为战略任务被列入发展规划。"十一五"将公共安全提升到新的高度，建设行业针对城市生命线、地下空间等重点工程的安全防灾进行了广泛深入的研究。建设工程行业十余年来经历了从关注本体到注重环境、从发展技术到保障安全的历程，安全逐渐成为关注的焦点。但是，重建设轻运维一直是城市建筑安全运行的现状。

鉴于国内暂无针对大型公共建筑决策、设计、施工和运维全过程的风险管理系统的研究，近十年来，周红波博士及其团队开展了大量针对大型建筑项目施工和运维的风险管理系列研究，包括"十一五"、"十二五"国家科技支撑计划项目、原建设部科学技术计划项目、上海市科技启明星计划项目、上海市领军人才项目等。在十多年研究成果的基础上，提炼编写了本书。本书使城市大型公共建筑项目的施工参建各方和运营维护相关方对建筑施工和运维中的风险有一个比较全面的认识和了解，并为之提供风险识别与分析、评估与预控、跟踪与监测、预警与应急等风险管理环节的管理流程、管理方法、处置措施等。

这本书的出版是非常及时和有价值的，结合大量的工程案例，把工程风险管理理论和方法成功应用于大型公共建筑全生命周期的质量安全管理，对控制大型复杂公共建筑的建设与运营安全风险有实际指导意义，可以通过事前风险评估与分析、事中严格风险控制，大大降低大型公共建筑全生命周期风险发生的概率和减轻风险发生后的损失，有利于保障大型城市建设和运营管理安全以及精细化管理水平。

中国工程院院士　叶可明

2018 年 5 月

随着我国国民经济的发展和城镇化的推进，基础设施投资近年来不断加大，大型公共建设工程在我国呈现日益增多的趋势。工程建设呈现出投资主体多元化、技术工艺复杂化、建筑材料新型化和企业独立自主化、建设项目规模大型化等特点。而且，随着越来越多的大型公共建筑投入使用，建筑运营过程中的安全问题也越来越多。

本书旨在使城市大型公共建筑项目的施工参建各方和运营维护相关方对建筑施工和运维中的风险有一个比较全面的认识和了解，并为之提供风险识别与分析、评估与预控、跟踪与监测、预警与应急等风险管理环节的管理流程、管理方法、处置措施等。

本书共包括 7 章，前 3 章主要介绍风险管理的基本知识，后 4 章主要介绍全寿命周期内大型公共建筑风险管理的实务。第 1 章主要介绍目前国内外大型公共建筑风险管理的基本概念和主要管理内容；第 2 章介绍风险管理的主要类型和发展现状；第 3 章介绍风险管理各个环节的管理方法和手段；第 4 ~ 6 章分别介绍大型建筑决策、施工和运营维护阶段的风险管理实务；第 7 章介绍大型公共建筑运营风险管理系统。

本书由上海建科工程咨询有限公司周红波教授级高级工程师创作，其主要成果全部来自"十一五"、"十二五"国家科技支撑计划项目、原建设部科学技术计划项目、上海市启明星计划项目、上海市领军人才项目等研究成果。本书编写过程中得到了许多兄弟单位的大力支持和方方面面工程及管理界专家的悉心指导和帮助，包括上海机场集团的刘武君总工、贺胜中教授级高级工程师、叶铁峰高级工程师、凌昌荣高级工程师，同济大学的丁文其教授、夏才初教授、胡群芳教授，华东设计院的周健教授级高级工程师，上海建科工程咨询有限公司的蔡来炳、姚浩、高文杰、陶红、张辉、陆鑫等，在此表示衷心感谢。

限于著者的水平和调查研究有限，本书编写存在遗漏或不足之处，恳请广大读者批评指正。

2017 年 6 月

目 录

第1章　城市大型公共建筑风险管理概述

大型公共建筑一般指建筑面积2万 m^2 以上的办公建筑、商业建筑、旅游建筑、科教文卫建筑、通信建筑以及交通运输用房等。随着我国城市化发展速度的不断加快，规模不断扩大，城市人口的增加幅度越来越大，大型公共建筑的安全运营风险面临着很大的挑战。

图 1-1　鸟巢

图 1-2　国家大剧院

我国现有大型公共建筑 11600 多项，其中鸟巢（图 1-1）、水立方、国家大剧院（图 1-2）、中央电视台新楼等颇具代表性。这些建筑在促进经济社会飞速发展的同时，对城市居民的生产、生活发挥了重要的服务功能，对所在区域的环境改变、文化继承与发扬以及科学技术进步有着深远的影响。由于近年来城市突发公共事件日益增多（如吉林商厦火灾、上海教师公寓火灾、武汉建行网点爆炸等），城市公共建筑运营风险越来越大，故一旦发生事故，不仅对人们的生命财产有极大的危害，对社会的稳定和谐也会产生严重的影响。城市大型公共建筑的风险属于全寿命周期风险，每个阶段的风险因素都将对项目的预期目标产生影响，在实践中如果能对风险进行有效的管理，将有利于减小实际结果与预期目标的偏离程度，降低风险损失。因此，城市大型公共建筑的风险管理具有极其重要的研究价值。

1.1　城市大型公共建筑风险

1.1.1　风险的概念

关于风险一词，等同采用国际标准的国家标准《风险管理　术语》（GB/T 23694-2013）给出的定义是"某一时间发生的概率和其结果的组合"。词条后面的"注"有3个，前两个分别是"术语风险通常仅应用于至少可能产生负面结构的情况","在某些情况下，风险起因于预期的结果或时间偏离的可能性"。这个注，其实很重要，因为任何一个事件都会有多个后果，其中可能有负面的，有正面的，但"风险"一般仅指负面的后果。

等同采用国际标准的国家标准《项目风险管理　应用指南》（GB/T 20032-2005）中对"项目风险"的定义同上述定义大致相同："事件发生的可能性及其对项目目标影响的组合。"

所以，风险可以定义为在既定条件下的一定时间段内，某些随机因素可能引起的实际情况和预订目标产生的偏离。其中包括两方面内容：一是风险意味着损失；二是损失出现与否是一种随机现象，无法判断是否出现，只能用概率表示出现的可能性大小。其一般数学表达式为：

$$R = P \times C \tag{1-1}$$

式中　R——该行动中，风险的数值度量；

　　　P——该行动中，风险事件发生的概率；

　　　C——该行动中，风险事件发生造成的损失（负面影响）。

简而言之，风险的概念十分笼统、模糊和抽象，一般很难做出严谨而又完善的论述，风险在不同的领域往往具有不同的含义。在现代汉语字典中，将"风险"定义为"可能发生的危险"。人们普遍对于"风险"的理解是"有可能发生的情况"，从另一个侧面反映出"风险"发生的时间、危害和影响的不确定性。相对于国内研究而言，国外学者给出了很多答案，美国著名经济学家 FH. Nete 认为：风险是能够识别的不确定性；而美国著名学者 A.H.Wlite 认为：风险是主观不愿意发生的事情，因不确定性导致的客观体现；最为权威的定义是 Cooper D. F 和 Chapmal C. B 在《大项目风险分析》当中提出的：风险是在从事某种特定的活动或者行为过程中，出现的不确定性而导致财产或者经济上的损失、损伤或者破坏的可能性。从上述的研究结果来看，"风险"的含义一般有两层：一是发生风险则意味着预期目标没有实现或者产生了一定的损失；二是指风险产生的损失和目标实现是带有不确定性的，能够通过概率或者定量分析的方式来表达风险出现的随机现象，但不能够对这种不确定性进行准确的判断和定性。

1.1.2　城市大型公共建筑风险的概念

城市大型公共建筑风险是指在城市大型公共建筑从其规划建设开始，直至建设完成，投入运营，造成实际结果与预期目标的差异性及其发生的概率。城市大型公共建筑风险的差异性包括损失的不确定性和收益的不确定性。

城市大型公共建筑在其全寿命周期中的风险，即项目在决策、施工以及投入使用各阶段，造成实际结果与预期目标的差异性及其发生的概率。例如，在城市大型公共建筑建设中，城市大型公共建筑风险可以定义为在整个工程项目建设实施过程中，自然灾害和各种意外事故的发生而造成的人身伤亡、财产损失和其他经济损失的不确定性；又例如，在城市大型公共建筑运营过程中，城市大型公共建筑风险可以定义为在建筑运营过程中，自然灾害、各种意外事故的发生及工程质量问题而造成的人身伤亡、财产损失和其他经济损失的不确定性。

1.1.3　城市大型公共建筑风险的特点

1. 密集性，损失大、修复难

城市空间、人口密度的集中性和经济的密集性决定了城市灾害损失巨大且难以修复的特点。一般城市受灾害作用发生中等破坏时，其功能的基本恢复需要一个月以上；而一次中型灾害甚至可使一个城市的现代化进程延缓 20 年。

2. 复杂性，难度大、控制难

由于城市大型公共建筑的多样性和防灾措施的多样性，使得城市大型公共建筑风险管理具有复杂性。城市处于特殊的地理位置（江、河、湖、海、山前平原、冲积平原等），因而频受地震、海啸、洪灾、地质灾害的威胁。由于要考虑多种灾害的作用，在设计建筑物、生命线工程等人工建筑时，难度大，程序复杂。

3. 系统性，功能多、统一难

由于城市大型公共建筑功能网的整体性强，当一种功能失效时，常波及其他系统的功能。如大型交通枢纽一旦发生灾难性破坏，其破坏影响可涉及整个城市。城市大型公共建筑部分涉及基础设施等物理功能网复杂，而且社会结构也复杂，在各行各业推行统一的防灾减灾措施，其执行程度很难保证达到统一标准，而且有些风险是由于操作不当等人为因素造成的。

1.1.4　城市大型公共建筑风险的种类

城市大型公共建筑前期投资巨大、工期长、参与者众多，整个建设过程存在各种各样的风险，后期运营同样伴随着结构安全、自然灾害、恐怖袭击等各种风险。从产生风险的原因的性质可将风险分为以下几类：

图1-3　某车站被水淹

自然风险：由于自然因素带来的风险，在项目施工过程中出现的洪水、暴雨、地震、飓风等，造成财产毁损或人员伤亡。例如，大型客运站遭遇洪水或者地震而造成的人员伤亡或财产损失等（图1-3）。

政治风险：如政局变化、政权更迭、罢工、战争等引发社会动荡而造成财产损失和损害以及人员伤亡的风险。

经济风险：指人们在从事经济活动中，国家和社会一些大的经济因素的变化带来的风险以及由于经营管理不善、市场预测失误、价格波动、供求管理发生变化、通货膨胀、汇率变动等所导致经济损失的风险。

技术风险：指伴随科学技术的发展而来的风险。如核燃料出现以后产生的核辐射风险；由于海洋石油开采技术的发展而产生的钻井平台在风暴袭击下翻沉的风险；伴随宇宙火箭技术而来的卫星发射风险。如：日本关西国际机场在填海筑造人工岛时，遇到许多特殊的技术风险问题，最严重的是人工岛沉降，这个问题大大影响了整个项目的工期和造价（图 1-4）。

图 1-4　日本关西国际机场

社会风险：包括宗教信仰的影响和冲击，社会治安的稳定性，社会的禁忌，劳动者的文化素质和社会风气等。

1.2　城市大型公共建筑风险管理

风险管理是经济单位通过对风险的识别和衡量，采用合理的经济和技术手段对风险加以处理，以最小的成本获得最大的安全保障的一种管理活动；是对风险进行识别、估计、评价乃至采用防范和处理措施等一系列过程。

风险管理是在综合经济学、结构系统可靠性原理、管理学、行为科学、运筹学、概率统计、计算机科学、系统论、控制论、信息论等多学科和现代工程技术的基础上，结合现代工程项目和高科技开发项目的实际，逐步形成的边缘性学科。它既是一门新兴的管理科学，又是项目管理的一个重要分支，更是项目经理们必备的一项与企业生命攸关的决策技术。项目风险管理的目标是控制和处理项目风险，防止和减少损失，减轻或消除风险的不利影响，以最低成本取得对项目安全保障的满意结果，保障工程项目的顺利进行。

1.2.1　城市大型公共建筑风险管理的概念

城市大型公共建筑的风险管理就是城市大型公共建筑项目的当事人通过风险识别、风险分析、风险评价和风险控制，对项目中可能遇到的风险合理地使用各种风险应对措施、管理方法、技术手段进行有效的控制，尽量减少风险带来的负面影响，以最低的成本获得最大安全保障的决策及行动过程。

城市大型公共建筑项目风险管理一般包括以下内容：城市大型公共建筑风险管理规划、城市大型公共建筑风险识别与分析、城市大型公共建筑风险评估与预控、城市大型公共建筑风险跟踪与监测、城市大型公共建筑风险预警与应急以及城市大型公共建筑风险管理工作评价。

城市大型公共建筑风险因素涉及面广泛，表现在以下三个主要阶段：决策期（包括可行性研究、立项规划等）、实施期（包括施工安全、施工影响等）、运营期（包括结构的安全、健康、耐久性能，环境的安全，结构的改造更新等），对风险的管理也主要集中在这三个阶段，城市大型公共建筑风险分析贯穿工程建设的市场预测、工程技术方案、融资、经济和社会效益的各个方面，是对工程建设项目活动中涉及的风险进行识别、评估并制定相应的政策，以最少的成本，最大限度地避免或减少风险事件所造成的实际效益与预期效益的偏离，安全地实现城市大型公共建筑建设项目的总目标。

1.2.2　城市大型公共建筑风险管理的特点

城市大型公共建筑从立项到完成后运营的整个生命周期中都必须重视对风险的管理，城市公共建筑项目的风险管理具有如下特点：

1. 城市大型公共建筑风险管理的特殊性

城市大型公共建筑项目风险具有其特殊性。城市大型公共建筑项目风险管理尽管有一些通用的方法，如概率分析方法、模拟方法、专家咨询法等，但若研究具体项目的风险，就必须与该工程项目的特点相联系，例如：

（1）大型公共建设工程项目的风险具有影响大的特点

大型公共建设工程项目因投资大，规模大，而且涉及的是城市公共设施、保障性住房等各类公众密切关注的项目，一旦发生风险，将影响到整个公共建设工程项目的具体实施，其影响是巨大的。

（2）大型公共建设工程项目的风险具有复杂多变的特点

大型公共建设工程项目的参与对象多为政府部门或国有企业，在项目的实施过程中，由于多头管理，各部门之间职责交叉，容易造成互相推脱，并且管理人员专业化水平不高，管理不善，无法保证工程质量；另外，公共建设工程项目在享受政策的税费减免优惠、土地划拨、征地拆迁等亦存在着诸多不可预测的风险。

（3）大型公共建设工程项目的风险具有普遍性和随机性

大型公共建设工程项目虽然具有它的特殊性，但也同样具有普遍性，即它的风险也是随时随地可能发生，不会因为主体的特征而消失。同样，大型公共建设工程项目的风险也具有偶然性，无法准确预知发生的地点、时间、形式等。

要全面有效地进行城市大型公共建筑项目风险管理需要对项目系统及系统的环境有十分深入的了解，还要根据项目的特殊性来收集大量的信息并进行分析，方能进行风险的预测和管理。

2. 大型公共建筑项目风险管理要与该项目的具体特点相结合

大型公共建筑项目风险管理理论上说有一些通用的方法，如学术上的概率分析法、模拟方法以及实际运用的专家咨询法等，但是如果是针对某一具体项目的风险，则必须与该项目的特点相结合，而不是单独考虑。

3. 大型公共建筑项目风险管理需要运用大量信息

大型公共建筑项目风险管理需要大量地搜集信息，对整个项目系统以及系统所处的环境有十分深入的了解，并要进行预测，所以不熟悉情况是不可能有效地进行风险管理的。

4. 大型公共建筑项目风险管理需要管理者具有丰富的工作经验

大型公共建筑项目风险管理中要注意调查分析基本情况，向行业专家或者风险管理专家咨询，吸取各方面的经验和知识。这不仅包括向专家了解其对风险范围和规律的认识，而且还包括对应风险的处理方法、工作程序，并将它们系统化、信息化和知识化，以便对以后新的项目进行决策支持。

5. 大型公共建筑项目风险管理要与其他大型公共建筑项目管理工作形成集成化的管理过程

大型公共建筑项目风险管理属于高层次的综合性管理工作。它涉及企业管理和项目管理的各个阶段和各个方面，涉及项目管理的各个子系统。因此，它必须和企业战略管理、合同管理、成本管理、工期管理和质量管理等连成一体，形成集成化的管理过程。

1.2.3 城市大型公共建筑风险管理的作用

城市大型公共建筑工程项目管理活动由于外部环境的不确定性、项目本身的难度与复杂性、工程项目管理者的组织能力与实力的有限性而容易形成风险。因此，通过城市大型公共建筑工程项目领域风险管理，对于项目建设的管理者成功避免和管控各种风险，保障大型公共建筑工程项目的顺利推进，同时保障城市大型公共建筑的安全运营，具有十分重要的现实作用。具体可以总结出风险管理的以下作用：

（1）大型公共建筑项目风险管理决策准确而可靠，极大地增加了项目决策的科学性和及时性。而工程决策的科学与否、及时与否，对于整个项目的利益能否达到最大化，其作用是极大的，并且也是贯穿始终的。

（2）大型公共建筑项目风险管理减少了工程项目的不确定性，增加了项目管理者对项目的信心，并且也有助于提高各个环节的工作效率。例如，实施风险管理可以对设计和施工方案的可靠性、可行性进行检验，确定执行标准、预测可能发生的成本和收益，评估设计、计划变更的影响，以及评估、选择合适的合同采购条款，确定合适的完成时间以及最低成本等，这些基本资料都可以全面地提高项目的完工效率。

（3）大型公共建筑项目风险管理是一种主动控制，可以有效地降低费用、缩短工期、提高质量、增加项目的安全性，最大限度地保障项目目标的实现。工程项目的安全性这一基本事宜得到保障，对于工作人员工作积极性的鼓动也是非常有利的。

（4）大型公共建筑项目风险管理可以有效提高工程项目管理者的管理水平，工程项目风险管理总结积累了以往项目的经验和教训，并且采纳了最新的科学技术和管理知识，从而极大地提高了项目管理者的管理水平。

（5）大型公共建筑项目风险管理可以为以后的大型公共建筑项目风险分析和管理提

供科学而系统的资料和经验，以便改进将来的工程项目管理方法，提高管理水平。

1.2.4　全寿命周期风险管理的概念

城市大型公共建筑具有高科技含量、高风险、周期长、涉及单位众多等特点，因而现代项目的管理必须是全系统、全寿命的管理。项目的全寿命周期管理，是对项目从其需求论证到收尾的全过程进行宏观的统筹管理。

大型公共建筑的全寿命周期（Total Life Cycle）是指大型公共建筑工程项目从规划设计到施工，再到运营维护，直至拆除为止的全过程。而全寿命周期风险管理则是利用系统的理论方法对整个项目寿命周期中存在的风险进行识别、分析、评价、计划、控制、跟踪等持续改进的管理过程。

1.3　城市大型公共建筑风险管理主要内容

风险管理是一项综合性的管理工作，它是根据风险环境和设定的目标，对风险因素分析和评估，然后进行决策的过程，包括大型公共建筑项目风险管理规划、大型公共建筑项目风险识别与分析、大型公共建筑项目风险评估与预控、大型公共建筑项目风险跟踪与监测、大型公共建筑项目风险管理预警。风险管理的内容主要是大型公共建筑工程施工前应明确风险管理的目标，制定针对性的风险关系方案；风险管理工作内容应该包括风险识别与分析、风险评估与预控、风险跟踪与监测、风险预警与应急、风险管理记录；风险管理工作流程应该包含风险识别与分析流程、风险评估与预控流程、风险预警与应急流程；风险管理结束阶段，应汇总风险管理相关资料，并按档案管理规定，组卷归档。风险管理的总流程图如图 1-5 所示。

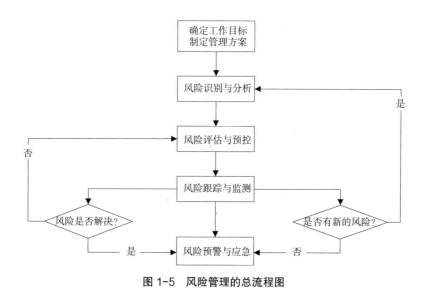

图 1-5　风险管理的总流程图

1.3.1　城市大型公共建筑风险管理规划

大型公共建筑项目风险管理规划是风险管理组织进行风险管理的重要工具，是全部大型公共建筑项目风险管理的基础部分。城市大型公共建筑风险管理规划首先要明确风险管理的目标。安全风险管理工作的目标可分为以下两个方面：各类风险事件发生前，应尽可能选择较为经济、合理、有效的方法来减少或者避免风险事件的发生，将风险事件发生的可能性和后果降至可能的最低程度；各类风险事件发生后，应共同努力、通力协作，立即采取针对性的风险应急预案和措施，尽可能减少人员伤亡、经济损失和周边环境影响等，使其尽快恢复到风险发生前的状态。

1. 大型公共建筑项目风险管理规划依据

（1）项目规划中所涉及内容，如项目目标、项目规模和项目利益相关者情况，项目复杂程度，所需要资源，项目时间段，约束条件和假设条件等。

（2）项目成员所经历和累积的风险管理经验。

（3）决策者和责任者的授权情况。

（4）项目利益相关者对风险的敏感程度和承受能力。

（5）可获取数据以及管理系统情况，它将影响对风险识别、估计、评价及对策的制定。

（6）利用风险管理模板促使风险管理标准化、程序化。

2. 项目风险管理规划的内容

大型公共建筑项目风险管理规划的内容主要有以下几个方面：

（1）方法。项目风险管理方法、工具和数据资源。

（2）人员组织。明确领导者、参与者的角色定位、任务分工和各自的责任。

（3）时间周期。界定项目执行各个运行阶段风险管理的过程评价、控制、变更周期和频率。

（4）类型和级别的说明。明确风险分析量化的情况，对防止决策滞后和保证项目过程连续是很重要的。

（5）基准。明确由谁以何种方式采取风险的对应行动，对准确实施风险对策和项目合同双方取得风险共识有利。

（6）汇报形式。规定风险管理过程项目团队内外沟通的时间、内容、范围、渠道和方式。

（7）跟踪。规定风险管理过程中文档资料，它可用于当前的风险管理、项目的检查和经验总结。

大型公共建筑项目风险管理规划是统领整个风险管理过程的，如果风险管理规划制定的合理，之后得到比较严格的实施，对整个项目的作用是无可比拟的。

1.3.2　城市大型公共建筑风险识别与分析

由于大型公共建筑工程项目本身就是一个复杂的系统，因而影响它的风险因素很多，影响关系错综复杂，有直接的，也有间接的，有明显的，也有隐含的，或是难以预料的，而且各个风险因素所引起的后果的严重程度也不一样，如何实现对风险的识别和分析具有十分重要的意义。

风险的识别和分析就是对存在于项目中的各种风险源或是不确定性因素按其产生的背景原因、表现特点和预期后果进行定义、识别，对所有的风险因素进行科学的分类。通过风险识别能正确认识大型公共建筑工程项目实施过程中所面临的风险种类，能为风险管理和控制选择合适的方法提供依据。风险识别是一项复杂的工作，任何一个公共建筑工程项目，不论其大小，存在的风险都是多种多样的，既有静态的也有动态的，有已经存在的也有潜在的，有损失大的也有损失稍小的。

当进行项目决策时，完全不考虑这些风险因素或是忽略了其中的主要因素，都将会导致决策的失误。但是如果对每个风险因素都考虑，又会使问题极其复杂化，因此就要对风险进行识别。风险识别与分析流程如图 1-6 所示，并应符合以下要求：

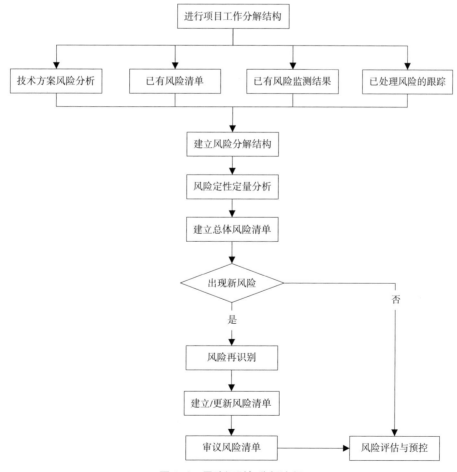

图 1-6　风险识别与分析流程

（1）在城市大型公共建筑项目全寿命周期中的具体实施阶段以及每个阶段的关键节点都应结合具体的实际状态对风险因素进行再识别，动态分析城市大型公共建筑项目的具体风险因素。

（2）风险再识别的依据主要是上一个阶段的风险识别及风险处理的结果，包括已有风险清单、已有风险监测结果和对已处理风险的跟踪。风险再识别的过程本质上对大型公共建筑项目新增风险因素的识别过程，也是风险识别的循环过程。

1.3.3 城市大型公共建筑风险评估与预控

在识别风险之后，下一步就是城市大型公共建筑风险评估与预控。这是在识别的基础上，通过对所收集的大量资料加以分析，运用概率和数理统计的方法估计和预测风险发生的概率和损失幅度。大型公共建筑工程项目风险的评估是对风险的定量化分析，可为风险管理者进行风险决策、管理技术选择提供可靠的科学的数据，是项目风险管理中的重要而复杂的一环。在施工准备阶段，应结合项目特点、周围环境和施工组织设计以及风险识别与分析的情况,进行大型公共建筑工程施工质量安全风险评价。在施工过程中，应结合专项施工方案进行动态风险评价。风险评价应明确责任人，收集基本资料，依据风险等级标准和接受准则，制定工作计划和评价策略，提出风险评价方法，编制风险评估报告。风险评估与预控工作流程图如图1-7所示，其主要包括：对初始风险进行估计，分别确定每个风险因素或者风险事件对目标风险发生的概率与损失，当风险概率难以取得时，可采用风险频率代替；分析每个风险因素或者风险事件对目标风险的影响程度；估计风险发生概率和损失的估值，并计算风险值，进而评价单个风险事件与整个大型公共

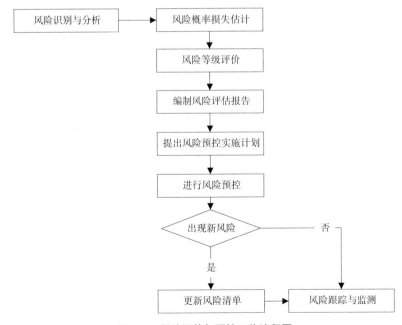

图1-7 风险评估与预控工作流程图

建筑项目的初始风险等级；根据评价结果制定相应的风险处理方案与措施；通过跟踪和监测的新数据，对工程风险进行重新分析，并对风险进行再评价。

1.3.4　城市大型公共建筑风险跟踪与监测

项目实施单位应根据风险评估结果选择适当的风险处理策略，编制风险跟踪与监测实施计划并实施。风险跟踪应对风险的变化情况进行追踪和观察，及时对风险状态作出判断；风险跟踪的内容包括：风险预防措施的落实情况、已识别风险事件特征值观测、对风险发生状态的记录等。在工程项目整个过程中，需要随时掌握工程各方面可能带来的风险因素，无论风险有没有被管理者认识到，整个工程及其过程都应置于风险管理者的跟踪与监测之下。一方面要跟踪已经识别的风险，识别剩余风险和未出现的风险，保证风险应对计划的执行，根据拟订的风险对策（风险计划），协调、解决和处理风险问题，把损失和影响限制在最小的范围之内；另一方面需对各种风险控制行动产生的实际效果进行考察、监视残留风险的变化情况，进而考虑是否需要调整风险管理计划以及是否启动相应的应急措施等，达到对工程整个项目的风险监督与控制。记录表可采用表 1-1 的表式。

风险跟踪表　表 1-1

项目名称： 风险标识：					风险编号： 减轻行动编号：			
风险来源： 风险类别：					风险发生概率：			
风险的影响程度：					造成影响的时间：			
风险的跟踪情况								
跟踪时间								
减轻行动措施描述：								
措施开始时间：		措施结束时间：			发生的成本：		实施人：	
风险影响的修订								
风险发生概率					风险严重程度			
受影响范围的修订								
对进度的影响： 对造价的影响： 对质量的影响： 对安全的影响： 对环境的影响：								
下一步采取的行动：							执行人：	
填表人：			日期：				批准人：	

风险跟踪与监测流程图如图 1-8 所示,风险跟踪应对风险的变化情况进行追踪和观察,及时对风险事件的状态作出判断;风险跟踪包括:风险预控措施的落实情况、已识别风险事件特征值的观察、对风险发展状态的记录等;风险跟踪与监测是动态过程,应根据工程环境的变化、工程的进展情况及时对施工质量安全风险进行修正、登记及监测检查,定期反馈,随时与相关单位沟通;根据风险跟踪与监测结果,对风险接受等级高的事件进行处理。

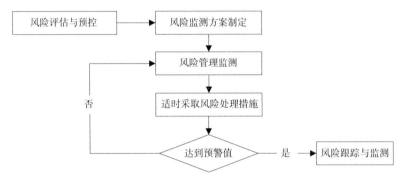

图 1-8　风险跟踪与监测流程图

1.3.5　城市大型公共建筑风险预警与应急

综合考虑大型公共建筑工程项目的目标、规模和能够接受的风险大小,以一定的方法和原则为指导,对项目面临的风险采取适当的措施,以降低风险发生的概率和风险事故发生带来的损失程度。项目实施单位应明确各风险事件响应的风险预警指标,根据预警等级采取针对性的防范措施。项目实施单位应编制施工质量安全风险应急预案,并定期进行应急演练。风险预警与应急时应首先建立风险预警预报体系,当预警等级为 3 级及以上时,应启动应急预案,及时进行风险处置。风险预警与应急流程如图 1-9 所示。大型公共建筑工程施工期间对可能发生的突发风险事件,应根据突发风险事件可能造成的社会影响性、危害程度、紧急程度、发展势态和可控性等情况划分预警等级;针对大型公共建筑工程施工项目的特点和风险管理的需要,宜建立风险监控和预警信息管理系统,

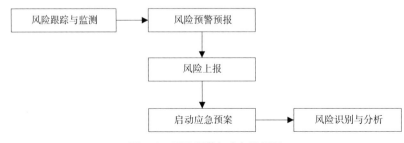

图 1-9　风险预警与应急流程图

通过监测数据分析，及时掌握风险状态；大型公共建筑工程项目必须建立应急救援预案，并对相关人员进行培训和交底，保持相应能力；施工现场应配备应急救援物资和设备，并明确安全通道、应急电话、医疗设施、药品、消防设备等；针对各级风险事件，项目实施单位应建立健全应急演练机制，定期组织相关预案的演练，其上级管理部门应定期检查。

1.3.6　城市大型公共建筑风险管理工作评价

风险管理工作评价是指对风险管理技术适用性及其收益性情况进行的分析检查、修正与评估，具体地说，就是评估风险管理的有效性。在工程风险管理工作预警与应急之后，就必须对其预警与应急情况进行评价。其原因有两点：第一，风险管理的过程是动态的，风险在不断地变化，新的风险会产生，原有的风险会消失，上一工程中应对风险的方法也许就不能适用于下一个工程；第二，有时候做出风险管理的预警与应急是错误的，这需要通过检查和评价加以发现和修正。

风险管理评价是根据风险管理的理想模式，对企业现行风险管理体系的健全性、遵循性与有效性进行的检测、分析和评定，其实质是评价企业风险管理体系的设计与执行情况。进行风险管理评价的意义主要体现在两个方面。

1. 对风险管理制度可行性检测和改进

由于不同的企业，其经营规模、所面临的外部经营环境和内部经营环境不同，同样的风险管理体系在不同单位所产生的效果不尽相同，即使在同一单位，由于内外部各项条件的变化，其不同时期的风险管理与内部控制的效果也不相同。因此，定期或不定期地开展风险管理评价，不断地调整和完善企业的风险管理体系及内部控制制度，是有效实施全面风险管理的重要手段和必要环节。

2. 对风险管理制度贯彻执行情况的检查和强化

通过风险管理与内部控制评价，不但能够发现和检测风险管理与企业内部控制制度的缺陷，而且可以了解员工对风险管理与内部控制制度的执行程度和执行结果，从而提高企业的经营管理水平。

第2章 城市大型公共建筑风险研究发展现状

2.1 城市大型公共建筑施工安全风险

城市大型公共建筑项目具有投资额巨大、建设周期漫长、参与建设的单位众多、施工技术复杂、施工难度大、项目管理任务艰巨、项目信息处理量巨大、工程建设效果的社会影响深远等特点，导致在城市大型公共建筑项目的建设中风险凸显。就目前来说，各类城市大型公共建筑项目在施工阶段所涉及的不确定性因素日益增多，面临的风险也越来越多，风险所导致的损失规模也越来越大，一旦项目管理者不能识别项目存在的风险并及时采取措施予以处置，项目就可能遭受巨大损失。

2.1.1 建筑施工机械安全研究

城市大型公共建筑工程在结构施工期，建筑起重机械可能遭遇的各类灾害和问题有：（1）设计制造：设计理念落后，不符合标准；生产工艺质量控制不严，产品制造粗糙，资料简陋。（2）租赁：人员、设备不到位，设备缺少维护，不建立设备档案。（3）安装：安、拆装方案编制无针对性，冒用资质或超资质安装，安装人员无操作证，安装过程随意不受控，安装自检流于形式。（4）检测：部分地区设备未经第三方检测直接投入使用或设备检测不到位起不到安全把关的作用，非标安装或使用无检测设备。（5）使用：使用前未进行技术交底，司机、指挥、司索工等无证上岗，野蛮操作，设备缺少使用中的日常检查与维护，缺少检查记录。（6）监管：监管流于形式或纸面资料，缺少实质控制。

目前有关建筑起重机械的法规、标准有《特种设备安全监察条例》（国务院第549号令）、《起重机械安全检查规定》（国家质检总局第92号令）、《建筑起重机械安全监督管理规定》（建设部第166号令）等，均规定了建筑机械管理的整体框架，但在法规执行过程中，限于技术手段、涉及单位业务能力、诚信水平和施工现状等方面的制约，出现了很多影响建筑机械有效管理和降低法规效能的新问题。

目前我国建筑起重机械产品总体水平处在国外20世纪90年代水准，与先进国家相比，在总体的结构、性能、质量等方面与国外相比还存在一定差距，尤其在制造质量、可靠性、安全性方面仍有明显差距。

我国建筑起重机械产品租赁、安装、使用单位素质良莠不齐，技术与管理水平差异性大；质检部门和建设行政主管部门多头负责，检测资质与检测技术标准缺乏统一规定。

从如今行业发展趋势来看，我国建筑起重机械产品的发展方向有：统一检验检测机构资质认定及检验方法；运行全国统一的建筑机械管理平台；先进安全装置广泛应用；严格执行相关单位资质监管，严格控制建筑机械各使用环节，行业协会作用日显突出。

2.1.2 建筑施工安全管理制度研究

建筑施工安全风险是建筑施工过程中的主要风险之一，建立健全的建筑施工安全管理法令管理可以有效地落实安全责任，防止安全事故的发生。日本的主要法令法规有《劳动安全健康法》《劳动基准法》《建设业法》《建筑基准法》等。其特色是法律法规健全，建筑工人的人身意外伤害保险得到普遍推行。美国的主要法令是《建筑业职业安全健康标准》，其特色是重视安全教育与培训、重视安全健康计划，建筑施工安全建立在科研成果应用和科技进步以及科学管理上，建立和实行了比较完整的劳动保险制度。英国的主要法令是《建筑（设计和管理）规则》，其特色是将安全生产责任上溯至业主、设计人员，下推至工程完工后的使用者，保护的对象从施工人员推及受建筑工程影响的一般大众（这种理念与我国传统的只是要求施工单位承担全部的安全责任去保护工人——唯一的保护对象不同），同时实行由政府向企业派遣安全监督官员的制度，并规定建筑业用于安全防护设施的开支要占工程造价的 6%，安全培训经费以及安全保险金额也有规定限制。

我国安全生产相关法律已比较健全，但"环境与健康"过于薄弱，现行《建筑法》仅在"第 5 章建筑安全生产管理"若干条文中有一些与此相关的规定。对建筑活动中"环境与健康"的重视，已经成为国际普遍关注的话题。工程建设的目标体系已经由传统的"成本—造价—质量—工期"体系，转向"成本—造价—质量—工期—环境与健康"体系。国际标准化组织也已制定了 ISO14000 环境管理体系。此外，由英国国家标准化协会和爱尔兰国家标准局等 13 个组织制定的职业健康安全评价体系 OHSAS18001 标准也很有影响。我国加入 WTO 后，已等同采用了 ISO14000，并颁布了《职业健康安全管理体系》。但《建筑法》尚未反映这一趋势。

外国工业先进国家的安全生产管理体制一般是"国家监察，企业负责，保险制约，行业咨询"四部分，对照我国"企业负责，行业管理，国家监察，群众监督"的体制，可以看出我国以行政监管为主，国外以市场约束为主。

2.1.3 施工安全预警研究

预警是指通过预警工具提前发现、分析和判断敌方信号，确定其危险程度，为指挥部的决策提供科学的参考，其最早是被应用于军事研究中。随着相关学科和技术的不断融合，预警逐渐被延伸到社会以及自然科学领域。

目前，国内外关于预警理论的应用重点多集中于金融、财务、公共突发事件、计算机网络等方面。其在建筑施工安全预警方面的应用相对较少，且多是针对危机发生后的应急对策，对危机成因过程、危机预先控制等缺乏机理性分析和实例应用研究。

某大型体育馆工程通过借鉴工效学危险源识别模型对施工危险源进行了识别，采用

LEC 风险评价法确定危险源的风险等级；结合危险源辨识结果，应用 AHP-Fuzzy 安全综合评价法评价施工现场安全状况；在此基础上，在系统的思路上设计了预警系统的功能模型、结构模型、过程模型。

2.1.4 建筑施工安全信息技术研究

信息技术的快速发展，也为建筑施工企业的安全研究提供了技术支持。20 世纪 80 年代，美国 PowerUP、IntelliCorp 公司均推出过施工安全管理专家系统。目前，安全管理中应用的几种技术主要有：

（1）机器人。更高效，更准确，可代替人类完成危险工作。

（2）信息系统和网络技术。可以大大减轻建筑从业人员的工作强度，使其工作效率得到大幅度提高。

（3）人工智能和专家系统。这是目前国际上最先进的管理技术系统，但对其研究还处于初级阶段，有待于进一步完善。

就目前来说，利用信息技术进行建筑安全管理的应用研究较少，我国国内有部分高校和企业在这方面进行了有益的探索，如清华大学与中建一局建设发展公司土木系合作开发了"建筑安全管理信息系统"，但该系统也仅能发挥报表系统的作用。

2.1.5 建筑施工安全评价研究

对安全评价工作开展较早的是欧美等发达国家，最早应用于 20 世纪 30 年代美国的保险行业。至 60 年代，系统工程的发展大大促进了安全评价技术的进一步发展，此后，安全评价进入全面、系统地研究企业、装置和设施的历史阶段。目前，安全评价应用较多的行业是化工和航天业。如 1964 年，美国陶氏（Dow's）化学公司建立了经典的"火灾爆炸指数评价方法"；在 1966 年，波音公司同华盛顿大学就可靠性分析和设计方面研究了航空工业，而且就安全性评价方面在导弹和超音速飞机上也取得了比较理想的结果。对概率评价方法进一步研究是英国在 60 年代中期对系统安全性和可靠性的研究，这推进了定量评价工作的进行。在 1976 年日本开发了"化工厂安全评价六阶段法"。这些方法在运用当中都取得了良好效果。

在建筑施工行业，目前仍没有形成一套成熟的、便于实际操作的安全评价方法，目前主要是通过法律规章制度以及专门机构对建筑施工安全进行管理。如美国的 OSHA（Occupational Safety and Health Administration）通过设立一系列科学的安全量化指标，对有关安全的问题和相关事件进行评估，结果供相关部门和相关企业使用，然而目前所提供的这些评价指标只能反映建筑施工企业某段时间内的安全状况，其时效性较弱。

20 世纪 80 年代，安全系统工程被引入到我国，之后我国相关领域的学者对安全评价进行了一系列的研究，如：通过集值统计和神经网络相结合的方法来识别施工安全状态；或采用灰色关联分析方法，对影响安全预评价系统的因素进行识别。

建筑施工现场安全评价的前提是危险源的识别。该方面的主要应用有：应用工效学系统理论对危险源进行识别；从资料准备、企业调研、人员素质以及危险识别方法等 7 个方面对危险识别存在的问题进行研究。

2.1.6 施工期结构安全监测研究

施工期的结构安全监测主要关注的对象多为地下、大型、复杂、空间结构等，如深基坑施工、超高层结构、大跨结构等。

监测技术在工程建设领域的应用最早开始于大坝建设，德国在 1891 年建设的巴赫混凝土重力坝中进行了外部变形的监测。20 世纪 50 年代后，国际上开始研究通过对隧道工程的监测来保证围岩和支护结构的稳定性，新奥法施工的核心就是对隧道施工过程进行监测。90 年代开始，随着监控测量技术迅速发展，其应用范围开始逐渐扩大，包括隧道工程、泥石流项目的预测和报警以及大型边坡的稳定性监测等，如中铁西南科学研究院研发的EMM-TF80 自动化监测系统。随着光电技术、陀螺定向技术、计算机通信技术、GPS 技术、激光技术的迅速发展及陆续出现的光电测距仪、电子经纬仪、全站仪、电子水准仪、GPS、陀螺经纬仪、激光指向仪、激光铅直仪等先进的测绘仪器，改变了传统的地下工程监控测量方法，使地下工程监控测量向现代化、自动化、数字化、智能化方向发展更进一步。目前国内开发应用较好的基于数据库的监测信息系统有：在小浪底地下厂房项目中应用的"三功能四库"决策支持系统；基于 Foxpro 数据库的岩土工程施工安全监测信息系统；在监测数据的基础上开发了边坡位移可视化分析系统；MoniSys 系统（地下厂房监测数据处理、预测预报系统）；基于 GIS 的滑坡监测信息管理与分析系统；基于岩土工程安全监测软件的 GEDL 数据库平台；基于地下工程施工安全的监测数据处理系统；地铁施工安全监测信息管理及预警系统等。意大利 GeoDATA 公司开发了地下工程施工监测数据管理系统（Monitoring Data Management）和文件管理系统（Document Management System），在地铁工程中得到了很好的应用。

欧美发达国家在复杂结构施工监控中应用较早，国内由于经济和技术方面等因素导致在复杂结构施工监测方面的研究较晚。在广州国际会议展览中心的钢结构施工监控中，建立高精度的施工控制网；深圳市民中心屋顶网架结构监测中应用了光纤光栅传感器；为了控制和掌握国家体育场复杂钢结构支撑卸载过程中构件的应力变化，采用了国内最先进的应力监测系统，它就是基于静态应变无限数据采集与运输的监测系统；在对国家体育馆的健康监测中，在屋盖结构系统中引入了永久健康监测系统；在深圳市京基金融中心核心筒的施工监测中，采用了自动采集数据的监测技术。

国内外诸多研究机构对安全监测技术进行了大量的研究，研究成果有自动采集数据的监测仪器、科学先进的监测方法、监测网络计算机处理和识别等。同时结合工程实践，科学先进的监测方法、新型的测量仪器和传感器得到了应用。

监测方法分以下三个方面：（1）人工监测。定期利用简单仪器进行人工检测，虽然人工操作采集数据需要大量时间，操作过程中误差无法进行识别修正且精度有限，但因技术简单、成本低廉，在小型结构监测中应用较多。（2）自动监测。将各种传感器和监测仪器组装成监测系统，该系统具有实时监测功能且自动化程度高，一般适用于大型或复杂结构监测，是当前研究热点和发展方向。（3）联合监测。将上述两个方法结合起来，用各种小型的自动化程度较高的仪器，配合人工监测。该方法比较适合一般结构，具有广泛的应用前景。在仪器应用方面有以下几种应用：在应力监测方面，采用了钢弦式温度应变传感器、光纤传感器和光纤光栅传感器；在位移监测方面，采用了激光位移测试仪、全站仪、GPS、新型高灵敏度位移传感器和测量机器人等。

目前，用于指导施工监测工作的规范和标准还比较匮乏，很难适应于解决复杂多变的实际工程问题。国内施工中的变形、应力及温度的监测，还主要依靠人工定时现场点式采集，效率低下，易受施工作业面制约，需要研制先进现代的量测仪器并引入通信手段，实现监测工作的动态化、实时化、远程化、网络化。一些精细化的测量仪器还有待研制，如直接测量混凝土内部应力的应力传感器，自动化、远程化、网络化液体静力水准仪等，还需要集成与开发适合施工与长期健康监测的在线监测系统与综合评价专家系统。

2.2 城市大型公共建筑结构安全风险

2.2.1 抗震风险

结构的抗震、减震一直是长期以来国内外研究关注的重点，无论是试验技术、数值模拟技术、相关防震减震设备的研发等技术领域都已经有比较成熟的发展。目前除了传统的混凝土结构抗震等仍受关注外，城市地下工程、跨越管道、群体性建筑物、混凝土重力坝、大跨度结构、网架结构、桁架结构等的研究也越来越多，内容涉及振动台试验、倒塌仿真、抗震性能评估、抗震鉴定方法、抗震加固、延性抗震设计、各类新型消能减震材料与设备的研发等。

建筑的结构控制分为主动控制、被动控制、半主动控制和主被动混合控制、智能控制等几种方式（表 2-1）。主动控制是依靠外界能量提供控制作用抑制结构反应；被动控制是无外加能源的控制，其控制作用是控制装置随结构一起运动而产生的；半主动控制是依靠较少的外界能量改变控制系统的特别性、参数以减小结构的反应；主被动混合控制将主被动控制结合起来达到有效控制结构的反应；如果在主动控制过程中，应用人工智能技术，则称为智能控制。目前各类控制技术的研究现状、待解决的问题以及发展趋势均列于表2-1。在结构抗震的被动控制方面，目前出现很多类型的耗能减震阻尼器，其基本原理及发展现状见表 2-2。

目前对于消能减震控制方面的研究主要集中在以下一些方面：不同支撑形式的消能减震研究，如不同支撑、支架形式的减震研究，消能墙体、消能辅助结构研究等。对消能支撑及支架的研究表明：单斜杆支撑、交叉支撑因构造简单、易于装配而被普遍采用，可以设置侧门洞，但是所占空间较大，不利于人员通行和窗洞布置，而且节点负担加重；人字形消能支架、阻尼器呈水平布置，方便跨中开门洞，但要充分考虑支架的侧向稳定。对钢框架结构，可以采用偏心支撑，但它不适用于钢筋混凝土结构。日、美等国对消能墙体的研究较多，20 世纪 80 年代日本学者 Mitsuo Miyazaki 发明了黏滞阻尼墙。黏滞阻尼墙具有制作安装方便、消能能力强等优点，但由于其内外层墙体均由钢板制成，所用消能材料也较多，因此造价相对也较高。

结构抗震控制措施及其现状   表 2-1

分类	特征	技术水平	应用	科学问题	技术问题	待解决问题	发展方向
被动控制	不需附加能量	☆☆☆☆☆	☆☆☆☆☆	材料学、动力学、非线性理论、结构控制	系统设计、试验技术、荷载模拟、结构分析、结构设计、规范	完善&发展	阻尼器/作动器、系统设计的理论和方法、计算/设计软件、标准化应用
半主动控制	小能量参数控制	☆☆☆	☆			控制装置时滞	
主动控制	大能量	☆☆☆	☆			外部能源时滞	
智能控制	智能材料&算法	☆☆	○			智能材料时滞	
混合控制	多重组合	☆☆☆	☆			能源供应控制装置时滞	

注："☆"代表应用深度，"○"代表未应用，下表同。

耗能阻尼器原理及其现状   表 2-2

分类	原理	技术水平	重点问题	应用领域	应用水平	发展方向
黏滞阻尼器	黏性流体速度相关	☆☆☆☆	超高压测试	塔式结构、大跨结构、多层高层结构、复杂结构	☆☆☆☆	高性能阻尼器、结构控制系统、设计/分析、规范化、完善化、普及化
黏弹性阻尼器	黏性材料速度相关	☆☆☆	温度效应		☆☆	
软钢阻尼器	钢材屈服位移相关	☆☆☆☆	有限地震		☆☆☆☆	
防屈曲支撑阻尼器	支撑屈曲位移相关	☆☆☆☆	有限地震		☆☆☆☆	
摩擦阻尼器	摩擦位移相关	☆☆	不良恢复能力、不良耐久性、有限地震		☆	

消能器减震效果的研究。到目前为止，国内外学者已经提出了金属屈服阻尼器、摩擦阻尼器、黏弹性阻尼器、黏滞液体阻尼器以及复合阻尼器，并对它们的减震效果作了研究。

不同结构减震研究及消能体系优化。长久以来，很多学者对不同的结构进行了减震方面的研究，包括框架结构、框剪结构、框架筒体结构、钢结构、网壳结构等。出于经济性的考虑，一些学者开始着手于消能结构体系的减震研究和消能体系的优化。主要包括消能装置安装位置的研究和消能装置的参数优化等。

消能减震技术在一些发达国家的应用已经非常广泛。随着研究的深入以及规范的颁布，我国消能减震技术的工程应用也越来越多。目前，消能减震技术在住宅、办公楼、图书馆、教学楼、医疗中心、旅馆、机场等建筑中均有应用，其中办公楼等公用建筑和塔架中的应用相对较多。消能减震技术在不同结构类型的钢结构和钢筋混凝土结构中也均有应用。近年来，越来越多的加固改造工程中应用了消能减震技术。一方面，消能部件安装方便，对原有结构没有损伤；另一方面，消能减震以消减地震作用为目标，与一般的补强措施相比更为合理有效。

以实际震害为背景的基于性能的抗震设计理念是未来抗震设计的主要发展理念和方向。新型耗能减震设备的设计与应用规范也有待确立。

2.2.2 抗风风险

由于现行荷载规范对风荷载的体形系数取值没有考虑建筑物所处具体环境因素的影响，因而，根据规范计算出的结构风载总体上偏于保守，在某些局部则不够安全，而且对于建筑物外围结构来说体形系数是一个平均值，不宜直接用于抗风计算。鉴于现行荷载规范在以上方面信息提供有限，风洞试验是弥补这方面不足的有效途径。

风洞试验包括刚性模型风洞试验和气动弹性模型风洞试验两种试验方法。刚性模型风洞试验的模型是刚性的，只模拟其气动外形，不考虑在风作用下的变形及位移。这种方法利用静止的模型测气动力，再采用力学模型计算动态响应和等效荷载。刚性模型测压试验可测得结构局部风力随时空的分布，是目前应用最广泛的风洞试验模式。气动弹性模型试验能够全面考虑结构和气流的相互作用，真实地反映结构在大气边界层中的受力特性和响应形式，是结构风振研究的一种重要手段。如大跨度体育场挑篷是非常复杂的三维空间结构，气动弹性模型的设计、制作难度较大，至今国内做过此类尝试的较少。

建筑风洞能够对建筑物周围地形地貌和建筑所处的大气边界层进行模拟，并对建筑受到的局部风压、整体风荷载、气动弹性以及建筑物周围的风环境进行测量。利用建筑风洞可以对建筑模型进行表面脉动风压试验、整体风载试验、风环境试验及风洞力响应试验。根据风洞试验得到的数据，可确定建筑物主体、外窗、幕墙等围护结构的抗脉动风压性能指标。

2.3 大型公共建筑结构运营期事故控制风险

2.3.1 运营监测或健康监测

结构健康监测指利用现场的无损传感技术和结构系统的特性分析（包括结构的响应），以达到检测结构损伤或退化的一些变化。对结构性能进行监测和诊断，及时地发现结构的损伤，对可能出现的灾害进行预测，评估其安全性已经成为未来工程的必然要求，也是土木工程学科发展的一个重要领域。

1. 传感器的优化布置技术

在结构模态试验中，传感器的布置对于参数识别和损伤检测有特别重要的意义。一套完善的传感器布置系统应能够满足：使传感器系统的设备、数据处理、传输和数据通道等费用最小；从含有噪声的测量数据中得出较好的结构模型参数的估计；通过对大型结构模型的试验研究，改善结构控制；有效确定结构特性及其变化，改进结构整体性能评估系统；对于大型结构，提高结构早期损伤识别的能力。

较早研究传感器最优布置问题是在航天器的动态控制及系统识别领域。近年来人们比较熟悉的方法是 Kammer 在对大型空间结构传感器布置研究中提出的一种有效独立法（Effective Independence）。该法根据各候选传感器布点对目标模态分量线性独立性的贡献进行传感器位置排序。基于 Fisher 信息阵，提出一种适合线性和非线性系统的传感器最优布置的快速算法，讨论了在已有传感器系统基础上增设传感器的最优布置方法。

目前新型的智能传感器包括光纤传感器、压电材料、电磁致伸缩材料制成的传感器等。其中光纤传感器具有质量轻、信息量大，可测量多种信号，无电磁干扰，易于分布埋入结构和构成网络等众多优点，日益受到各行业的关注。光纤等新型智能传感器在结构的健康检测和诊断中必将发挥非常重要的作用。

另外还有一些检测特殊量的光纤传感器，如：光纤 pH 传感器用于检测混凝土由于各种化学变化，以及硫酸盐的侵蚀、各种酸和基础的作用、酸化过程、钢筋腐蚀等造成的退化过程。此法可用于早期测量结构的特定区域受环境的影响加速老化的迹象。将磁致伸缩传感器（MR 传感器）与电脑相连用于检测多层铝结构的裂纹，进而开发了相应的软件 CANDETECT，在实际的铝结构上证明了该软件的内在敏感性和实用性，将磁致伸缩传感器固定在结构上，用于进行长期监测。

还有一些其他特殊类型传感器：如损伤指数传感器，该传感器可以无线监测峰值应变、峰值位移、峰值加速度、吸收能量和累积塑性变形（记忆损伤指数的原理在于传感部分的纯塑性伸长导致电阻、电感、电容的变化）；无线温度传感器，NASA 用于无线监测航空器中热保护系统的温度，无限传感器集成在导热保护系统的射频识别芯片中，可通过手持扫描仪或者便携设备读出传感器中的温度或者其他感兴趣的量；声光传感器，一种独特的二维声光检测器，可直接将超声转化为可视图像，就如荧光屏可将 X 射线转化为可视图像一样，清晰度高，可以供大面积使用。

2. 损伤检测技术

损伤检测基本上可以分为两大类：局部法和整体法。整体法试图评价整体结构的状态，而局部法则依靠成熟的无损检测技术对某个特定的结构部件进行检测，判断是否有损伤及损伤的程度。整体法和局部法在大型结构的损伤识别中结合使用效果较好，首先由整体法识别出损伤的大致位置，然后由局部法对该处的各部件进行具体的损伤检测。结构损伤检测基本上可以分为 4 大类，即：动力指纹分析法、模型修正与系统识别法、神经网络法、遗传算法。

3. 信号采集与分析系统

信号采集和实时分析系统可以说是健康检测和诊断系统的心脏，目前国内外都在大力开发相应的软件。Acellent 公司专门开发了一套商业化监测软件，该系统由三部分组成：SMART 层、SMART 工具箱和分析软件。SMART 层为一灵活的压电传感器层，可方便地安装到结构上用于在线监测。SMART 工具箱能将从传感器收集到的信息送到分析软件以供其处理。Christopher 等开发了基于互联网的无线传感器网络，可以有许多用户在互联网上共享所监测的数据。考虑到浩大的实时监测数据的存储问题，监测数据的组织管理与标准化也已完成编制。国内在这方面的研究相对落后，应组织相关人员开发这类有广阔应用前景的软件系统。

4. 健康检测和诊断系统的应用

由于监测系统的成本高，我国目前仅在一些大跨桥上安装使用。上海徐浦大桥结构状态监测系统包括测量车辆荷载、温度、挠度、应变、主梁振动、斜拉索振动六个子系统。

国际上，尤其是日本、美国和德国，健康监测系统在土木工程中应用相对较多，已经扩展到大型混凝土工程、高层建筑等复杂系统的监测。日本在一幢允许一定程度损伤的大楼上安装了健康监测系统。该大楼安装有阻尼缓冲板，在经过一次较大规模的地震后增设 FBG 光纤传感器，用以监测结构的完整性和大楼的地震反应。实测结果表明，该系统工作良好。德国在柏林新建的莱特火车站（Lehrter Bahnhof，Berlin）大楼安装了健康监测系统，德国学者 Schwesinger 等设计和利用特制卡车测试 250 多座混凝土桥。意大利在一个著名教堂安装了健康监测系统。美国学者研究了振动板在压实土壤时的健康监测系统，通过安装在板上和埋入土壤中的传感器测得的振动数据分析，可以得到幅值和频率的变化，从而分析土壤的密实程度和性质变化。国外研究人员开展了轻轨架空水泥结构的监测，测试了 8 个轨段在不同天气条件下，如建设时逐渐增加载荷、移动火车载荷等的在线监视和结构健康诊断系统。

5. 标准发展

目前国外一些国家和组织已经对结构监测系统设计标准进行探讨和尝试，并逐渐总结成指南或草案加以推广。结构监测系统设计标准化工作正在积极开展并初具成效。

2001 年 9 月，加拿大新型结构及智能监测研究网络（Intelligent Sensing for Innovative Structures，ISIS）发布了《结构健康监测指南》。该指南将结构健康监测视为重要的结构诊断工具并详细阐述了其各种组成。内容包括：概述、结构健康监测组成、静力现场测试、动力现场测试、周期性监测、实例分析、释义、传感器与采集系统及基于振动的损伤识别算法等。该指南的特点是应用实例丰富，关于传感器的性能和损伤识别方法介绍比较详细，但在其他方面介绍偏少。

表 2-3 详细介绍了上述指南或草案的情况。从目前的发展状况看，世界范围内虽然缺少全面完善的结构健康监测系统设计标准，但该方面研究日益受到重视并不断发展，各个国家或地区针对自身的综合情况制定相应的健康监测系统设计标准是大势所趋。国内结构健康监测的研究还需不断地深入和完善，基于目前的研究成果编制适合中国工程实际的设计指南或标准。

结构健康监测系统设计指南列表　　　　　　　表 2-3

内容	发布组织				
	ISIS	ISO	FHWA	FIB	SAMCO
系统组成	传感器、数据采集、数据分析、网络交互、损伤识别和模型	振动测量、结构模型、振动识别、结构识别、动力分析和监测数据评估	试验技术、分析技术、传感器、数据采集、测量系统校核、数据处理和决策系统	传感器、数据采集、数据分析、网络交互、损伤识别和模型	传感器、数据采集、数据分析、网络交互、损伤识别和模型
监测分类	静力现场测试、动力现场测试、周期性监测和连续监测	在建监测、在役监测、使用能力监测和基于环境振动监测	无损动力测试、无损评估、长期（全寿命）监测	验证荷载测试、诊断荷载测试、环境振动测试、激励测试和外观检查	荷载效应监测、条件监测、性能参数和阈值监测
传感器类型或监测参数	箔式应变计、光纤应变计、线性可变差分传感器、加速度计和温度传感器等	频率和振型、阻尼、动力特性、声发射测量、交通荷载、风荷载等	电阻应变计、振弦式应变计、光纤应变计、线性可变差分传感器、温差电偶、压电加速度计、倾角量测仪、动态称重仪等	电子位移计、光纤应变计、电阻应变计、地秤、温度传感器等	光纤光栅应变计、压电应变计、倾角仪、GPS、静力水准仪、加速度计和温度传感器等
损伤识别方法	频率变化、残余模态向量法、振型曲率法、模型修正法	Fourier变换、传递函数法、最小二乘法、随机减量法和统计识别法等	有限元模拟、静动力分析、非线性分析	离散Fourier变换、传递函数法、广义奇异值分解、最小值修正法、振型曲率改变、序列二次规划优化法、遗传算法和MonteCarlo模拟等	频率变化、振型变化、模态应变能法、残余力向量法、模型修正法、频域响应函数法和统计识别法等

2.3.2　材料、结构耐久性

自混凝土结构问世以来，大量的混凝土结构提前失效大多源于混凝土结构耐久性的不足。当前欧美等发达国家每年用于已有工程的维修费用已占到当年土建费用总支出的 1/2 以上。我国以混凝土为主体的结构在数量上居于绝对支配地位，混凝土结构耐久性问题更加突出。正因为混凝土结构耐久性问题的重要性，近年来世界各国都越来越重视研究混凝土结构的耐久性，众多的研究者从环境、材料、构件和结构等不同层面展开了研究，取得了系列研究成果，其中以材料层面的成果最为显著，构件层面也积累了较多的试验、测试和理论研究的成果。

1. 材料耐久性

材料的耐久性能是指材料在物理作用、化学作用及生物作用下，经久不易破坏也不易失去其原有性能的性质，它反映了材料的一种综合性质，如抗冻性、抗风化性、抗化学侵蚀性、疲劳性能、冲击韧性、抗渗及抗磨损性能等。

目前对普通混凝土以及钢结构的疲劳性能以及各类环境条件下的耐久性的研究已经很多。以混凝土为例，对其单一作用（如荷载作用、碳化作用、冻融循环等）、双重破坏因素（如盐类侵蚀—冻融循环、盐类侵蚀—荷载作用、荷载作用—冻融循环等）、三重破坏因素（如荷载作用—盐类侵蚀—干湿循环、荷载作用—盐类侵蚀—冻融循环、冻融作用—盐类侵蚀—碳化作用等）下的耐久性问题都有试验研究。近年来，在新型混凝土材料，如粉煤灰改善混凝土、再生骨料混凝土、废旧橡胶混凝土、绿色高性能混凝土、CA砂浆、玻璃纤维增强水泥等方面的耐久性研究也都有开展。此外在混凝土结构外露金属、阳极金属热喷涂涂层、钢结构腐蚀等方面都有相应试验研究的开展。但是，由于耐久性破坏是一个长期过程，且影响其耐久性的因素种类很多，材料的耐久性损伤规律更加复杂化。现有试验方法与实际环境仍有很大区别，在试验装置、试验成本以及试验数据的准确性等方面仍有很大的改进空间，工程实践方面的推广也比较困难。

纤维增强聚合物（FRP）在既有土木工程的加固、补强等方面得到了广泛应用，目前已开始应用于耐久性要求高的建筑的修补加固中，而FRP的耐久性能对FRP增强加固结构的耐久性能具有决定性的影响作用。国内外对FRP复合材料已进行了多种老化工况下的耐久性研究。常见的老化工况有温度、湿度、化学介质（酸、碱、盐等）侵蚀、紫外线照射、冻融循环、干湿交变、湿热循环、水浸、自然老化、徐变和疲劳等。由于FRP复合材料组成的复杂性，尤其是温度对树脂材料的力学性能影响较大，在温度条件下FRP复合材料的耐久性存在一定争议，各学者的研究结论有所差异。GFRP暴露于潮湿环境时，拉伸强度和极限应变会有不同程度的衰减。在湿度100%和温度38℃环境中，10000h后的拉伸强度损失达35%，但一般的潮湿环境对CFRP强度影响较小，弹性模量也没有明显降低。盐溶液干湿循环对CFRP与GFRP的强度影响不大，可使CFRP的延性降低，GFRP的延性提高，对弹性模量的影响视树脂的后固化程度和盐溶液干湿循环影响程度而定，目前还没有相关研究将湿度和氯化物的影响分别予以定量描述，值得进一步探讨。在湿度、湿热老化条件下FRP材料耐久性存在争议，各项力学指标总体上是略有下降的，但也有少数上升情况。可以看出湿度、湿热老化条件对FRP材料耐久性影响不大，湿热环境中热气对FRP材料具有很大的影响，湿气促进了界面破坏，使得环氧基体变软，纤维和基体之间的粘结变弱。碳纤维布经湿热环境老化后有变脆的趋势，CFRP比GFRP有更好的耐湿热老化性能。化学介质对FRP材料耐久性能研究较为充分，但由于FRP种类较多，研究结果的可比性较差，各项力学指标老化规律的定量描述差别较大。可以肯定的是，CFRP有足够的耐海水性。碱性对GFRP影响较大，而对CFRP影响相对较小，酸性对CFRP影响较小。冻融循环对于FRP材料的性能影响不显著，冻融循环环境中，树脂基体在低温或水分中仍能继续固化，使得FRP复合材料弹性模量提高及抗冻融能力增强。而在FRP的固化过程中，纤维与树脂基体之间又不可避免地会存在微孔等缺陷，水分侵入其中，在温度的升降中使得纤维与树脂基体脱粘，从而降低了FRP的抗冻融能力。由于GFRP比CFRP的吸湿性强，在冻融环境下GFRP的抗冻融性能比CFRP差。由于自然老化对FRP材料耐久性能研究需要相当长的时间才能说明问题，难度较大，因此在自然老化方面的研究成果较少。但自然老化更为接近工程实际，其研究结果对FRP的推广及应用更有价值，因而需要大力开展这方面的研究工作。

2. 混凝土结构耐久性评估与寿命预测

在环境腐蚀介质的作用下，由于混凝土结构的性能不断劣化，结构的实际使用寿命往往要短于设计使用寿命。如何根据结构检测或监测结果对在役混凝土结构进行性能评估，并据此推测其剩余使用寿命，一直是土木工程学科非常关注的热点问题。

就混凝土结构耐久性评估方法而言，国内外学者已开展了大量的工作。王晓刚提出用于混凝土结构耐久性评估的模糊综合评估法，这一方法充分反映了各种因素关联性和随机性的特点，所得结果较为可信。卢木等提供了一套钢筋混凝土结构耐久性的评估方法，能够客观地分析和处理现场检测数据，有助于评估者选择合适的评估指标，从而得到结构的性能状况及剩余寿命评价。日本清水株式会社研究所给出了一种对建筑物综合评价的方法，该方法通过三次调查进行综合评价，最大限度地降低了人为因素的影响，结构严密，条理清楚，已在日本得到广泛采用。1993 年 ACIcommittee364 的《修复前混凝土结构的评估指南》，详细阐述了混凝土结构评估的细节步骤。除裂缝外，有研究综合考虑了钢筋锈蚀、冻融循环、碱—骨料反应等因素长时间作用使结构呈劣化的趋势，并引入可靠度理论进行综合性评估。

目前混凝土结构耐久性评估方法主要可以分为三类：根据结构检测和监测结果，由有经验的技术人员作出评估，这就是所谓的传统经验法；随着基础科学和计算机学科的发展，借助于模糊数学、神经网络等人工智能手段的综合评估方法；基于可靠度理论的混凝土结构耐久性评估法。

关于混凝土结构耐久性寿命预测的研究，目前的主要理论包括三大类：钢筋脱钝寿命理论，这种理论以侵蚀介质侵入到钢筋表面引起钢筋脱钝作为混凝土结构耐久性失效的极限状态，以此来预测结构构件的寿命；混凝土开裂寿命理论，这种理论以钢筋锈蚀引起钢筋表面混凝土出现裂缝作为失效准则，预测结构构件的寿命；抗力寿命理论，这种理论将抗力作为时变随机变量，将荷载视为随机变量或随机过程，分析抗力衰减的结构可靠度，通过可靠度指标变化函数来预测结构构件的寿命。

由于工程实际问题的复杂性，混凝土结构耐久性评估和寿命预测中会遇到大量随机的、模糊的以及不完善的信息，而且许多信息是不定性的，难以将其定量化，这种信息不确定性的分析还处于初级阶段，尚无较为合理的混凝土结构耐久性评估模式。因而在实际工程应用中，仍然是以经验判断为基础，以运用层次分析法来进行混凝土结构的耐久性评估为多。目前这些寿命预测方法基本停留在单环境因素作用下混凝土构件的评估与寿命预测，并不能真正实现混凝土结构耐久性全过程的性能评估与寿命预测。

3. 混凝土耐久性标准发展

在混凝土结构耐久性研究过程中，混凝土结构耐久性设计的思想也不断地被尝试引入结构设计和工程实践中。1989 年欧洲出版了《CEB 耐久混凝土结构设计指南》；1990 年日本发布了《混凝土结构耐久性设计建议》；国际材料与结构研究实验联合会（RILEM）于 1990 年出版了《混凝土结构的耐久性设计》；欧盟在 2000 年出版了《混凝土结构耐久性设计指南》等。我国在总结国内外研究成果的基础上，2000 年颁布了交通部行业标准《海港工程混凝土结构防腐蚀技术规范》（JTJ 275-2000）；2004 年中国土木工程学会编制了《混凝土结构耐久性设计与施工指南》（CCES 01-2004）；交通部行业标准《公路工程混凝土结构防腐蚀技术规范》（JTG/T B07-01-2006）自 2006 年 9 月 1 日起，作为公路工程行业推荐性标准，在公路行业内自愿采用。《混凝土耐久性检验评定标准》（JGJ/T 193-2009）从 2010 年 7 月起实施，主要规定了混凝土耐久性能的检验评定方法。《混凝土结构耐久性评定标准》（CECS 220：2007）中规定了混凝土结构的耐久性评定准则和基本程序，介绍了大气环境、氯盐侵蚀、冻融环境、碱—集料反应等引起的耐久性问题评定方法，以及结构的耐久性评级方法；《混凝土结构耐久性设计规范》（GB/T 50476-2008）也已实施。

它们的问世对改善我国混凝土结构耐久性研究及其工程应用状况起到积极的作用，也为混凝土结构的耐久性设计和延长工作寿命明确了方向。然而，这些规定仍然局限于对环境分类和材料方面的要求，在结构材料和结构构造方面间接地反映了结构设计对耐久性和使用年限的要求，但是无法实现对混凝土结构耐久性的设计目标的量化规定。对于某些重要基础工程，为确保 100 年（或 120 年）的使用年限，尚缺乏普遍认可的基于可靠度分析并以混凝土耐久性作为设计指标的设计理论。

目前混凝土结构耐久性设计方法基本可分成两大类。第一类首先源于欧洲《CEB 耐久混凝土结构设计指南》，如国内的《海港工程混凝土结构防腐蚀技术规范》（JTJ 275-2000）、《混凝土结构耐久性设计与施工指南》（CCES 01-2004）等。这类方法首先按业主的意愿和经济实力确定结构的设计使用年限；再按结构的工作环境确定腐蚀等级；进而建立在设计使用年限内结构抵抗环境作用能力大于环境对结构作用效应的耐久性极限方程（如日本土木工程学会提出的指数评分法、ISO 因子法、验算法等）；最后利用极限状态法对耐久性极限状态进行验算。耐久性设计的极限状态主要按适用性的要求确定，常以有害介质侵蚀到钢筋表面或混凝土保护层胀裂作为耐久性极限状态。这些方法主要控制混凝土材料常规指标、组成和保护层厚度，具体为强度等级、水胶比、胶凝材用量、原材料选择、矿物掺合料、外加剂等。同时，要求在实验室条件下按照标准试验方法确定耐久性指标，如抗冻等级、扩散系数等。这类方法解决了耐久性构造要求和施工技术要求，细化了环境类别及其作用等级，提出了不同使用年限的不同要求。然而，这类方法体现的主要是材料层面的研究成果，显然不能直接参与结构使用寿命的预测计算模型；且这种计算方法与现行规范采用的以近似概率为基础的设计方法不一致，不易为广大设计人员所接受。

第二类方法主要通过理论或经验的计算模型进行使用寿命预测，认为混凝土结构耐久性设计应包括计算和验算部分，以及构造要求部分。基于这种观念，有学者提出考虑耐久性设计系数的内力—抗力设计理念，其形式简单，耐久性含义明确，且与我国现行《混凝土结构设计规范》（GB 50010-2010）采用的极限状态设计方法相一致，较能够为技术人员所接受与掌握。但耐久性系数公式中的可靠度指标变化规律的分析方法需要对实际结构抗力衰减规律进行实测统计，才能进一步找出抗力随机衰减过程分析模型。由于每个地区抗力衰减规律难以统计，并且即使是同一地区，由于使用环境不同，其抗力衰减规律也有所不同。因此，耐久性设计系数的计算不易实现。

基于可持续发展的基本国策，可以在混凝土结构设计中引入全寿命周期成本的理念，综合考虑混凝土结构工程在全寿命周期中各种外界和内部因素的影响，以及由此引起混凝土结构使用性能和维护成本的变化，研究基于结构全寿命周期成本（Structural Life Cycle Cost，简称 SLCC）的混凝土结构耐久性设计基础理论，并提出相应的设计方法。这对于完善混凝土结构耐久性理论体系及其工程应用，都有着重要意义，也是混凝土结构耐久性设计的必然发展趋势。

2.4　城市建筑或者市政设施附属物风险

城市建筑或市政附属物中影响城市公共安全的几个主要方面包括：玻璃幕墙自爆或者脱落；外墙饰面层空鼓或者面砖脱落；户外广告牌等市政附属物质量隐患；住宅现浇悬挑阳台板等悬挑构件质量隐患等。

2.4.1　玻璃幕墙自爆风险

既有玻璃幕墙在长期的自然力作用以及热应力作用下，必然存在材料老化、损伤、脱落问题，支撑结构松动，造成玻璃破碎、炸裂甚至整体脱落。综合起来，影响玻璃幕墙安全性能的质量问题主要表现在以下几个方面：

（1）硅酮结构密封胶。我国早期的结构胶质量参差不齐，幕墙结构胶市场混乱，施工质量未得到严格的监督。1998 年和 2000 年建设部组织过两次全国性的幕墙工程质量大检查，发现有的地区不合格率高达 40% 左右。

（2）隐框玻璃幕墙面板整体脱落。20 世纪 80 年代以来所建的玻璃幕墙，特别是 90 年代所建的隐框玻璃幕墙，寿命现均已过了 10 年保证期，安全隐患甚大。由于隐框玻璃幕墙没有传统的明框幕墙用以夹持玻璃并承重的铝合金外框，而是完全依靠玻璃背面的结构胶，经过长期抵抗风荷载、自重荷载、热胀冷缩、地震等，超龄服役存在安全隐患。

（3）中空玻璃外片破碎或整体脱落。早期中空玻璃市场比较混乱，生产管理控制不严，有的中空玻璃未采用二道密封胶，造成中空玻璃中空层气体容易泄漏及外片整体脱落，影响其安全使用。劣质中空玻璃在安装使用前，消费者不容易发现其质量问题，有的地方劣质玻璃已占 70% 以上，急需对其服役健康安全状态进行评估。

（4）钢化玻璃自爆破碎。钢化玻璃中的硫化镍（NiS）杂质膨胀引起的自爆是钢化玻璃最严重的一个缺陷，目前我国幕墙玻璃大部分应用钢化玻璃，使用夹层玻璃比较少，钢化玻璃自爆可直接导致玻璃坠落。

玻璃幕墙检测评价技术必定是随着玻璃幕墙技术的发展而发展，在国际上经过一个漫长的历史过程，大致可以分成四个时代：

第一个时代是 1800～1960 年。在此阶段，由于没有完整标准规范作指导，出现一些事故，直到 1960 年美国行业协会编制《幕墙设计指南》，质量情况才开始好转，玻璃幕墙工程才有了本行业的初步参考与检验标准。

第二个时代是 1960～1980 年，这个时代幕墙被认为是现代技术发展在建筑上的标记。在这一时期玻璃幕墙性能的检验主要是集中在对风压、水压和热工非稳定性试验，但检验标准还欠成熟。

第三个时代是 1980～1990 年，这个时代的技术革命发展较快又有许多新材料的出现，如铝复合板、结构硅酮密封胶、耐候胶，以及多品种玻璃的出现，幕墙成为世界性的全球产品。在这一时代，生产厂商需提供其生产的玻璃三性试验和十年质保书。1983 年，Jung-mingwu 和 DenniSC.JeffreyS 针对美国波士顿约翰·汉考克大楼幕墙玻璃破裂提出解决方案：采用大型计算机数集系统对幕墙玻璃板进行自动化监测。

第四个时代是从 1990 年至今。这个时代是世界幕墙高度发展的新时代，出了许多新的技术，展现在宏观设计和微观设计方案的构思中。在这一阶段，玻璃幕墙已由 Statictest（静力测试）逐步走向了 Dynamicstest（动力测试）的研究。

我国的玻璃幕墙是在 20 世纪八九十年代逐步发展起来的，幕墙检测评估技术起步也比较晚，而且发展不够完善。我国玻璃幕墙工程在 1997 年以前很少进行三性检测（空气渗透性能检测、雨漏性能检测以及抗风压变形性能检测），也缺少施工前设计质量的检验，尤其风压变形性能、安全性能的检验。2001 年，建设部颁布了《玻璃幕墙工程质量检验标准》（JGJ/T 139-2001），该标准主要也只是对材料的现场检验、幕墙节点与连接检验以及安装检验作了一些规范要求，但对既有的玻璃幕墙不再适用。目前中国只有玻璃幕墙实验室检验的相应标准，尚没有制定针对既有玻璃幕墙整体安全状况的现场检测手段。

2002 年上海市建筑科学研究院的张元发、陆津龙对玻璃幕墙安全性能现场检测技术进行了研究探讨；建立了上海市玻璃幕墙工程动态信息数据库；对硅酮结构密封胶进行了基础研究；建立了系统的幕墙玻璃品种鉴别技术；系统地将弹性薄板理论应用到幕墙结构性能计算；建立了幕墙主要受力框架和连接件抗风压性能现场检测评估技术；初步建立了一套在用玻璃幕墙安全性能现场检测评估综合技术；初步建立了在用玻璃幕墙工程水密性能、气密性能现场检测技术；编制了地方规程《玻璃幕墙安全性能检测评估技术规程》（DG/TJ08-803-2005），（但没有提出具体的检测方法）。安全性能检测评估的内容有：玻璃幕墙材料的检测、玻璃幕墙的结构承载力验算、玻璃幕墙结构和构造的检测以及结构胶实验分析。2007 年上海交通大学机械与动力工程学院，分析了建筑玻璃幕墙三性检测试台的功能和要求，提出了基于虚拟仪器和以太网的系统集成方案，通过以太网来对数据进行远程采集和分布式监控，并详细介绍了服务器端和客户端的软件设计要点。方东平和辛达帆等也对既有玻璃幕墙安全性能现场检测方法进行了探讨。中国建筑材料科学研究总院包亦望等人对幕墙用结构胶老化规律及老化机理进行了研究，对钢化玻璃的自爆机理进行了深入研究，对一些现场检测设备进行了研发，提出了基于光弹法和动态法在线检测真空玻璃的真空度，设计了一套用于现场给中空玻璃施加集中载荷和变形观测简便装置；特别是在相关资金项目的推动下，已经完成幕墙的两种创新的在线检测技术的基础研究和设备研制，但还需要标准化的操作和实施。中国建筑检验认证中心也对玻璃幕墙的安全状况进行了长期的跟踪调查。

在相关标准发展方面，2001 年的《玻璃幕墙工程质量检验标准》（JGJ/T 139-2001）、2003 年的《建筑安全玻璃管理规定》（发改运行 [2003]2116 号）均要求定期加强玻璃幕墙安全检测与评估。建设部 2003 年 11 月 14 日修订的《玻璃幕墙工程技术规范》（JGJ 102-2003），规定幕墙工程竣工验收后一年时，应对幕墙工程进行一次全面的检查，以后每五年应检查一次。幕墙工程使用十年后应对该工程不同部位的硅酮结构密封胶进行粘结性能的抽样检查；此后每三年宜检查一次。上海市建委、市房地资源局 2004 年公布了《关于开展本市玻璃幕墙建筑普查工作的通知》（沪建建 [2004]834 号），对 2004 年 12 月 31 日前竣工的玻璃、金属和石材组合幕墙，重点是 8 层以上高层和 8 层以下人流密集区域和青少年或幼儿活动公共场所进行幕墙普查。建设部 2006 年 12 月 5 日印发的《既有建筑幕墙安全维护管理办法》通知（建质 [2006]291 号）中规定了建筑幕墙必须进行安全性鉴定的需求，并给出了安全性鉴定的进行程序。虽然玻璃幕墙常规性能检测的各种标准和规范多达数十种，但至今为止在世界范围内还没有检测既有玻璃幕墙安全性能的切实有效的技术以及相关的规范和标准。从历年的国际玻璃大会（GPD）和国际幕墙研讨会（ICBEST）的情况来看，国际上玻璃幕墙的现场检测技术尚未有重大突破，大部分仍然停留在事故统计方面。

2.4.2　外墙饰面层空鼓脱落风险

外墙饰面层有饰面砖、陶瓷锦砖、砂浆等不同种类，基层有水泥砂浆、保温隔热层等，其已服役时间、施工工艺和环境条件等也各不相同。近年来随着建筑物外围护节能改造的广泛开展，用外墙外保温系统的建筑的饰面砖脱落问题也成为关注的热点。影响使用安全的质量问题大致分为两大类：大面积空鼓和局部脱落。大面积空鼓的主要原因是贴砖前基面处理不好，找平层材料与基体或饰面砖胶粘剂与找平材料的粘结强度过低，出现的现象是瓷砖粘结剂（或与找平材料）跟着饰面砖一起与墙体脱离，或者从墙上脱落下来；局部脱落的主要原因是饰面砖与胶粘剂之间缺乏耐久的粘结强度，出现的现象是面砖掉了，带着面砖背槽印迹的胶粘剂还留在墙上。外墙瓷砖粘结强度检测表明：在外墙瓷砖受法线方向拉力时，约 30% 的破坏现象发生在瓷砖与粘结层界面，而约 70% 的破坏现象发生在粘结层与找平层界面、找平层与基体界面。

墙体饰面砖层出现空鼓脱落主要有以下原因：由于墙体内外温差的变化而形成饰面层开裂引起面砖脱落；中间过渡层如砂浆抹灰层变形空鼓，造成大面积面砖脱落；水分渗入所引起的反复冻融循环，造成面砖粘结层破坏，引起面砖脱落；外力引起的面砖脱落，如地基不均匀沉降引起结构物墙体变形、错位造成墙体严重开裂、面砖脱落；组成复合墙体的各层材料不相容，变形不协调，产生位移。

在预防饰面层空鼓脱落的问题时，大部分学者均提出在饰面层施工时注意材料选择，并在构造、施工等方面严格进行质量控制；部分学者提出了改进的施工工艺或者施工顺序。针对既有建筑外墙饰面层存在的问题，红外热像法是随着近年来红外热成像技术的发展而发展起来的，尚处于初步的应用阶段。目前红外热像法在建筑检测上的应用有墙体饰面层剥离检测、渗漏检测以及墙体外保温工程质量的检测等。作为一种新的检测方法，国内目前还缺乏相应的专门的技术规范。建筑材料的红外检测有自己独特的特点。首先，建筑材料密度大、热容量大、传热系数低，如混凝土、石材、面砖等，需要的激励热流量大。其次，工业材料一般为毫米量级，而建筑材料的缺陷深度较工业材料大，一般为厘米量级，需要热激励的时间更长。另外建筑构件的红外检测面积大，因而实际检测中多采用被动加热模式，一般依靠太阳的辐射对墙面的加热来判断空鼓的位置和面积，属于被动红外检测。在外墙检测过程中，缺陷区和正常区域的温差越大，就越容易识别缺陷的位置。袁仁续、赵鸣对红外检测中建筑墙体与环境的热交换过程及各环境因素对红外检测效果的影响进行了分析，提出了墙体红外检测的传热学模型，并与实际检测工程相比较，根据不同季节和不同朝向的太阳辐射，提出不同朝向采取不同的最佳检测时间的方法。

鉴于红外热像检测研究在房屋建筑检测领域尚处于初步探索阶段，有许多工作需进一步研究：

红外检测过程控制、数据处理及成果整理自动化的实现。现阶段各行业均有一些红外数据处理的软件，但是在红外检测的定量化研究方面，很多工作需要手工完成，数据处理过程中人为因素的影响限制了红外检测方法的应用，开发通用的定量化进行数据处理的红外检测数据处理软件是当前红外检测研究中重要的课题，当然，通用软件的开发与红外检测基础研究工作是密不可分的，只有基础研究有了突破，应用软件的开发才有价值。

由于房屋建筑红外检测的特点，自然热源被动加热是当前红外检测的主要方式，然而由于太阳辐射加热在加热时间、热流强度等方面皆不易控制，因而当前的实验研究大都利用人工热源代替天然热源进行研究。利用被动加热进行定量化红外检测研究，是房屋建筑红外检测研究走向定量化的关键。

加强红外图像处理技术及数据融合技术的研究。图像处理技术是消除红外图片中噪声的重要方法，最后检测成果的适用性，依赖红外图像处理技术的发展。红外检测中的数据融合技术，是红外检测研究的重要方向，红外热像法与其他检测方法之间的数据融合，能综合各种检测方法的优点，起到创造性的效果。

此外，由于建筑节能工程施工中采用了大量新技术、新材料、新工艺，外墙外保温、外保温层贴面砖、新型节能门窗及遮阳等的施工技术与传统施工技术不同，所以建筑节能工程的实施将带来建筑围护结构施工的巨大变化，因而相应的施工工艺及标准也应作适当改变或改进，这方面的研究也有待进一步开展。

在分析面板空鼓脱落原因和发展规律的基础上，建立饰面层空鼓脱落评估方法，对各类饰面层空鼓脱落整治方法的工艺流程、适用条件、整治效果等也应形成相应的成套技术或标准化指导。

2.4.3　现浇悬挑阳台板、雨篷等质量风险

阳台、雨篷等现浇的悬挑板的质量隐患往往都是由悬挑板受弯承载能力不足引起的。在悬挑板验算项目中，除受弯、受剪验算外，对未与主体结构浇筑在一起的悬挑板尚应进行抗倾覆验算。导致悬挑构件坍落的主要原因是混凝土强度不足、受力钢筋下移等。预防此类事故的发生除了从本质上控制施工质量外，还应在对既有结构进行安全鉴定时，对悬挑板的施工质量和使用现状加以重点关注。

悬挑梁板的安全性鉴定内容如下：核查结构布置及连接构造、量测截面尺寸、检测混凝土强度及钢筋分布、调查荷载情况、检查工作状况（开裂状况、钢筋有无锈蚀、下水口是否堵塞等），特别注意检查钢筋位置是否下垂，女儿墙根部是否与主体结构脱开（脱开说明构件下垂变形，可能存在安全问题，需特别注意）。根据上述检测数据对悬挑梁板构件承载能力（含抗倾覆能力）进行验算，根据抗力与作用效应之比，得出构件承载能力等级。结合构造措施、工作状况等检查结果进行构件安全性评级。

悬挑板检测操作空间较大，检测数据获取较为方便，而对悬挑梁来说，除梁面钢筋外，其余检测项目也较易完成。悬挑构件根部受力最大，检测位置应尽量选择根部位置。

钢筋位置及分布间距可以采用混凝土雷达仪或钢筋扫描仪检测。钢筋扫描仪一般都采用电磁方法，电磁波的传播是呈辐射状分布的，也就是说，电磁波没有很好的指向性。所以钢筋检测中不可避免要受到相邻钢筋的影响。要取得准确的测量结果，必须尽量选择合理的测量位置，减小相邻钢筋的影响。悬挑板钢筋间距一般超过 100mm，其钢筋位置及间距采用钢筋扫描仪检测，可以取得满意的效果。而挑梁梁面钢筋检测由于受到梁面钢筋密集及板面钢筋密集的影响而导致检测难度较大，部分挑梁梁面钢筋靠在一起，用仪器扫描无法区分，易造成误判，另外目前钢筋扫描仪无法检测到挑梁两排钢筋。

构件钢筋直径检测也是鉴定工作中的难点。理论上有些钢筋检测仪器显示分辨率很高，甚至可以做到 1mm 以内，但由于混凝土材料磁性、相邻钢筋影响、钢筋走向偏差等干扰，实际检测中，采用钢筋检测仪检测钢筋直径精度很难满足需求。故目前对挑梁梁面钢筋直径和悬挑板钢筋直径仍有必要进行局部破损验证。

现浇悬挑阳台板、雨篷等质量隐患的整治方法主要还是利用现有的钢筋混凝土的各类检测方法，如果存在质量问题，也可以通过现有的各类补强方法进行加固。提高钢筋位置或直径的无损检测精度是混凝土构件检测特别是悬挑构件检测的技术需求。

2.4.4　外墙外保温系统的安全风险

建筑节能已成为国家的重大战略问题，建筑外墙外保温系统是目前国内应用最多的

建筑外墙围护结构节能措施，但在实际使用过程中出现了系统结构开裂、材料脱落等问题，特别对其耐久性的质疑,已经影响到了它的推广使用。对建筑外墙外保温系统的安全性（承重、防火、抗风等）以及耐久性进行评价，已成为建筑节能领域亟待解决的难题。

外墙外保温系统是由保温层、保护层和固定材料（胶粘剂、锚固件等）构成并且适用于安装在外墙外表面的非承重保温构造的总称。外墙保温层上要抹 3 ~ 5mm 的抗裂砂浆，抹 1 ~ 2mm 的抗裂腻子，再刷涂料，经估算，每平方米保温层承重约 8kg，如在保温层上铺设钢丝网，粘贴瓷砖，则每平方米承重可达 40kg 左右。目前的外墙外保温工程的做法都是从上至下连成一片，特别是贴砖挂钢丝网的保温工程，在钢丝网上做几厘米长的斜插钢丝，将其插入发泡塑料板材中，再用铆钉加固的办法，这种做法仍然是泡沫板承受下垂重量，一旦下垂的重力超过泡沫板和铆钉所能承受的重力，就会造成大面积甚至是整体脱落。外保温系统受温度变化、施工质量、自重影响以及材料老化等影响，产生开裂脱落后，对其抗风能力也有很大的影响。

多起外墙外保温层火灾事故后，外保温系统特别是膨胀型聚苯板薄抹灰系统的防火问题，已引起了业内人士的关注。泡沫板易燃烧，防火性很差。如建筑物发生火灾，引燃了泡沫塑料保温层，不仅整个保温层和外墙装饰材料会毁于一旦，而且还会产生二噁英等剧毒物质和大量的浮尘，造成环境污染，还有可能导致安全事故。

通过对现行《外墙外保温工程技术规程》（JGJ 144-2004）中所列的外墙外保温系统（EPS 板薄抹灰外墙外保温系统、EPS 板现浇混凝土外墙外保温系统、EPS 钢丝网架板现浇混凝土外墙外保温系统、机械固定 EPS 钢丝网架板外墙外保温系统）以及有较好保温性能的现喷硬质聚氨酯泡沫塑料外墙外保温系统的抗风安全度进行分析，根据不同保温系统的基本构造形式以及风荷载和自重荷载的作用，得出了各种保温系统的抗风安全系数，见表 2-4。建议尽量少采用机械固定 EPS 钢丝网架板保温系统，或在低层的建筑上使用，并且在施工中应加强施工质量的控制。而其他保温系统应注意高质量胶粘剂和保温钉的使用以保证其安全性。

各保温系统抗风安全性 表 2-4

项目	EPS板薄抹灰	EPS板现浇混凝土	EPS钢丝网架现浇混凝土	机械固定钢丝网架板	现喷硬质聚氨酯
安全系数 K	4.0	5.0	24.0	2.77	7.56
规范限值	≥1.5	≥1.5	≥1.5	≥2.0	≥1.5

以建筑外墙外保温系统大型耐候性试验为基础，以目前国内应用最广泛的 EPS 板薄抹灰外墙外保温系统、胶粉聚苯颗粒外墙外保温系统、复合灌注聚氨酯硬泡外墙外保温系统三种建筑外墙外保温系统为对象，研究了它们的粘结强度在耐候性条件下的变化规律，并进行了对比分析。研究表明，复合灌注聚氨酯硬泡外墙外保温系统的初期粘结强度虽然最小，但其下降趋势也最缓，受气候温度变化影响也最小。此外还研究了裂缝、

风荷载、保温层厚度对外保温系统的影响，提出了建筑外墙外保温系统耐久性的评价初步思路。

现有的《外墙外保温工程技术规程》（JGJ 144-2004）、《膨胀聚苯板薄抹灰外墙外保温系统》（JG 149-2003）、《胶粉聚苯颗粒外墙外保温系统材料》（JG/T 158-2013）等外墙外保温标准体系，对保温层的承重与安全性、耐久性问题，均未具体考虑进去，仅通过语言说明或者安全系数来体现。现有的施工技术规程，也没有很好地解决这些问题。且在目前我国现行标准规范中，有关建筑外墙外保温系统材料性能指标的设定，还没有充足的理论和实验数据支撑。经过十多年的实际应用，设计、施工、材料供应、用户等多方都反应许多材料性能指标的规定不尽合理，因此很有必要深入研究系统材料的各种性能指标，建立建筑外墙外保温系统安全性、耐久性评价方法，对建筑外墙外保温系统安全性、耐久性等级进行划分。

第3章 城市大型公共建筑风险评价方法

城市大型公共建筑工程项目施工环境复杂，工期长，后期运营不确定因素多，在城市大型公共建筑工程中运用风险管理技术进行风险管理取得较好的效果。在风险管理过程中，对风险的评估标准的制定以及风险评估方法的运用极为重要。本章中主要介绍城市大型公共建筑工程项目的风险评估的标准以及主要的风险评估方法。

3.1 风险等级标准

3.1.1 风险评价依据

根据国际隧道协会（ITA）定义，风险是对人身安全、财产、环境有潜在损害和对工程有潜在经济损失或延期的不利事件发生的频率和影响结果的综合。根据这一定义，可得风险表达公式（3-1）为：

$$R = f(P, C) \tag{3-1}$$

式中　P——风险事件发生的可能性（概率）；

　　　　C——风险事件发生对工程项目的影响结果，可用人员伤亡、费用损失、工期延误、环境影响等来表示。

本研究参照国内外风险管理相关技术标准对风险的定义以及风险等级确定的计算方法，将定性的、离散的风险概率等级、风险损失等级连续化，并在 P-C 风险矩阵图的基础上，通过计算确定大型建筑物安全运营风险等级。

3.1.2 风险可能性区间划分标准

目前，国内外相关技术标准均以概率或频率形式表示风险发生的可能性等级，比如国际隧道协会（ITA）发布的《隧道风险管理指南》、我国国家标准《城市轨道交通地下工程建设风险管理规范》（GB 50652-2011）等。但以概率或频率数值进行判断需大量的风险统计样本支持，才可计算出相应的数值，而目前城市大型建筑物安全运营风险评估工作尚未积累充足的风险案例，风险发生的可能性多以经验形式进行估计。

风险的等级划分具有多种方式，不同行业的具体划分方式各不相同，如根据《城市轨道交通地下工程建设风险管理规范》（GB 50652-2011）将工程风险等级分为四个等级；美国根据大坝发生事故可能造成的灾害程度，对大坝进行等级划分，分别为高风险、重大风险和低风险三个等级。不同国家对风险等级的划分也不一样，如根据《公民保护中的风险分析方法》（2010）公布的做法，德国试图按照统一的方法与标准来评估各种类型突发事件的风险等级，该方法主要是以突发事件的发生可能性和损害规模为基础，将风险划分为四个等级。《大中型水电工程建设风险管理规范》（GB/T 50927-2013）损失等级划分时，参照了国际隧协（ITA）的风险损失划分标准，考虑了人员伤亡风险、经济损失风险、工期延误风险、环境影响风险、社会影响风险这五个方面。其中，人员伤亡等级标准参考了国务院《生产安全事故报告和调查处理条例》（2007-6-1）和《企业职工伤亡事故分类》（GB 6441-1986）的规定；经济损失等级标准参考了国务院《生产安全事故报告和调查处理条例》（2007-6-1）；自然环境影响等级标准参考了《建设项目环境保护管理条例》（1998-11-18）和《中华人民共和国环境影响评价法》（2003-9-1）；社会影响等级标准参考了《国家处置城市地铁事故灾难应急预案》（2006-1-24）。

为了计算大型建筑物安全运营风险的可能性，定义对数概率：

$$P = 4 + \lg p \tag{3-2}$$

式中，p 为任意一个风险事件的自然概率，在本研究中为通过数据库得到的基本风险事件的统计条件概率和通过贝叶斯网络推理得到的风险事件的概率。

概率计算是以收集到的事故案例为基础，即统计的案例中每类事件发生的概率。如果收集的事故案例足够多，则本研究中的统计条件概率越来越接近风险事件发生的自然概率。

通过对数概率的计算公式可以求得每个风险事件的对数概率（数值在 0 ~ 4 之间，小于 0 的取值为 0，大于 4 的取值为 4），从而得出风险发生频率区间划分标准，见表 3-1。

风险发生频率区间划分标准　　　　　　　　　表 3-1

自然概率（p）	对数概率（P）	概率	说明
<0.001	0 ~ 1	罕见的	不大会出现
0.001 ~ 0.01	1 ~ 2	可能的	可能会出现
0.01 ~ 0.1	2 ~ 3	预期的	不止一次的发生
>0.1	3 ~ 4	频繁的	频繁发生

3.1.3　风险损失区间划分标准

损失区间划分研究的主要目的是为了给公众一个理解风险损失大小的概念，以便更好地进行风险等级评估和分级管理。不同地区、不同类型的风险对损失大小的衡量标准不同，目前国内从灾害以及工程建设期风险的角度颁布了相关的损失等级划分标准。

《城市轨道交通地下工程建设风险管理规范》（GB 50652-2011）以及《大中型水电工程建设风险管理规范》（GB/T 50927-2013）划分损失等级时，参照了国际隧协（ITA）的风险损失划分标准，考虑了人员伤亡风险、经济损失风险、工期延误风险、环境影响风险、社会影响风险这五个方面。其中，人员伤亡等级标准参考了国务院《生产安全事故报告和调查处理条例》（2007-6-1）和《企业职工伤亡事故分类》（GB 6441-1986）的规定；经济损失等级标准参考了国务院《生产安全事故报告和调查处理条例》（2007-6-1）；自然环境影响等级标准参考了《建设项目环境保护管理条例》（1998-11-18）和《中华人民共和国环境影响评价法》（2003-9-1）；社会影响等级标准参考了《国家处置城市地铁事故灾难应急预案》（2006-1-24）。

风险损失包括直接损失与间接损失，直接损失是指与风险事件直接相联系的损失，一般包括因事故造成的人身伤亡及经济损失（如善后处理支出的费用和毁坏财产的价值），通常是易于计算和统计的。事故的间接损失是指与事故间接相联系的损失，一般包括因风险事件导致的产值减少、环境资源破坏、社会影响和受事故影响而造成其他损失的价值等。本研究主要对大型建筑物安全运营风险的直接损失进行计算，即人员伤亡和直接经济损失。直接经济损失中分运营方的直接经济损失和第三方的直接经济损失。

本研究为了计算大型建筑物安全运营风险的损失，现定义损失：

$$C = \mathrm{Max}\left(C_1, C_2, C_3\right) \tag{3-3}$$

式中　C——任一个风险事件的对数损失，且 C，C_1，C_2，$C_3 \in [0，4]$。

1. 人员伤亡方面的对数损失

$$C_1 = \lg\left(k_1 \times a_1 + k_2 \times a_2 + a_3\right) \tag{3-4}$$

式中　a_1——死亡人数；

　　　a_2——重伤人数；

　　　a_3——轻伤人数；

　　　k_1——死亡人数与轻伤人数的等量转换系数，即 1 人死亡 =k_1 人轻伤；

　　　k_2——重伤人数与轻伤人数的等量转换系数，即 1 人重伤 =k_2 人轻伤。

在本研究中，取 k_1=100；k_2=10。

2. 运营方经济损失方面的对数损失

$$C_2 = \lg b \tag{3-5}$$

式中　b——运营方经济损失（万元）。

3. 第三方经济损失方面的对数损失

$$C_3 = 1 + \lg c \tag{3-6}$$

式中　c——第三方经济损失（万元）。

通过上述公式可以求得每个风险事件的对数损失（数值在 0 ~ 4 之间，小于 0 的取值为 0，大于 4 的取值为 4），从而得出风险损失区间划分标准，见表 3-2。

对数损失（C）	人员伤亡（换算后轻伤总人数）	直接经济损失		严重程度
		运营方	第三方	
0 ~ 1	轻伤10人以下	10万元以下	1万元以下	轻微
1 ~ 2	轻伤10 ~ 100人	10万 ~ 100万元	1万 ~ 10万元	较大
2 ~ 3	轻伤100 ~ 1000人	100万 ~ 1000万元	10万 ~ 100万元	严重
3 ~ 4	轻伤1000 ~ 1万人	1000万 ~ 1亿元	100万 ~ 1000万元	灾难

风险损失等级划分标准　　　　　　表 3-2

注：经换算后轻伤总人数在1万人以上，运营方直接经济损失在1亿元以上，第三方直接经济损失在1000万元以上的不包括在本研究的范围内。

3.1.4　风险等级标准

风险等级（程度）是指风险发生概率和风险影响严重性的组合，根据判断的风险对数概率和对数损失，以风险因素发生的概率（可能性）为横坐标，以风险因素发生后产生的后果（负面影响）大小为纵坐标，通过下式计算单个风险事件的风险值，风险等级的划分标准见表 3-3 和图 3-1。

$$R = P \times C \tag{3-7}$$

风险等级划分标准　　　　　　表 3-3

风险等级	$R = P \times C$	等级描述
1	$3^2 \leqslant R \leqslant 4^2$	风险水平很高的等级，风险发生产生的后果很严重，大型建筑物停止运营，经济损失巨大
2	$2^2 \leqslant R < 3^2$	风险水平较高的等级，风险发生产生的后果较严重，可以控制在一定范围内，对大型建筑物正常运营产生严重影响
3	$1^2 \leqslant R < 2^2$	风险水平较低的等级，风险发生产生的后果可以控制在一定范围内，对大型建筑物正常运营有一定影响
4	$0^2 \leqslant R < 1^2$	风险水平最低的等级，风险发生产生的后果基本可以控制，对大型建筑物运营影响不大

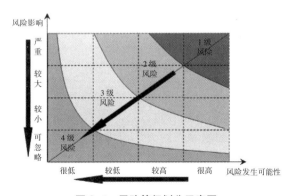

图 3-1　风险等级划分示意图

注：1. 1级风险与2级风险的临界处为双曲线：$PC = 3^2$；
　　2. 2级风险与3级风险的临界处为双曲线：$PC = 2^2$；
　　3. 3级风险与4级风险的临界处为双曲线：$PC = 1^2$。

3.1.5　风险接受准则

风险接受准则和风险等级的划分应该对应，不同风险等级的风险接受准则各不相同，应符合表 3-4 的规定。

风险等级描述与接受准则　　　　　　　　　　　　　　　　表 3-4

风险等级	风险描述	接受准则
1级	风险最高，风险后果是灾难性的，并造成恶劣的社会影响和政治影响	完全不可接受，应立刻排除
2级	风险较高，风险后果很严重，可能在较大范围内造成破坏或有人员伤亡	不可接受，应立即采取有效的控制措施
3级	风险较低，风险后果在一定条件下可忽略，对市政公路工程本身以及人员等不会造成较大损失	允许在一定条件下发生，但必须对其进行监控并避免其风险升级
4级	风险最低，风险后果可以忽略，对大型公共建筑工程本身以及人员等影响可以忽略	可接受，但应尽量保持当前风险水平和状态

3.1.6　风险预警等级

在大型公共建筑全寿命周期中对可能发生的突发风险事件，应划分预警等级。根据突发风险事件可能造成的社会影响性、危害程度、紧急程度、发展势态和可控性等情况，分为四个等级，具体规定如下：

（1）1 级风险预警，即红色风险预警，为最高级别的风险预警，风险事故后果是灾难性的，并可能造成恶劣社会影响和政治影响。

（2）2 级风险预警，即橙色风险预警，为较高级别的风险预警，风险事故发生后果很严重，可能在较大范围内对工程造成破坏或者有人员伤亡。

（3）3 级风险预警，即黄色风险预警，较低级别的风险预警，风险事故后果在一定条件下可以忽略，对工程本身以及人员、设备等不会造成较大损失。

（4）4 级风险预警，即绿色风险预警，为最低级别的风险预警，风险事故后果可以忽略，对工程本身以及人员、设备等造成的损失极小。

3.2　风险识别与分析方法

对大型公共建筑工程项目的风险识别方法也可以称之为识别工具，一般而言，参与风险识别的主体有项目经理、项目风险管理人员、项目组其他成员、客户、独立风险专家、终端用户、利用相关方等。风险识别是一个不断反复的过程，不仅在数据集成和分析上要有反复，在适用方法和策略上也会出现反复，往往通过大量的数据定量分析，达到定性分析的目的。

在风险识别过程中可以使用很多方法，包括：专家调查法、故障树分析法、情景分析法、识别问讯法、财务报表法、流程分析法、现场勘测法、相关部门配合法、索赔统计记录法、环境分析法等。

3.2.1　专家调查法

专家调查法就是通过对多位相关专家的反复咨询和意见反馈，确定影响项目投资的主要风险因素，然后制成项目风险因素估计调查表，再由专家和相关工作人员对各种风险因素在项目建设期间出现的可能性以及风险因素出现后对项目投资的影响程度进行定性估计，最后通过对调查表的统计整理和量化处理获得各种风险因素的概率分布和对项目投资可能的影响结果。专家调查法适用于缺乏统计数据和原始资料的情况下，可以做出定量的估计。缺点主要表现在易受心理因素的影响。

专家调查法有十余种方法。其中专家主观判断法、智暴法（头脑风暴法）和德尔菲法的用途较广，是具有代表性的方法。

1. 专家主观判断法

征求专家个人意见的优点是不受外界影响，没有心理压力，可以最大限度地发挥个人的创造力。但是仅仅依靠个人判断，容易受到专家知识面、知识深度和占有资料以及对所调查的问题是否感兴趣所左右，难免带有片面性。

2. 德尔菲法

德尔菲法起源于 20 世纪 40 年代末期，最初由美国兰德公司首次提出并使用，很快就在世界上盛行起来。如今这种方法的应用已遍布经济、社会、工程技术等各个领域。德尔菲法具有广泛的代表性，较为可靠，并且具有匿名性、统计性和收敛性的特点。该方法被调查的专家主要分为两类：一类是从事工程项目风险管理的技术人员和管理人员；另一类是从事与工程项目相关领域的研究工作人员。德尔菲法是系统分析方法在意见和判断领域的一种有限延伸。它突破了传统的数据分析限制，为更合理地决策开阔了思路。由于该法能够对未来发展中的各种可能出现和期待出现的前景作出概率估计，因此可为决策者提供多方案选择的可能性，而用其他方法都很难获得这样重要的以概率表示的明确结论。但是理论上并不能证明所有参加者的意见能收敛于客观实际。它在本质是一种利用函询形式的集体匿名思想交流过程，德尔菲法应用领域很广，一般用该方法得出的结果也较好。

德尔菲法依据系统的程序，首先选定与该项目有关的专家，并与这些适当数量的专家建立直接的函询关系，通过函询收集专家意见，然后加以综合整理，反馈给各位专家，再次征询意见，再次集中，再反馈。这样反复多次，逐步使专家的意见趋于一致，作为最后识别的根据。

德尔菲法有三个特点：其一，在风险识别过程中发表意见的专家互相匿名，这样可以避免公开发表意见时各种心理作用对专家们的影响；其二，对各种意见进行统计处理，如计算出风险发生概率的平均值和标准差等，以便将各种意见尽量客观地、准确地反馈给专家们；其三，有反馈地反复地进行意见交换，使各种意见相互启迪，集思广益，从而容易做出比较全面的预测。

德尔菲法的优点包括:由于观点是匿名的,因此更有可能表达出那些不受欢迎的看法;所有观点有相同的权重避免名人占主导地位的问题;获得结果的所有权;人们不必一次聚集在某个地方。

德尔菲法的主要局限在于该方法是一种费力、耗时的工作;同时对参与者要求较高,要求参与者能进行清晰的书面表达。

3. 智暴法(头脑风暴法)

(1)头脑风暴法的概念

头脑风暴法,就是以专家的创造性思维获得未来信息的一种直观预测和识别方法。这是一种以群体专家组成专家小组,利用专家的创造性思维,集思广益,获取未来信息的直观预测和识别方法。

头脑风暴法可以与下述的其他风险评估方法一起使用,也可以单独使用,来激发风险管理过程及系统生命周期中任何阶段的想象力。头脑风暴法可以用做旨在发现问题的高层次讨论,也可以用做更细致的评审或是特殊问题的细节讨论。

(2)头脑风暴法的实施步骤

确定议题:一个好的头脑风暴法从对问题的准确阐明开始;会前准备:为了使头脑风暴畅谈会的效率较高,效果较好,可在会前做一点准备工作;确定人选:一般以 8 ~ 12 人为宜,也可略有增减(5 ~ 15 人);明确分工:要推定一名主持人,1 ~ 2 名记录员(秘书),主持人的作用是在头脑风暴畅谈会开始时重申讨论的议题和纪律,在会议进程中启发引导,掌握进程;规定纪律:根据头脑风暴法的原则,可规定几条纪律,要求与会者遵守;掌握时间:会议时间由主持人掌握,不宜在会前定死。

(3)头脑风暴法的优点与局限

头脑风暴法的优点包括:激发了想象力,有助于发现新的风险和全新的解决方案;让主要的利益相关者参与其中,有助于进行全面沟通;速度较快并易于开展。

头脑风暴法的局限包括:参与者可能缺乏必要的技术及知识,无法提出有效的建议;由于头脑风暴法相对松散,因此较难保证过程的全面性;可能会出现特殊的小组状况,导致某些有重要观点的人保持沉默而其他人成为讨论的主角。这个问题可以通过电脑头脑风暴法,以聊天论坛或名义群体技术的方式加以克服。电脑头脑风暴法可以是匿名的,这样就避免了有可能妨碍思路自由流动的个人或政治问题。在名义群体技术中,想法匿名提交给主持人,然后集体讨论。

3.2.2　WBS-RBS 法

项目结构分解法(WBS-RBS 法)是将工作分解成 WBS 树,风险分解成为 RBS 树,然后以工作分解树与风险分解树交叉形成的 WBS-RBS 矩阵进行风险识别的方法。项目结构分解法是在分析项目的组成、各组成部分之间的相互关系和项目同环境之间关系等前提下，识别其存在的不确定性，以及这一不确定性是否会对项目造成损失。项目工作分解结构是完成风险识别的有力工具，其优点是使用简便易行，不增加工作量，因此我们在工程项目管理的其他方面，例如投资、进度和质量管理，常常使用项目工作结构法分解。

近年来，越来越多的研究以生命周期视角使用 WBS-RBS 方法对软件开发风险进行识别，建立了软件开发风险评价指标体系。针对软件开发风险识别与控制进行研究，相关项目的软件开发团队在软件开发各阶段风险的识别、项目整体风险的评价和一些风险控制策略方面提供了一些方法，从而形成了比较完整的风险管理方案。经过实例验证，在规避和降低开发风险、提高软件开发风险管理效率方面确实比较有效。然而，对于风险的动态变化，目前未取得较为有效的解决方案，因此如何动态实时地修正识别和评估过程，将是 WBS-RBS 风险评估方法在软件领域研究的重点。

3.2.3　故障树分析法

1. 故障树分析法的概念

故障树分析法简称 FTA，是系统安全分析方法中应用最广泛的一种。故障树是由一些节点及它们之间的连线所组成的，每个节点表示某一具体故障，而连线则表示故障之间的关系。编制故障树通常采用演绎分析法，把不希望发生的且需要研究的时间作为顶上时间放在第一层，找出造成顶上时间发生的所有直接事件，列为第二层，再找出第二层各时间发生的所有直接原因列为第三层，如此层层向下，直至最基本的原因事件为止。

故障树分析图形符号包括事件符号（矩形、圆形、菱形和房形符号）、逻辑门符号（与门、或门、非门、特殊门）及转移符号（相同转移符号、相似转移符号）3 类。这里将常用符号列举出来。详细内容和要求可查看《故障树名词术语和符号》（GB/T 4888-2009）。

2. 故障数分析法的实施步骤

故障树分析法的实施步骤如下：分析系统，即确定系统所包含的内容及其边界范围；熟悉所分析的系统，指熟悉系统的整体情况，必要时根据系统的工艺、操作内容画出工艺流程及布置图；调查系统发生的各类事故，收集、调查所分析系统的过去、现在及将来可能发生的事故，同时调查本单位及单位同类系统曾发生的所有事故；确定故障树的顶上事件；调查与顶上事件有关的所有原因事件，从人的因素、技术因素、环境因素以及管理因素等各方面调查与故障树顶上事件有关的所有原因；故障树作图，就是按照演绎分析的原因，从顶上事件起，一级一级往下分析各自的直接原因事件，根据彼间的逻辑关系，用逻辑门连接上下层事件，直至所要求分析深度，最后就形成一株倒置的逻辑树形图；故障树定性分析，定性分析是故障树分析的核心内容；找出控制事故可行方案，并从故障树结构上分析各基本原因的重要程度以便按轻重缓急分别采取对策。

3. 故障树分析法的优点及局限

故障树分析法（FTA）的优点包括：它提供了一种系统、规范的方法，同时有足够的灵活性，可以对各种因素进行分析，包括人际交往和客观现象等；运用简单的"自上而下"

方法，可以关注那些与重大事件直接相关故障的影响；FTA 对具有许多界面和相互作用的分析系统特别有用；图形表示有助于理解系统行为及所包含的因素。然而，由于故障树通常较大，故障树的处理可能离不开计算机系统。这样便可以将更复杂的逻辑关系包括在内（EG NAND 及 NOR）；对故障树的逻辑分析和对分割集合的识别有利于识别高度复杂系统中的简单故障路径。在这种系统中，人们可能会忽视那些导致顶事件的诸多事项的综合体。

故障树分析法的局限包括：计算出的顶事件的概率或频率很不确定；基础事件概率的不确定性被包括在首要事件概率的计算中。当不能准确知道基础事件故障概率时，可能导致高度的不确定性；当然，对于一个被充分理解的系统有可能得到高的可信度。有时，起因事件（causal events）未得到限制，因此很难确定顶事件的所有重要途径是否都包括在内（例如，将火灾作为重大事件的分析包括了所有的点火源。在这种情况下，可能性分析是行不通的）；故障树是一个静态模型；时间的互相依赖性没有解决。故障树只能处理二进制状态（有故障／无故障）。虽然定性故障树可以包括人为错误，但是一般来说，各种程度或性质的人为错误引起的故障无法包括在内；故障树无法将多米诺效应或条件故障包括在内。

3.2.4　情景分析法

1. 情景分析的概述

情景分析（Scenario Analysis）是指通过分析未来可能发生的各种情景，以及各种情景可能产生的影响来分析风险的一类方法。换句话说，情景分析是类似"如果 - 怎样"的分析方法。未来总是不确定的，而情景分析使我们能够"预见"将来，对未来的不确定性有一个直观的认识。用情景分析法来进行预测，不仅能得出具体的预测结果，而且还能分析达到未来不同发展情景的可行性以及提出需要采取的技术、经济和政策措施，为管理者决策提供依据。

情景分析可用来帮助决策并规划未来战略，也可以用来分析现有的活动。它在风险评估过程的三个步骤中都可以发挥作用。在识别和分析那些反映诸如最佳情景、最差情景及期望情景的多种情景时，可用来识别在特定环境下可能发生的事件并分析潜在的后果及每种情景的可能性。

情景分析可用来预计威胁和机遇可能发生的方式，以及如何将威胁和机遇用于各类长期及短期风险。在周期较短及数据充分的情况下，可以从现有情景中推断出可能出现的情景。对于周期较长或数据不充分的情况，情景分析的有效性更依赖于合乎情理的想象力。

如果积极后果和消极后果的分布存在比较大的差异，情景分析就会有很大用途。

2. 情景分析的实施步骤

情景分析的必要前提是要有一支团队，其成员了解相关变化的特征（例如，可能的技术进步），同时有丰富的想象力，能预见到未来发展，而无需从过去事件中进行推断。

掌握现有变化的文献和数据也很必要。

情景分析的结构可以是正式的，也可以是非正式的。在建立了团队和相关沟通渠道，同时确定了需要处理的问题和事件的背景之后，下一步就是确定可能出现变化的性质。这就要求对主要趋势、趋势变化的可能时机以及对未来的预见进行研究。

需要分析的变化可能包括：外部情况的变化（例如技术变化）；不久将要作出的决定，而这些决定可能会产生各种不同的后果；利益相关者的需求以及需求可能的变化方式；宏观环境的变化（如监管及人口统计等）；有些变化是必然的，而有些是不确定的。

有时，某种变化可能归因于另一个风险带来的结果。例如，气候变化的风险正在造成与食物链有关的消费需求发生变化，这样会改变哪些食品的出口会盈利以及哪些食品可能在当地生产。

局部及宏观因素或趋势可以按重要性和不确定性进行列举并排序。应特别关注那些最重要、最不确定的因素。可以绘制出关键因素或趋势的图形，以显示那些情景可以进行开发的区域。建议使用一系列的情景，关注每个情景参数的合理变化。为每个情景编写一个"故事"，讲述你如何从此时此地转向主题情景。这些故事可以包括那些能为情景带来附加值的合理细节。

现在，这些情景可以用来测试或评估最初的问题。这项测试考虑到任何重要但可预测的因素（例如，使用模式），然后分析政策在这种新情景中的"成功"概率，并通过使用以模型假设为基础的"假定分析"来"预先测定"结果。当对每个情景的问题或建议进行评估时，显然需要进行修正，以使其更全面或风险更小。当情景正在发生变化时，也可能找出一些能够表明变化的先行指标，监测先行指标并做出反应，可以为改变计划好的战略提供机会。由于情景只是可能出现的未来经过界定的"片段"，因此关键是要确定需考虑的正在发生的某个特定结果（情景）的可能性。例如，对于最好的情景、最差的情景以及预期的情景，应努力描述或说明每个情景发生的可能性。可能不会有最合适的情景，但可以对最终应对各种选项以及随着指标的变化而调整行动方案的方法有更清晰的认识。

3. 情景分析法的优点及局限

情景分析考虑到各种可能的未来情况，而这种未来情况更适合于通过使用历史数据，运用基于"高级—中级—低级"的传统方法而进行的预测。这些预测假设未来的事件有可能延续过去的趋势。如果目前不甚了解预测的依据或者现在探讨的风险会何时发生，那么这一点就很重要了。但是，与这种优点相关的是一种缺点：在存在较大不确定性的情况下，有些情景可能不够现实。

在运用情景分析时，主要的难点涉及数据的有效性以及分析师和决策者开发现实情境的能力，这些难点对结果的分析具有修正作用。如果将情景分析作为一种决策工具，其危险在于所用情景可能缺乏充分的基础，数据可能具有随机性，同时可能无法发现那些不切实际的结果。

3.2.5 检查表法

1. 检查表法的概述

检查表（Check-lists）是危险、风险或控制故障的清单，而这些清单通常是凭经验（要么是根据以前的风险评估结果，要么是因为过去的故障）进行编制的。

检查表法可用来识别危险及风险或者评估控制效果。它们可以用于产品、过程或系统的生命周期的任何阶段。它们可以作为其他风险评估技术的组成部分进行使用，但最主要的用途是检查在运用了旨在识别新问题的更富想象力的技术之后，是否还有遗漏问题。

2. 检查表法的实施步骤

有关某个问题的事先信息及专业知识，可以选择或编制一个相关的、最好是经过验证的检查表。具体步骤如下：确定活动范围：选择一个能充分涵盖整个范围的检查表。为此，应仔细选择检查表。例如，不可使用标准控制的检查表来识别新的危险或风险。使用检查表的人员或团队应熟悉过程或系统的各个因素，同时审查检查表上的项目是否有缺失。输出结果取决于应用该结果的风险管理过程的阶段。例如，输出结果可以是不全面的控制清单或是风险清单。

3. 检查表法的优点及局限

检查表的优点包括：非专家人士可以使用；如果编制精良，它们将各种专业知识纳入到了便于使用的系统中；它们有助于确保常见问题不会遗忘。

检查表的局限包括：它们会限制风险识别过程中的想象力；它们论证了"已知的已知因素"，而不是"已知的未知因素"或是"未知的未知因素"；它们鼓励"在方框内画钩"的习惯；它们往往基于已观察到的情况，因此会错过还没有被观察到的问题。

3.2.6 风险识别方法的优劣势比较

风险识别分析方法优缺点分析表　　　　　　　　　　　　表 3-5

风险识别方法	优点	缺点
故障树分析法	有很强的逻辑性，由因及果，有助于对项目本身及其外在影响因素的深刻认识，查明项目的风险因素，为风险评估提供定性与定量的依据，进而提供各种风险控制方法	操作过程复杂，要有充分的数据，对项目本身和环境要有深刻认识
专家调查法	无需数据和原始资料，避免了专家的意见的相互影响，利用各领域专家的专业理论和丰富的实践经验，集思广益，作出比较全面的预测	过程比较复杂，花费时间较长
蒙特卡罗模拟法	可直接处理每一个风险因素的不确定性，以概率分布的形式表示	需要有大量的样本，在实际应用中随机变量分布的确定比较困难
头脑风暴法	不进行讨论和评判，想出大量的风险因素，通过最终结果使专家相互启迪，相互补充，从而使专家产生"思维共振"，获得更多的未来信息，使预测结果准确而全面	定性的方法，容易受个人主观印象影响
WBS-RBS法	使用简便易行，不增加工作量	操作过程复杂，需要管理者有大量的经验

目前风险识别方法已有数百种，表 3-5 列出了一些常用的风险识别方法，风险识别从某种角度来说是一种分类过程，在识别过程中，实际上对各种风险因素按概率大小和后果严重程度进行了分类。从风险识别要用到概率量度这一角度来看，它又是信息、搜索、探测和报警理论的一部分。

由于风险识别中要考虑的因素很多，不确定性严重，有些因素很难定量描述，使得这一问题解决起来很困难。总结起来，风险识别方法目前存在着以下三方面的问题：可靠性问题，是否有严重的或潜在的风险未被发现或认识清楚；成本问题，风险识别对某些重大工程项目来说是必不可少的，但研究的成本往往较大，到底需要多少经费从事风险识别研究，哪些经费是必要开支，哪些可以节约，存在一个研究效果—成本问题；偏差问题，由于客观事件或环境的限制，往往使观测到的数据、现象与实际有出入，或者由于研究者主观上的原因，使调查结果发生偏差。

3.3　风险评估与预控方法

风险评估就是在识别各自潜在风险的基础之上，运用概率论的方法，对特定的工程项目的特定阶段发生风险的可能性、时间、大小、影响及后果进行估价。通常情况下，风险评估被理解为风险评价，也可以分解为风险评价和风险估计两个阶段。风险估计是风险评价的前提和基础，是一个将风险因素量化的过程，根据采集的数据衡量风险的大小，既要评估发生风险的可能性，也要评估风险发生后损失的程度；只有先确定了风险的大小，才能够评价风险对项目目标实现的影响程度。所以，必须要选择科学的评估方法，得出总体建设的风险度，从而为项目风险管理的决策提供依据。

对大型公共建筑工程项目风险进行评估具有极为重要的理论意义和现实意义，可以说是决定工程建设当中是否能够合理的规避风险，保证项目目标实现的重要举措。风险评估是运用风险评估理论对工程决策、投标和建设进行基本预测。在全面深入分析工程建设风险时，能够加深承包商、投资方以及其他相关主体对实现项目目标的理解，更有利于研究制定具有针对性和操作性的完美方案。可以合理规避建设过程中的不确定风险，有利于决策者选择最佳的技术方案，做到风险最小、效益最大。项目风险的评估主要做法就是利用数据统计学和概率论对工程项目进行风险评估，通过定量分析和定性分析相结合的方式，获取预判性的变化幅度和损失概率，以此来确定风险发生的可能性。从实践意义上看，一般有以下几个方面的内容：一是确定风险的危害性。主要是通过对工程项目风险进行分类比较和评价，按照发生时间、危害大小和影响范围，进而确定其先后的顺序。通过确定其危害性，可以采取更加有效的措施，管理和防范风险的发生；二是确定内在联系。通过风险评估可以确定项目存在各种风险之间的内在联系，一种情况可能会产生几种风险，也可能多种情况产生同一种风险，确定它们之间的内在联系，从而有针对性地制定措施和解决对策。另外，还可以通过它们之间的内在联系，掌握和控制相互转化的条件，从而从中间环节上控制风险的发生；三是提高风险管理的效率。加强对项目风险的评估，可以深化对风险环节和后果的认识，降低风险的不确定性和重特大质量事故发生概率。另外，风险评估能够确定采取对策的程度，控制风险必须付出一定的经济代价，付出的经济代价越大，风险程度就会大幅度降低。所以，必须要从经济学角度出发，借助评估手段，合理控制风险发生的频率。

归纳起来，工程风险评估方法常用的有层次分析法、可靠度法、模糊评判法、贝叶斯网络评估法以及专家评审法等（表3-6）。

各项风险评估技术的特征 表3-6

风险评估方法及技术	说明	影响因素			能否提供定量结果
		资源与能力	不确定性的性质与程度	复杂性	
头脑风暴法及结构化访谈	一种收集各种观点及评价并将其在团队内进行评级的方法。头脑风暴法可由提示、一对一以及一对多的访谈技术所激发	低	低	低	否
德尔菲法	一种综合各类专家观点并促其一致的方法，这些观点有利于支持风险源及影响的识别、可能性与后果分析以及风险评价。需要独立分析和专家投票	中	中	中	否
情景分析	在想象和推测的基础上，对可能发生的未来情景加以描述。可以通过正式或非正式的、定性或定量的手段进行情景分析	中	高	中	否
检查表	一种简单的风险识别技术，提供了一系列典型的需要考虑的不确定性因素。使用者可参照以前的风险清单、规定或标准	低	低	低	否
预先危险分析（PHA）	PHA是一种简单的归纳分析方法，其目标是识别风险以及可能危害特定活动、设备或系统的危险性情况及事项	低	高	中	否
故障树分析	始于不良事项（顶事件）的分析并确定该事件可能发生的所有方式，并以逻辑树形图的形式进行展示。在建立起故障树后，就应考虑如何减轻或消除潜在的风险源	高	高	中	是
事件树分析	运用归纳推理方法将各类初始事件的可能性转化成可能发生的结果	中	中	中	是
决策树分析	对于决策问题的细节提供了一种清楚的图解说明	高	中	中	是
Bow-tie法	一种简单的图形描述方式，分析了风险从危险发展到后果的各类路径，并可审核风险控制措施。可将其视为分析事项起因（由蝶形图的结代表）的故障树和分析后果的事件树这两种方法的结合体	中	高	中	是
层次分析法（AHP）	定性与定量分析相结合，适合于多目标、多层次、多因素的复杂系统的决策	中	任何	任何	是
在险值（VaR）法	基于统计分析基础上的风险度量技术，可有效描述资产组合的整体市场风险状况	中	低	高	是
均值—方差模型	将收益和风险相平衡，可应用于投资和资产组合选择	中	低	中	是
资本资产定价模型	清晰地阐明了资本市场中风险与收益的关系	高	低	高	是
FN曲线	FN曲线通过区域块来表示风险，并可进行风险比较，可用于系统或过程设计以及现有系统的管理	高	中	中	是

风险评估方法及技术	说明	影响因素			能否提供定量结果
		资源与能力	不确定性的性质与程度	复杂性	
马尔可夫分析法	马尔可夫分析通常用于对那些存在多种状态（包括各种降级使用状态）的可维修复杂系统进行分析	高	低	高	是
蒙特卡罗模拟法	蒙特卡罗模拟用于确定系统内的综合变化，该变化产生于多个输入数据的变化，其中每个输入数据都有确定的分布，而且输入数据与输出结果有着明确的关系。该方法能用于那些可将不同输入数据之间相互作用计算确定的具体模型。根据输入数据所代表的不确定性的特征，输入数据可以基于各种分布类型。风险评估中常用的是三角或贝塔分布	高	低	高	是
贝叶斯分析	贝叶斯分析是一种统计程序，利用先验分布数据来评估结果的可能性，其推断的准确程度依赖于先验分布的准确性。贝叶斯信念网通过捕捉那些能产生一定结果的各种输入数据之间的概率关系来对原因及效果进行模拟	高	低	高	是

3.3.1　层次分析法

1. 层次分析法基本概念

层次分析法（Analytical Hierarchy Process，AHP），又称 AHP 法，层次分析是一种定性和定量相结合的、系统化的、层次化的分析方法。它是将半定性、半定量问题转化为定量问题的行之有效的一种方法，使人们的思维过程层次化。通过逐层比较多种关联因素来为分析、决策、预测或控制事物的发展提供定量依据，它特别适用于那些难于完全用定量进行分析的复杂问题，为解决这类问题提供一种简便实用的方法。因此，它在建筑、资源分配、排序、政策分析、军事管理、冲突求解及决策预报等领域都有广泛的应用。大型公共建筑工程项目风险评价实际就是一个多目标的评价系统，总目标很难具体量化，往往需要借助可量化的多个子目标，甚至借助子目标下的次目标。因此，运用层次分析模型，有利于更好地实现对风险的评价。该方法是一种定性与定量相结合的多目标决策方法，能够将难以定量的总目标进一步分解，利用可精确化和定量化的子目标系统解决问题，并且能有效地综合测度子目标定量判断的一致性。

2. 层次分析法的实施步骤

（1）输入

对任意两因素的相对重要性进行比较判断，给予量化。为保证输入的比较值真实可信，通常可以用德尔菲法、头脑风暴法等进行操作。

（2）过程

运用层次分析法建模，大体上可按下面四个步骤进行：建立递阶层次结构模型；构造出各层次中的所有判断矩阵；层次单排序及一致性检验；层次总排序及一致性检验。其中后两个步骤在整个过程中需要逐层地进行。

（3）输出

各种方案相对于总目标的重要排序。

3.层次分析法的优点及局限

AHP法较好地体现了系统工程学定性与定量分析相结合的思想。在决策过程中，决策者直接参与决策，决策者的定性思维过程被数学化、模型化，而且还有助于保持思维过程的一致性。

层次分析法的局限性主要表现在：很大程度上依赖于人们的经验，主观因素的影响很大，它至多只能排除思维过程中的严重非一致性，却无法排除决策者个人可能存在的严重片面性；比较、判断过程较为粗糙，不能用于精度要求较高的决策问题。

3.3.2 概率法

概率方法是借助概率来描述风险因素对项目影响的一种定量分析技术，该方法包括以下两方面内容：用发生概率表示风险事件发生的可能性；用相对风险后果表示风险事件发生后可能引起的后果。因此风险被描述为风险事件发生概率及其后果的函数。在许多文章中采用规范化后的风险度概率表示公式，具体描述如下：

$$R = P \times I \tag{3-8}$$

式中　R——风险（风险事件）；

　　　P——风险事件发生的可能性；

　　　I——相对风险后果，代表风险事件发生后可能引起的后果被规范化为属于 $[0, 1]$ 后的标量值。

这样在某一风险的风险度就被表示为风险概率 P 和相对风险后果 I 的乘积。在实际工程项目的风险分析中，利用式（3-8）计算各种风险因子，根据 R 大小得出各风险因子的风险度优先顺序。此外，为了正确衡量风险，我们利用标准差和变异系数作为测定概率分布的标准。其计算公式如下：

$$\delta = \sqrt{\sum_{i=1}^{n} (E_i - E)^2 P_i} \tag{3-9}$$

式中　E_i-E——从每个可能结果 E_i 中减去期望值 E 得出的偏离期望值的高差。

标准偏差越小，概率分布越密集，项目的风险也就越小。

变异系数：

$$C_v = \delta / E \tag{3-10}$$

变异系数越大，则该项目的相对风险就越大。对于小型短期项目，其风险因素相对较少，对风险因素的不确定性描述也比较容易，所以采用该方法比较方便、快捷。要确定风险发生的概率和风险发生所产生的后果，必须有大量的第一，利用风险分析人员和要做到严格的定量化是不现实的。

3.3.3　模糊综合评判方法

在工程项目风险评价中，有些现象或者活动界限是模糊的，有的则是清晰的。对于这些模糊的现象或者活动只能采用模糊合集来描述，应用模糊数学进行风险评价。

模糊综合评判是将模糊数学方法与实践经验结合起来对多指标的性状进行全面评估。在风险评估实践中，有许多事件的风险程度是不可能精确描述的。如风险水平高，技术先进，资金充足，"高"、"先进"、"充足"等均属于边界不清晰的概念，即模糊概念。诸如此类的概念与事件，既难以有物质上的确切含义，也难以用数据准确地表达出来，这类事件就属于模糊事件。

普通集合可以表达概念，如 $\{1, 2, 3, \cdots, n\}$ 表达自然数概念。但普通集合不能表达模糊性的概念。因此，将普通集合的概念加以推广，以解决具有模糊性的实际问题。将模糊性概念用集合表达，构成模糊集。

设 X 为基本集，若对每个 $x \in X$，都指定一个数 $\mu_{A(x)} \in [0, 1]$，则定义模糊子集：

$$A = \left\{ \frac{\mu_{A(x)}}{x} x \in X \right\} \tag{3-11}$$

$\mu_{A(x)}$ 称为 A 的隶属函数，$\mu_{A(x_i)}$ 称为元素 x_i 的隶属度。

隶属函数 $\mu_{A(x)} \in [0, 1]$，即 $0 << \mu_{A(x)} << 1$。

当 X 为可数函数，$X = \{x_1, x_2, \cdots x_n\}$ 时，则 $A = \sum_{i=1}^{n} \frac{\mu_{A(x_i)}}{x_i}$。

例如，设某大型公共建筑 a、b、c、d 四个单体风险的大小程度分别为 0.8、0.5、0.6、0.2，则该合集可表达为 $A = \frac{0.8}{a} + \frac{0.5}{b} + \frac{0.6}{c} + \frac{0.2}{d}$。

确定隶属函数的方法有很多种。下面介绍模糊统计确定隶属函数的方法。该方法是先选取一个基本集，然后取其中任一元素 x_i，再考虑此函数属于集合 A 的可能性。例如，先确定模糊集合的高风险，然后考虑某项目 a 属于高风险子模糊集合的可能性。为得到量化的数据，可以邀请专家来判断 a 是否为高风险项目，由于各个专家对高风险源的定义不一样，有的人认为是，有的人会认为不是，这样可以得到：

$$\mu(a) = \lim_{n \to \infty} \frac{a \in A \text{ 的次数}}{n} \tag{3-12}$$

这里 n 是参加评判总专家人数，试验次数只要充分大，$\mu(a)$ 就会趋向 $[0, 1]$ 中的一个数，此数即为隶属度。

矩阵 $R = (r_{ij})_{n \times m}$，如果对于任意的 $i << n$ 及 $j << m$ 都有 $r_{ij} \in [0, 1]$，则把 R 称为模糊矩阵。

一个 n 行 m 列的模糊矩阵 $Q = (q_{ij})_{n \times m}$ 和一个 m 行 l 列的模糊矩阵 $R = (r_{ij})_{n \times m}$，合成得 QR 为一个 n 行 l 列的模糊矩阵 S，S 的第 i 行第 k 列的元素等于 Q 的第 i 行元素和 R 的第 k 列元素的合成，也称模糊矩阵的乘积。

3.3.4 贝叶斯网络评估法

1. 贝叶斯法的相关概念

贝叶斯网络是一种以贝叶斯理论为基础，可以将相应领域的专家经验知识和有关数据相结合的有效工具。贝叶斯网络具备很强的描述能力，既能用于推理，还能用于诊断，非常适合于安全性评估。基于贝叶斯网络的风险评估方法能够有效地将专家经验、历史数据以及各种不完整、不确定性信息综合起来，提高建模效率和可信度，节省安全性信息获取的成本。

它可以通过图形直观地表达系统中事件之间的联系，通过节点之间的条件概率分布计算某个节点的联合概率及其各个状态的边缘概率。节点的概率由相邻的节点决定，并且可通过输入证据来更新，有效地减少了分析模型数据更新的工作量。在贝叶斯网络推理过程中，需要使用先验概率分布。大型公共建筑工程的风险因素都具有不确定性，而且可用于风险评估的数据非常有限，很难将时间发生的概率用确定的数值表示。因此，将时间概率模型用风险发生概率语言变量来表示，建立基于贝叶斯网络的大型公共建筑风险评估模型，经过网络推理，实现安全风险概率推测。

贝叶斯分析是一种概率的推理结构，它提供了表示变量集之间概率依赖性的一个自然有效的方法，具有坚实的概率理论基础。本文就贝叶斯分析方法在土木工程领域深基坑施工安全风险评估中的应用进行探讨，以建立一个实时高效的评估决策系统。贝叶斯分析方法是一种小样本估计法，由于它能利用验前积累的信息，减小样本试验的随机误差，因此可在样本量较小的情况下，得到较高的评估精度，所以采用贝叶斯法来评估深基坑工程的风险是有实际意义的。

2. 贝叶斯网络评价法的实施步骤

输入，其输入数据接近蒙特卡罗模拟的输入数据。每个贝叶斯网络应采取的步骤如下所示：界定系统变量；界定变量间的因果联系；确定条件及先验变量；增加证据；进行信念更新；获取后验信念。

输出，贝叶斯方法与传统统计方法有着相同的应用范围，并会产生大量的输出结果，例如得出点估算结果的数据分析以及置信区间。贝叶斯方法最近颇为流行，而这与可以产生后验分布的贝叶斯网络密不可分。图形结果提供了一种便于理解的模式，可以轻松修正数据来分析参数的相关性及敏感性。

3. 贝叶斯方法的优点及局限

贝叶斯方法的优点包括：所需的就是有关先验的知识；推导式证明易于理解；贝叶斯规则是必要因素；它提供了一种利用客观信念解决问题的机制。

贝叶斯方法的局限包括：对于复杂系统，确定贝叶斯网中所有节点之间的相互作用是相当困难的；贝叶斯方法需要众多的条件概率知识，这通常需要专家判断提供。软件工具只能基于这些假定来提供答案。

3.3.5　专家评审方法

专家评审法也是一种定性描述定量化方法，它首先根据评价对象的具体要求选定若干个评价项目，再根据评价项目制定出评价标准，聘请若干代表性专家凭借自己的经验按此评价标准给出各项目的评价分值，然后对其进行集结。

专家评审法的特点：简便，根据具体评价对象，确定恰当的评价项目，并制定评价等级和标准；直观性强，每个等级标准用打分的形式体现；计算方法简单，且选择余地比较大；将能够进行定量计算的评价项目和无法进行计算的评价项目都加以考虑。

3.3.6　外推法

外推法主要是根据现在和过去的发展趋势进行推测，通常可以分为前推法、旁推法和后推法，是进行有效评估的方法。当搜集足够的历史资料和经验数据后可以采用前推法，使逻辑推理方式，根据已经掌握的信息对项目风险产生的可能性及后果进行分析。如果通过分析能够掌握周期规律，便能作出有效的评估；如果不能够发现有效的周期规律，可以用画曲线的方式进行数据拟合，使用这种数理统计的方式，前提是保证搜集数据的全面性和完整性。如果没有搜集到足够的历史数据时，为了把未知后果与已知事件联系起来，通常采取后推法，把未来未知的风险追溯到初始事件上，进而取得一定的历史数据进行风险项目的评估，由于工程项目具有不可重复性和一次性，这也是常用的一种评估方式；也可根据搜集的项目数据进行外推，使用外推法时通常有条件限制，一般要考虑新环境的作用与影响。

3.3.7　蒙托卡罗模拟法

1. 蒙特卡罗法的相关概念

蒙特卡罗（Monte-Carlo）模拟又称统计试验法，是一种通过对每一随机变量进行抽样，将其代入数据模型中，确定函数值的模拟技术。独立模拟试验 N 次，得到函数的一组抽样数据，由此可以决定函数的概率分布特征，包括函数的分布曲线，以及函数的数学期望、方差等重要的数学特征。这种计算方法也称为随机模拟法，是采取随机的模式加以计算的方法，在项目风险管理中，通常使用这种模拟技术。这种分析方法是使用概率分布的方法定义每项活动的结果，并把这个结果作为前提，用来计算整个工程项目的概率分布。具体操作方法：将符合一定规则的随机数作为随机变量，由计算机对该变量进行计算，而后对随机变量进行模拟和概率统计得到一个近似值，这个近似值可以作为风险评估来使用。这种方法的优势在于能够计算出难以计算或者根本没有近似值的问题。

很多系统过于复杂，无法运用分析技术对不确定性因素的影响进行模拟，但可以通过考虑投入随机变量和运行 N 次计算（即所谓模拟）的样本，以便获得希望结果的 N 个可能成果。

描述输入数据的不确定性并开展多项模拟（其中，对输入数据进行抽样以代表可能出现的结果）加以评估。这种方法可以解决那些借助于分析方法很难理解和解决的复杂状况。可以使用电子表格和其他常规工具进行系统开发，也可以使用更复杂的工具来满足一些更复杂的要求，很多要求所需的投资较少。当该技术首次开发时，蒙特卡罗模拟所需的迭代过程缓慢，耗费时间。但是，随着计算机技术的进步和理论的发展，例如latin-hypercube抽样法使很多应用程序的处理时间几乎变得微不足道。

蒙特卡罗模拟是评估不确定性因素在各种情况下对系统产生影响的方法。这种方法通常用来评估各种可能结果的分布及值的频率，例如成本、周期、吞吐量、需求及类似的定量指标。蒙特卡罗模拟法可以用于两种不同用途：传统解析模型的不确定性的分布；解析技术不能解决问题时进行概率计算。

2. 蒙特卡罗法的实施步骤

输入到蒙特卡罗模拟法的是一个系统模型和关于输入类型的信息、不确定性源和期望的输出。具有不确定性的输入数据被表示为具有一定分布的随机变量，根据不确定性的水平，其分布具有或多或少的离散性。为此，均匀分布、三角分布、正态分布和对数正态分布经常被使用。

确定尽可能准确代表所研究系统特性的模型或算法；用随机数将模型运行多次，产生模型（系统模拟）输出。在模拟不确定性效应的应用场合，模型以方程式的形式提供输入参数与输出之间的关系。所选择的输入值取自这些参数中代表不确定性特点的适当的概率分布。在每一种情况下，计算机以不同的输入模型运行多次（经常到一万次）并产生多种输出。这些输出可以用传统的统计方法进行处理，以提供均值、方差和置信区间等信息。

输出结果可能是单个数值，例如上例确定的单个数值。它也可能是表述为概率或频率分布的结果，抑或是在对输出结果产生最大影响的模型内的主要功能的识别。

一般来说，蒙特卡罗模拟可用来评估可能出现的结果的整体分布，或是以下分布的关键测评：期望结果出现的概率；在某个置信概率下的结果值（图3-2）。

对输入数据与输出结果之间关系的分析可以说明目前正发挥作用的因素的相对重要性，同时能识别那些旨在影响结果不确定性

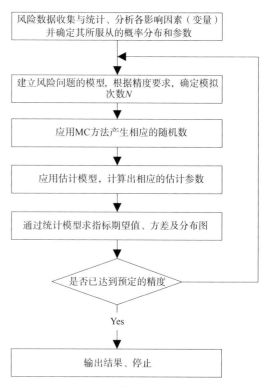

图 3-2　蒙特卡罗法模型

的工作的有用目标。

3. 蒙特卡罗法的优点及局限

蒙特卡罗法的优点包括：从原则上讲，该方法适用于任何类型分布的输入变量，包括产生于对相关系统观察的实证分布；模型便于开发，并可根据需要进行拓展；实际产生的任何影响或关系可以进行表示，包括微妙的影响，例如条件依赖；敏感性分析可以用于识别较强及较弱的影响；模型便于理解，因为输入数据与输出结果之间的关系是透明的；诸如 Petri 网（将来的 IEC62551）等有效的行为模式是可用的，这已证明对蒙特卡罗模拟目的是非常有效的；提供了一个结果准确性的衡量；软件便于获取且价格便宜。

蒙特卡罗法局限包括：解决方案的准确性取决于可执行的模拟次数（随着计算机运行速度的加快，这一限制越来越小）；依赖于能够代表参数不确定性的有效分布；大型复杂的模型可能对建模者具有挑战性，很难使利益相关者参与到该过程中；该技术可能无法取得满意的结果和较低的可能性事项，因此无法让组织的风险偏好体现在分析中。

3.3.8　情景分析法

情景分析法是由美国科研人员于 1972 年提出，是一种适用于风险因素较多的项目进行风险识别的系统方法，使用时，通常假定关键影响因素可能发生变化，从而构造出多种情景，提出多种可能的结果，以便采取措施防患于未然。当一个项目需要提醒决策者注意某种措施，或政策可能引起的风险，或危机性的后果，建议需要进行监视的风险范围；研究某些关键因素对未来过程的影响；提醒人们注意某种技术的发展会带来哪些风险时，该方法就显得特别有用。

目前该方法在工程项目风险识别中主要用于工程项目的投资风险识别，特别是用于 BOT 投资项目的风险分析，已有不少成功的案例，该方法对尼泊尔某灌溉工程的国际工程承包风险进行了识别，英国的罗吉·弗兰根教授在其著作中对此方法也进行了介绍。

3.4　风险预警方法

1. 大型公共建筑工程项目风险预警简介

所谓预警的"警"是指事物发展过程中出现的极不正常的情况，也就是可能导致风险的情况，亦称警情。例如，建筑结构沉降值超过预警值偏离就是建筑结构遇到了警情。所谓"预警"，就是对那些可能出现的极为不正常的情况或风险进行汇总、分析和测度，并以之为据对不正常情况或风险的时空范围和危害程度进行预报，以及提出防范或消解的措施。简言之，料事之先是为预，防患未然即为警。警情的防范或消解就是排警，预警本身不是目的，预警是为了排警，预警是排警的基础，是风险管理中的重要环节。风险预警系统有狭义和广义之分。狭义的预警系统是指为防范可能偏离正常发展轨道或可能出现的风险而建立的报警系统。狭义预警系统着重于警情的预报或即时公告。广义的预警系统则是由四个相互关联、关系密切的子系统组成，包括预警咨询系统、预警决策系统、预警执行系统和预警监督系统。这四个子系统涵盖了从确定警情指标、寻找警源、分析警兆、准确及时报警、确定警情应对措施以及排除警情并收集反馈信息的全过程。

2. 大型公共建筑工程项目风险预警的方法

大型公共建筑工程项目的风险预警方法同一般工程项目的风险预警方法大同小异，一般包括以下几种方法：先行指标法、模型法、预期调查法、专家评估判断法等。

（1）先行指标法

事物发展过程中与其他事物总是有不同程度的联系，运用先行指标进行预警的理论依据是在事物运行过程中，事物发展相互之间关联的各因素，在变化时间上不可能同步，一种因素的变化经常领先或落后于其他因素的变动，而这种因素的变动又可由其他因素的变动预见到。这种可预见一种因素变动的其他因素即可界定为该因素变动的先行指标。因此，一种因素的变动可以由其他先行指标的变动来反映，紧紧抓住并分析这个先行指标的变动情况，就可以对预警对象进行科学预测。所以，先行指标法就是根据先行指标超前于预警对象的这种性质，根据先行指标与预警对象的内在联系，对事物的发展进行预警。这种方法也已用于微观或宏观经济的预警。

（2）模型法

预测模型是对一个事物或事物的一部分按一定形式表达的数学模型，用数学的方法体现事物发展过程中各因素之间的关联性，其参数用计量方法加以估算。在形式上，事物模型可以是图形、表格，也可以是数学方程。事物模型具有多种功能，即解释、计量、描述、判断、预见等。所谓模型法就是运用事物模型进行预警，达到预测未来，防患于未然的目的。

（3）预测调查法

预测调查法就是根据需要，按一定格式设计所需项目，采用问卷调查的方式，定期向所调查对象发放书面问卷进行调查，从而达到了解所需调查项目的目的。所以调查方法又称问卷调查法。

（4）专家评估判断法

专家评估判断，不是指一两个专家，而是指一个专家集团。这个专家集团的专业结构是互补的。专家评估判断法，是利用专家集团每个成员的个人经验和智慧，利用其各自掌握的警兆信息来对警情作出判断或推断，作出预警。但是，专家评估判断法一般不单独运用，需配合其他方法，比如指标法、模型法等。

（5）系统学方法

运用系统学方法，在不失系统整体化的前提下，进行系统分解，然后再综合。按照系统学方法论，分为两类：

1）总量指标分块分解综合法

①警情指标分解：系统主要输出构成系统警情的主导因素，其值的过高过低都可能造

成重大失误。因此,对系统预警首先是选取系统主要输出指标。系统总体警情指标确定后,可进一步分解为若干块。

②警兆指标分解:警情是由警源引起的,由警源到警情的产生发展,必然有各种各样的警情先兆现象,即警兆。预警的核心就是通过警兆来预报警情。

③警情综合:通过已有资料验证确定各个警情变量的等级,即无警警限、轻警警限、中警警限、重警警限、巨警警限。利用对应原理,采取反馈方式可以确定警兆变量的等级,即无警、轻警、中警、重警和巨警阈限。随后根据 $Y=f(x)$ 的关系得到预测值,参照 Y 警限将其转化为警度。最后进行单项警度综合比较,予以报警。

2）主体结构母子系统分解综合法

系统结构对系统的状态特性起着主要的决定作用,因此,系统预警的准确与否取决于对系统结构动态解析的程度。

①主题结构的把握:系统结构往往网络复杂,需对之解析量化。系统总体结构的动态把握是对之进行建模预警的关键。

②母子系统的分解预警系统一般是由数个子系统组成的综合系统。各子系统都在主体结构约束和自身内在规律作用下以其独特的方式运行。对各子系统的预警需在主体警情解析和母子系统分解的基础上分别进行。

③警情综合:对母子系统的警情处理首先应做好单独预报,然后进行综合处理,一般有三种处理方法,即根据现时和历史资料分析,进行综合比较,做重点预警;利用层次分析法,确定各层次警情的相关矩阵和权重,然后合成,予以报警;将子系统的警情作为警兆以自变量看待,把母系统的警情作为因变量,找出其函数关系,予以报警。

3. 大型公共建筑预警系统简介

大型工程项目风险预警系统是度量大型工程项目运作过程中某种状态偏离预警线的强弱程度、发出预警信号并提前采取防范措施的系统。它是项目管理层通过建立风险评估体系和进行风险控制,来预防、化解风险的发生,将风险造成的损失降到最低的有效手段。

整个风险预警系统是一个通过循环而不断获得提升的体系,包含了五个子系统,如图 3-3 所示。

风险识别子系统通过各种有效途径,尽可能全面地辨识出影响项目目标实现的风险事件存在的可能性。

风险分析子系统对已经识别的风险进行分析处理,从而测算出风险的大小和发展态势。风险预警子系统通过对测算出的风险程度与事先确定的预警范围进行比较,对超出警戒范围的风险进行预警。

风险对策子系统对预警的项目进行分析,寻求改进的对策并付诸实施。

风险后评价子系统对改进后的风险度进行测评,确定改进的效

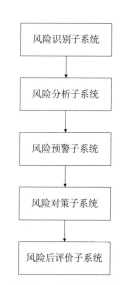

图 3-3　大型公共建筑项目风险预警系统图

果，并为今后项目中类似风险的预防和应对提供经验。

大型工程项目的风险预警系统作为一个完整的系统具有自身的特点，一般包括：

（1）系统性。大型工程项目的风险预警系统是由众多的相互密切关联的预警因素组成的体系，这些因素相互联系，组成一个有机整体。从工作系统的角度可以分成咨询系统、决策系统、执行系统和监督系统四部分，这四部分相互联系共同组成一个完整的预警系统。

（2）层次性。大型工程项目的风险预警系统一般呈树状结构，分不同层次，由多个子系统组成。

（3）参照性。大型工程项目的风险预警系统是以一个特定的目标为参照系，根据有关信息和科学方法制定的预警指标体系，为大型工程项目的风险管理提供了科学的参照物。这使得对大型工程项目风险事故的管理从"管理事故"转向"管理风险"，对于可能发生或已经发生的风险，及时采取措施，把问题解决在萌芽之中，在有限资源、人力、物力和财力的情况下，更好地控制住风险，实现真正的科学管理，确保工程项目的顺利施工，维护国家经济利益。

（4）相关性。大型工程项目本身就是一个复杂的系统，因此大型工程项目的风险预警系统更是一个复杂的系统，各子系统、各要素之间相互联系、相互影响，一个子系统或一个要素发生变化就会对另一个子系统产生影响，具有很强的相关性。一般而言，大型工程项目风险预警体系由4个部分组成，即收集风险信息、进行风险分析、确定风险管理措施和进行监督管理。

（5）应激反应性。一个有效的风险预警系统应该能够对警情、警兆作出敏捷的反应，并迅速使其构成子系统联动起来。"敏"是指预警系统对警情、警兆这样的外界刺激保持高度的敏感性，能够见微知重；"捷"是指系统反应的快速性和即时性，否则，何言"预警"。因此，大型工程项目的风险预警系统有应激反应性的特点。

3.5 风险处置措施

风险处置（也称作风险响应）就是制定并实施风险处置计划。风险处置的手段包括风险控制、风险自留和风险转移。风险控制分为风险回避和风险降低工程。风险处置的手段构成如图 3-4 所示。针对特定的风险，可以采取不同的处置方法，对一个项目所面临的各种风险，可以综合运用各种方法进行处理。通过对项目风险的评估和分析，把项目风险发生的概率、损失严重程度以及其他因素综合起来考虑，就可得出项目发生各种风险的可能性及其危害程度，从

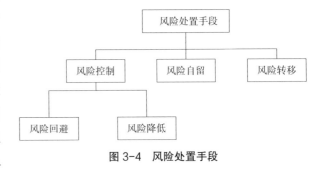

图 3-4 风险处置手段

而决定应采取什么样的措施以及控制措施应采取到什么程度。

建筑业属于需要大量资金和资源的产业，参与工程项目的各方包括业主、承包商、设计咨询方，都希望实现利润最大和风险最小。风险是客观存在的，是不能被完全消除掉的，但其可以被减小或转移。业主作为项目的发起方，在项目的最初阶段应对所有项目风险负责，而当业主和项目的其他参与方（承包商等）签订合同后，业主承担的风险将被全部或部分转移。风险将被转移到项目其他参与方，或担保公司和保险公司，但是风险转移也需要成本，最后还是由业主来支付，计入工程造价。

在制定风险处置计划时，一定要针对项目中不同风险的特点，分别采用不同的风险处置方式，而且应尽可能准确合理地采用风险控制方式，因为它是一种最积极、有效的处置方式。它不仅能保证项目减少由于风险事故所造成的损失，而且能使社会的物质财富减少损失。

1. 风险回避

风险回避是在考虑到某项目的风险及其所致损失都很大时，主动放弃或终止该项目以避免与该项目相联系的风险及其所致损失的一种处置风险的方式，它是一种最彻底的风险处置技术。它在风险事件发生之前将风险因素完全消除，从而完全消除了这些风险可能造成的各种损失，而其他风险处置技术，则只能减少风险发生的概率和损失的严重程度。在对某项目进行风险预测、识别、评估和分析后，如发现实施此项目将面临巨大风险，一旦发生事故，将造成项目无法承受的重大损失，而且风险经理又不可能采取有效措施减少其风险和损失大小，保险公司也认为该项目风险太大而拒绝承保，这时就应放弃或终止该项目的实施，以避免今后可能发生的更大损失。风险回避虽然可以彻底消除实施该项目可能造成的损失和可能产生的恐惧心理，但它同时也失去了实施项目可能带来的收益。

2. 风险降低

风险降低是为了最大限度地降低风险事故发生的概率和减小损失幅度而采取的风险处置技术，是进行风险控制的结果。

风险控制措施是以处理项目风险本身为对象，通过对风险发生概率和风险损失幅度两个因素的控制，减少风险损失，所以风险控制措施也可以称为损失控制措施。风险控制的第一步是对项目的有关内容进行审查，包括项目的总体规划、设计和施工组织计划、相应的工程技术规程等，通过定性和定量的风险辨识技术对项目风险进行辨识，从而找出附着在项目中的风险因素。通过对所有风险因素或风险事件进行估计判断，确定哪些风险事件可以进行直接损失控制，并提出预防或减小损失的措施，从而制定一系列明确的指导性的风险防控计划，以指导人们如何避免损失的发生。在损失发生后，需要启动灾难应急计划，控制损失程度，并及时恢复施工或继续运营。灾难应急计划的内容包括：评估及监控有关系统和安全装置；重复检查和修正工程建设计划；事故预警监测计划、紧急撤离和施救计划等。

在采取了一系列可行的步骤避免风险或降低风险发生概率和损失量后，仍有可能发生造成损失的风险。为了控制工程项目风险造成的损失幅度，可以采取以下措施，阻断风险事故传递的链条。

第一，根据风险因素的特性，采取一定措施使其发生的概率降至接近于零，从而预防风险因素的产生；第二，减少已存在的风险因素；第三，防止已存在的风险因素释放能量；第四，在时间和空间上把风险因素与可能遭受损害的人、财、物隔离；第五，借助人为设置的物质障碍将风险因素与人、财、物隔离；第六，改变风险因素的基本性质；第七，加强风险部门的防护能力，做好救护受损人、物的准备。这些措施有的可用先进的材料和技术达到，此外，还应有针对性地对实施项目的人员进行风险教育以增强其风险意识，制定严格的操作规程以控制因疏忽而造成不必要的损失。风险控制是实施任何项目都应采用的风险处置方法。

3. 风险自留

风险自留是由项目组自行准备基金以承担风险损失的风险处置方法，在实践过程中有主动自留和被动自留之分。主动自留是指在对项目风险进行预测、识别、评估和分析的基础上，明确风险的性质及其后果，风险管理者认为主动承担某些风险比其他处置方式更好，于是筹措资金将这些风险自留。被动自留则是指未能准确识别和评估风险及损失后果的情况下，被迫采取自身承担后果的风险处置方式。被动自留是一种被动的、无意识的处置方式，往往造成严重的后果，使项目组遭受重大损失。有选择地对部分风险采取自留方式，有利于项目组获利更多，但自留哪些风险，是风险管理者应认真研究的问题，如自留风险不当可能会造成更大的损失。

4. 风险转移

风险转移是指风险管理者将风险有意识地转移给予其有相互经济利益关系的另一方承担的风险处置方式。风险转移方法主要有保险、担保和合同中的保护性条款（图3-5）。

图 3-5 风险转移方法

（1）工程保险

保险是最重要的风险转移方式，保险的理论研究和实践活动在风险管理发展的早期就已经得到了充分发展。工程保险是由火灾保险、意外伤害保险、物质损失保险和责任保险等演变而来的综合性保险险种。工程保险只有两方当事人，即保险人（保险公司）和投保人，通常不涉及第三方，一般是由投保人申请，交付保险费来保障自己的利益。

投保人购买保险则是为了转移风险，保障自身的经济利益；而保险公司作为唯一的责任人，将对投保人的意外事故负责，相比之下，保险公司所承担的风险明显要高。

（2）工程担保

按照担保的目的不同，可以分为投标担保、履约担保、支付担保和供货担保四种类型。通过工程担保是转移工程风险的方法之一。根据不同的合同风险，业主要求不同的工程担保形式履约保证、信用证担保、现金保证、财产担保、留置权。

履约保证属于保证担保，是指保证人和权利人约定当义务人不履行特定义务时，保证人按照约定履行义务或者承担责任的一种法定担保形式。它是以保证人承担保证责任，以债权人和保证人为合同主体所形成的保证担保法律关系。承包商通过担保公司或银行等金融机构向业主保证。履约保证通常在授予合同时提供，按照双方协定的总合同价的百分比，履约保证通常应有一个终止日，当合同价款增加或合同工期延长时，履约保证可能需要相应地修改。履约保证可以促使承包商更好地履行合同，当承包商违约时，可以对业主提供一些补偿。因此履约保证是业主规避承包工程施工合同违约风险的有效处置方式。

（3）合同转移

合同转移措施是指通过业主与设计方、承包商等分别签订的合同，明确规定双方的风险责任。合同转移属于非保险型专业措施。非保险型转移方式是项目组将风险可能导致的损失通过合同的形式转移给另一方，其主要形式有租赁合同、保障合同、委托合同、分包合同等。通过转移方式处置风险，风险本身并没有减少，只是风险承担者发生了变化。业主和承包商之间的承包合同可以被认为是进行风险分配的一种有效活动。业主希望将尽量多的项目转移给承包商，而承包商为了自身利益，也必须将一定的风险保证金增加到其报价之中去。在整个过程中，真正的损失者应该是业主。因为业主是项目的最终支付者，业主希望转移给承包商和设计方的风险越多，则增加的成本越高。现实而经济的方法是业主承担更多的风险，负责任的业主应该尽力去控制和处理与项目有关的风险，将风险尽量留给最有能力控制风险的一方。

第4章 城市大型公共建筑决策阶段风险管理

我国大型公共建筑项目建设的主要阶段有：决策阶段、建设实施阶段和运营阶段。在项目的全过程中，项目决策阶段是一个非常独特的阶段，因为这一阶段中的主要工作之一就是项目的风险识别和管理。大型公共建筑决策阶段是研究项目建设的必要性、项目技术的可行性、项目选址及经济合理性的关键阶段，本阶段的风险管理至关重要。进行大型公共建筑项目决策阶段风险管理，首先是对项目的决策阶段进行分析。在这一阶段，主要工作是定义一个具体项目的产出物和工作，定义一个项目的范围和内容，决策项目的设计和实施方案，决定项目的成本、工期和质量规定等，所以这一阶段的风险管理工作主要是分析、识别、度量和评估项目的风险。而在项目生命周期其他阶段的工作主要是实施项目决策阶段所作出的决策和规定，其风险管理工作更多的是项目风险应对措施安排和项目监控工作。所以项目决策阶段的项目风险管理内容和方法与其他阶段的项目风险管理不同。

大型公共建筑项目决策是指项目投资者按照自己的意图和目的，在调查分析、研究的基础上，对投资规模、投资方向、投资结构、投资分配以及投资项目的选择和布局等方面进行技术经济分析，决断项目是否必要和可行的一种选择。大型公共建筑项目决策分析与评价的目的是为项目决策提供科学的可靠依据。大型公共建筑项目决策的工作程序一般采取分阶段由粗到细、由浅到深地进行。具体包括以下几个方面：

1. 投资机会研究

机会研究是拟建大型公共建筑项目在建设前的准备性调查研究，是把项目的设想变为概略的投资建议，以便进行下一步的深入研究。机会研究的重点是投资环境分析，鉴别投资方向，选定建设项目。

2. 编制项目建议书阶段（也称初步可行性研究阶段）

项目建议书是对拟建大型公共建筑项目的一个总体轮廓设想，是根据国民经济和社会发展长期规划、行业规划和地区规划，以及国家产业政策，经过调查研究、市场预测及技术分析，着重从客观上对项目建设的必要性作出分析，并初步分析项目建设的可能性。

3. 可行性研究阶段

在可行性研究中，对拟建大型公共建筑项目的市场需求状况、建设条件、生产条件、协作条件、工艺技术、设备、投资、经济效益、环境和社会影响以及风险等问题进行深入调查研究，充分进行技术经济论证，作出项目是否可行的结论，选择并推荐优化的建设方案，为项目决策单位或业主提供决策依据。以上可见，项目建议书是围绕项目的必要性进行分析研究，可行性研究是围绕项目的可行性进行分析研究，必要时还需对项目的必要性进行进一步论证。

4. 项目评估阶段

在项目可行性研究报告提出后，由具有一定资质的咨询评估单位对拟建项目本身及可行性研究报告进行技术上、经济上的评价论证。这种评价论证是站在客观角度，对项目进行分析评价，决定项目可行性研究报告提出的方案是否可行，科学、客观、公正地提出对项目可行性研究报告的评价意见，为决策部、单位或业主对项目审批决策提供依据。重要的项目，项目建议书编写出来以后也要进行一次评估。

5. 项目决策审批阶段

项目主管单位或业主，根据咨询评估单位对项目可行性研究报告的评价结论，结合国家宏观经济条件，对项目是否建设、何时建设进行审定。

项目阶段是项目过程的区分，各阶段之间不能截然分开，而是具有内在逻辑联系，在一定意义上，是一种科学的程序化。

4.1　项目建议书与可行性研究阶段风险管理

编写项目建议书与可行性研究报告是项目决策阶段的重要任务，其直接决定项目的取舍与否。在项目建设的不同阶段，项目风险管理的目标不一样，同样面临的风险因素也不相同，风险管理的重点与方法会有所不同。项目建议书与可行性研究阶段决定了大型公共建筑能否顺利推出，取得盈利的市场前景，符合促进社会可持续发展、符合国家战略发展规划要求。

4.1.1　项目建议书与可行性研究阶段风险管理概述

1. 项目建议书与可行性研究阶段风险管理概念

项目建议书与可行性研究阶段风险是指在项目投资决策前，对拟建项目的所有方面（工程、技术、经济、财务、环境、运营、法律等）进行全面的、综合的调查研究，分析项目建设必要性，说明技术上、工程上、市场上和经济上的可能性，过程中出现的不确定因素，以及该因素对项目目标产生的有利或不利的影响的机会事件的不确定性和损失的可能性。

项目建议书与可行性研究阶段风险管理就是对项目建议书与可行性研究阶段的风险进行管理。也就是说风险管理人员对可能导致损失的不确定性进行识别、预测、分析、评估和有效的处置，以最低的成本为项目的成功完成提供最大安全保障的科学管理方法。

2. 项目建议书与可行性研究阶段风险管理目标和任务

正如项目管理是一种目标管理一样，风险管理同样也是一种有明确目标的管理活动，只有目标明确才能起到有效的作用。建设项目从决策、实施准备、实施到投入使用，需要一个较长的过程,在这个过程中的不同阶段,项目风险管理的处境及所追求目标不一样,面临的风险因素不同,风险管理的方法与重点也不同。项目建议书与可行性研究阶段的风险管理目标主要是保证市场调查资料的真实性、可靠性。选择正确的估算方法,防止估算错误。这种情况也不少见,如在投资额的估算、市场需求的预测以及项目投入产出物价格的选取等方面,由于对通货膨胀处理方式的不当,采用的预测方法不妥以及价格选取不当,对投资额及项目费用、效益的估算与实际情况有很大偏差,直接影响项目决策的正确性。防止考虑不周,缺项漏项现象的发生。建设项目投资前期工作需要分析研究各方面有关因素,并进行大量计算;由于时间紧,往往出现项目考虑不周的情况,特别是工程设计中的配套工程、环境保护措施的设计与计算、外部条件与项目本身的衔接、各种技术方案的费用效益权衡比较,以及建设施工时间进度安排等。本阶段风险管理的任务就是综合应用风险管理技术进行风险管理规划,认真、明确的规划可提高其他4个风险管理过程成功的概率。风险管理规划指决定如何进行项目风险管理活动的过程。风险管理过程的规划对保证风险管理(包括风险管理程度、类型和可见度)与项目风险程度和项目对组织的重要性相适应起着重要作用,它可保证为风险管理活动提供充足的资源和时间,是确定风险评估一致同意的基础。风险管理规划过程应在项目规划过程的早期完成,因为其对项目的成功完成至关重要。

3. 项目建议书与可行性研究阶段风险管理特点

风险管理本质上就是价值管理,就是考虑如何以最小的成本把风险降到最低。项目建议书与可行性研究阶段项目变动的灵活性比较大,这时应减少项目变更的风险,成本小收效大,而且有助于选择项目的最优方案。

4.1.2 项目建议书与可行性研究阶段风险辨识

项目建议书与可行性研究阶段风险识别就是从系统的观点出发,横观工程项目项目建议书与可行性研究阶段所涉及的各个方面,纵观其发展过程,将引起风险的极其复杂的因素分解成比较简单的、容易被认识的基本单元,从错综复杂的关系中找出因素间的本质联系,在众多的影响中抓住主要因素。要进行有效的风险识别包括收集资料、分析不确定性、确定风险事件、编制风险识别报告等内容。值得指出的是,工程项目风险识别是一项连续性的工作,工程本身所处的环境条件在不断变化,事物面临的风险也会经常变化,旧的风险消失了,新的风险又会出现;此风险减小了,彼风险可能会增大;新科技、新工艺、新材料和国家政策等的变化均可以引起原风险性质的变化,这就要求风险管理者密切注意原有风险的变化,不断识别新的风险。

本阶段风险识别综合运用多种风险识别工具进行全面的风险辨识,首先对项目建议书与可行性研究内容进行工作分解,然后针对不同的工作采用相适应的风险识别方法。

1. 对项目建议书与可行性研究内容进行工作分解

项目建议书是拟建项目单位提出要求建设某一项目的建议文件,是对工程项目建设的轮廓设想。项目建议书的主要作用是推荐一个拟建项目，论述其建设的必要性、建设条件的可行性和项目社会效益和经济效益的可能性，供审批选择并确定是否进行下一步工作。项目建议书的内容视项目的不同而有繁有简，但一般应包括以下几方面内容：项目产品提出的必要性和依据；产品方案、拟建规模和建设地点的初步设想；资源、能源、交通、建设条件、协作关系和设备技术等的初步分析；投资估算、资金筹措及还贷方案设想；项目进度安排；经济效益和社会效益的初步估计；环境影响的初步评价等。

对于政府投资项目，项目建议书按要求编制完成后，应根据建设规模和限额划分并分别报送有关部门经专家论证、审批。项目建议书经批准后，可以进行详细的可行性研究工作，但并不表明项目非上不可，批准的项目建议书不是项目的最终决策。根据《国务院关于投资体制改革的决定》，对于企业不使用政府资金投建的项目，政府不再进行投资决策性质的审批，项目实行核准制或登记备案制，企业不需要编制项目建议书而可直接编制可行性研究报告。

（1）可行性研究的内容

一般工业建设项目的可行性研究应包含以下几个方面的内容：项目背景、项目概况、问题与建议、市场预测、资源条件、建设规模与总图布置、场内外运输、工程能源和资源节约措施、环境影响评价、劳动安全卫生、消防组织机构与人力资源配置、项目实施进度、投资估算、融资方案、项目的经济评价、社会评价、风险分析、研究结论与建议等。

1）编制程序

根据我国现行的工程项目建设程序和国家颁布的《关于建设项目进行可行性研究试行管理办法》，可行性研究报告的编制程序如下：建设单位提出项目建议书和初步可行性研究报告；项目业主、承办单位委托有资格的单位进行可行性研究；咨询或设计单位进行可行性研究工作，编制完整的可行性研究报告。

2）编制依据

项目建议书、初步可行性研究报告及其批复文件；国家和地方的经济和社会发展规划，行业部门发展规划；国家有关法律、法规、政策；对于大中型骨干项目，必须具有国家批准的资源报告、国土开发整治规划、区域规划、江河流域规划、工业基地规划等有关文件；有关机构发布的工程建设方面的标准、规范、定额；合资、合作项目各方签订的协议书或意向书；委托单位的委托合同；经国家统一颁布的有关项目评价的基本参数和指标；有关的基础数据库。

3）编制要求

编制单位必须具备承担可行性研究的条件；确保可行性研究报告的真实性和科学性；可行性研究报告必须经论证。

可行性研究的内容与程序如图 4-1 所示。

（2）可行性研究报告的审批

项目可行性报告一般是由项目提出者、项目业主或项目的主管者自行或委托项目管

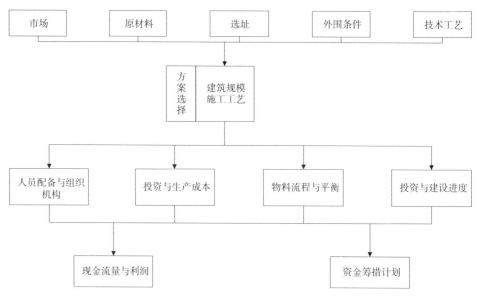

图 4-1 可行性研究的内容与程序

理咨询单位完成的，项目的可行性分析与研究者必须对研究的真实性、准确性和可靠性负责。同时项目的可行性分析报告还必须经过决策机构的审批，对于影响国计民生或与社区利益关系重大的项目还必须报送主管部门或国家机关，直至国务院审批。项目可行性分析报告审批的过程是一个项目最终决策的过程。不管项目可行性分析报告是否通过审批，这一过程的终结才是项目决策阶段的完成。项目可行性报告一旦获得审批，那么这一文件就成为今后项目投资决策的依据、项目设计的依据、项目资金筹措和资源配备的依据、项目实施的依据和指导文件，以及项目实施完成并投入运营以后所做的后评估的依据。

2. 工程环境的风险识别

环境分析是对工程项目所在外部环境的宏观分析，寻找影响该工程项目的有利因素和不利因素，PEST 是目前常用的环境分析方法。

（1）PEST 分析方法的介绍

PEST 分析是一种对外部一般环境的分析方法，其中包括政治（Political System）、经济（Economic）、社会（Social）、技术（Technological）四个方面。

1）政治环境

政治环境包括国家的社会制度，执政党的性质，政府的方针、政策、法令等。不同的国家有着不同的社会制度，不同的社会制度对组织活动有着不同的限制和要求。即使社会制度不变的同一个国家，在不同时期，由于执政党的不同，政府的方针特点、政策倾向对组织活动的态度和影响也是不断变化的。对于这些变化，组织可能无法预测，但一旦变化产生后，它们对活动可能会产生何种影响，组织是可以分析的。组织必须通过政治环境研究、了解国家和政府目前禁止组织干什么，允许组织干什么，从而使组织活动符合社会利益，受到政府的保护和支持。

2）经济环境

经济环境是影响组织、特别是作为经济组织的企业活动的重要环境因素，反映国民生产总值及其变化情况，以及通过这些指标能够反映的国民经济发展水平和发展速度。人口众多既为企业经营提供丰富的劳动力资源，也决定了总的市场规模庞大、繁荣，这显然为企业等经济组织的发展提供了机会；而宏观经济的衰退则可能给所有经济组织带来生存的困难。微观经济环境，主要是指企业所在地区或所需服务地区的消费者的收入水平、消费偏好、储蓄情况、就业程度等因素。这些因素直接决定着企业目前及未来的市场大小。假定其他条件不变，一个地区的就业越充分，收入水平越高，该地区的购买能力就越高，对某种活动及其产品的需求就越大。一个地区的经济收入水平对其他非经济组织的活动也是有重要影响的。

3）社会文化环境

社会文化环境包括一个国家或地区的居民教育程度和文化水平、宗教信仰、风俗习惯、审美观点、价值观念等。文化水平会影响居民的需求层次；宗教信仰和风俗习惯会禁止或限制某些活动的进行；价值观念会影响居民对组织目标、组织活动及对组织存在本身的认可与否；审美观点则会影响人们对组织活动内容、活动方式及活动成果的态度。

4）技术环境

任何组织的活动都需要利用一定的物质条件，这些物质条件反映一定的技术水平。社会的进步会影响这些物质条件所反映的技术水平的先进程度，从而会影响利用这些条件进行组织活动的效率。

（2）应用 PEST 分析方法进行风险识别

PEST 分析方法即从政治的、经济的、社会文化的和技术的角度分析环境变化对本企业的影响。所以环境分析方面的风险可以分为政治环境风险、经济环境风险、社会文化环境风险、技术环境风险四类。政治的角度主要有垄断法律、环境保护法、税法、对外贸易规定、劳动法、政府稳定性；经济的角度主要有经济周期、GDP 趋势、利率、货币供给、通货膨胀、失业率、可支配收入、能源供给、成本；社会文化的角度主要有人口同比收入分配、社会稳定、生活方式的变化、教育水平、消费、政府对研究的投入；技术的角度主要有政府和行业对技术的重视、技术的发明和进展、技术传播的速度、折旧和报废速度。

3. 其他工作的风险识别

项目建议书与可行性研究阶段的工作还包括项目实施计划与进度方面，投资估算和资金筹措方面，社会、经济效益评价方面等。

（1）项目实施计划与进度方面的风险

项目实施计划与进度是根据制定建设工期和勘察设计、设备制造、工程施工、安装、试生产所需时间与进度要求，选择整个工程项目实施方案和总进度，用横道图或网络图表述最佳实施计划方案的选择。涉及工程项目的实施全过程，所以风险因素比较复杂。

存在的风险主要包括自然风险、社会风险、融资风险、设计风险、施工风险、技术风险、接口风险等。

（2）投资估算和资金筹措方面的风险

投资估算方面的风险因素对建设项目至关重要，主要包括工程量估算不足，设备材料及劳动力价格上涨导致投资不足，计划失误或外部条件因素导致建设工期拖延，外汇汇率不利变化导致投资增加等；资金筹措方面的风险：业主资金筹措不足导致支付不及时，导致工程停工待料，影响工程进度；项目资本金、项目贷款及其他来源结构不合理。

4.1.3 项目建议书与可行性研究阶段风险评价

模糊数学是美国加利福尼亚大学的查德教授于 1965 年提出来的。多年来，模糊数学得到了迅速发展，已被广泛应用于自然科学、社会科学和管理科学的各个领域，其有效性已得到了充分的验证。模糊综合法是比较简单有效的风险评价方法，一般包括下列步骤：

（1）进行工程项目决策阶段的风险识别，建立风险因素集。选择恰当的风险识别方法进行工程项目决策阶段的风险识别，建立风险因素指标体系（风险因素事故树）。因素集是影响评判对象的各种因素所组成的一个集合。

（2）构建评语集 V。所谓评语集就是评判者对所要评判因素进行等级划分的集合，对于评语集我们一般采用五级评语集，对于大型公共建筑工程项目决策阶段的整体风险水平，我们将风险评判结果划分为五个等级，即高风险、较高风险、中等风险、较低风险和低风险。与之相应的评语集为 $V=\{v_1, v_2, v_3, v_4, v_5\}$。

（3）确定影响因素的权重向量 ω。一般来说，各个因素的重要程度是不一样的，为了反映各因素的重要程度，对各个因素 u_i（$i=1, 2, \cdots, m$）应赋予一一相应的权数 a_i（$i=1, 2, \cdots, m$），由各个权数所组成的集合 $\omega=\{a_1, a_2, a_3, \cdots a_m\}$，称为因素权重集，权重向量 ω 一般采用层次分析法来确定。

（4）进行单因素模糊评判。所谓单因素模糊评判是指单独从一个因素出发进行评判，以确定评判对象对评价集元素的隶属程度，即隶属度。隶属度是一个 0 与 1 之间的数，用它来表征某一方案或者方案的某一指标隶属于相应评语集这一模糊集合的程度。如第 i 个风险因素 u_i，对评语集 V 中评语 v_j 的隶属度为 r_{ij}，由此可得 $R_i=\{r_{i1}, r_{i2}, r_{i3}, r_{i4}, r_{i5}\}$，即为第 i 个风险因素单因素模糊评判。进行单因素模糊评判较简便的方法是采用模糊统计方法，就是让参与评价的各位专家，按预先划定的评价标准给决策阶段各评价因素划分等级，然后依次统计对于风险因素 u_i 选择等级 v_j 的专家的人数 n_j，并进一步得：

$$r_{ij}=\frac{n_j}{n}$$

式中　n——参与评价的专家人数；

　　　r_{ij}——$u_i \in v_j$ 的隶属度即隶属函数；

（5）建立模糊评判矩阵 R

$$R = \begin{bmatrix} r_{11} & r_{12} & r_{13} & r_{14} & r_{15} \\ r_{21} & r_{22} & r_{23} & r_{24} & r_{25} \\ \vdots & \vdots & \vdots & \vdots & \vdots \\ r_{m1} & r_{m2} & r_{m3} & r_{m4} & r_{m5} \end{bmatrix}$$

（6）选择适当的算法，进行模糊综合评判。考虑多因素下的权数分配，则模糊综合评判模型为：

$$B = \omega \cdot R$$

$$R = (a_1, \ a_2, \ a_3, \ \dots, \ a_m) = \begin{bmatrix} r_{11} & r_{12} & r_{13} & r_{14} & r_{15} \\ r_{21} & r_{22} & r_{23} & r_{24} & r_{25} \\ \vdots & \vdots & \vdots & \vdots & \vdots \\ r_{m1} & r_{m2} & r_{m3} & r_{m4} & r_{m5} \end{bmatrix}$$

$$= (b_1, \ b_2, \ b_3, \ b_4, \ b_5)$$

然后，令 $c_i = b_i \big/ \sum_{i=1}^{5} b_i$，其中 $i=1$，2，3，4，5。则 c_1 表示发生风险等级属于高风险的概率；c_2 表示发生风险等级属于较高风险的概率；c_3 表示发生风险等级属于中等风险的概率；c_4 表示风险等级属于较低风险的概率；c_5 表示发生风险的等级属于低风险的概率。

4.1.4　项目建议书与可行性研究阶段风险处置方案

在项目建议书与可行性研究阶段风险管理中，对于风险的处置可以参考以下步骤进行：对于一些必须首先给予保障的风险，应投强制性保险，如投保工程一切险、第三者责任险、业主责任险与人身意外伤害险等；对于其他的风险，在考虑采用规避手段时，可按以下程序选择：

首先分析风险事件可否回避，如果可以回避，且又不损害根本利益（即不会把机会也回避掉），则首选风险回避。否则，考虑下一步。

预防和减轻风险。预防需要有措施，就会有费用，减轻风险也会有费用。要考虑效果与费用。如果效果好，费用又不高，则可选择之。

风险自留。采用风险自留，首先是这些风险造成的后果可以承受（当然，对于自己可能有利的，首选是自留）。如果在采取预防、减轻风险或风险分散、风险转移等对策所花费的费用超过这些风险发生所造成损失的费用，则选择自留。

风险分散。如果认定采取分散风险的办法，较之集中由自己一家承担更为有利的话（因为分散了风险，也就可能分散了机会），则应选择风险分散。

风险转移。多数风险不可能靠分散的办法解决。因为分散只能解除一部分风险，可考虑选择风险转移。风险转移包括非保险转移和保险转移两种。非保险转移是指通过各种契约，将本应由自己承担的风险转移给别人。保险转移是通过买保险的方式从保险公司获得可能的损失补偿。

4.2 项目评价与决策阶段风险管理

不同的建设阶段风险管理的目标不是单一不变的，应该是一个有机的目标系统。在总的风险控制目标下，不同的阶段需要有不同的风险管理目标。当然风险管理的目标必须与项目管理的总目标一致，包括项目的盈利、信誉及影响等；同时风险管理的目标必须与项目的环境因素和项目的特有属性相一致，包括将来的顾客、项目投资决策人的个性与经历等。这些因素可能是相对稳定的，也可能是变幻不定的，在确定风险管理目标时，必须充分考虑这些因素，否则即使在理论上已经确立目标，在实践中也无法实现。本阶段风险管理的目标就是识别出项目可能承担的风险，然后尽可能降低这些风险因素对经济评价指标的影响，确定项目经济上的可靠性，保证投资决策的正确性。

本阶段风险管理的任务就是识别出该阶段的主要风险因素，然后进行风险规划并制定出风险管理计划。

4.2.1 项目评价与决策阶段风险辨识

由于客观环境的不断发展变化，项目评估时可能缺乏足够的信息资料或没有全面考虑到未来可能发生的情况，加上人们对客观事物变化的认识有一定的局限性，所以目前的预测和假设与未来的情况不可避免地会产生误差，还会包含不同程度的风险和不确定性。该阶段主要通过应用不确定性分析工具进行风险识别。在企业和国民经济评价中，分析和研究项目投资、生产成本、销售收入、汇率、产品价格和寿命期等主要不确定性因素的变化，所引起的项目投资收益等各种经济效益指标的变化和变化程度，就称为不确定性分析。不确定性分析一般包括盈亏平衡分析、敏感性分析、概率分析等，这里只通过敏感性分析方法来辨识风险。

1. 敏感性分析的介绍

敏感性分析是研究项目的投资、成本、价格、产量和工期等主要因素发生变化时，对评估项目经济效益的主要指标的敏感程度。通过敏感性分析，就可以在诸多的不确定性因素中，找出对经济效益指标反应敏感的因素，并确定其影响程度。敏感性分析是侧重于对最敏感的关键因素及其敏感程度进行分析。通常是分析某个因素变化时，对项目经济效益指标的影响程度。除了可以采用单因素变化的敏感性分析外，还可采用多因素变化的分析，如敏感性分析和乐观—悲观分析。其中单因素敏感性分析的步骤：

首先，确定敏感性分析研究的对象，针对不同项目的特点和要求、不同研究阶段和实际需要情况，选择最能反映项目经济效益的综合评估指标，作为具体分析对象。其次，选用分析和对比的不确定性因素。根据项目特点选用对经济效益指标有重大影响的主要因素。可能发生变化的主要因素一般是产品质量、产品价格、主要原材料价格、汇率、生产成本费用、变动成本、固定成本、固定资产投资及建设工期等。再次，计算各变量因素对经济效益指标的影响程度，寻找和分析敏感因素。按预先确定的变化幅度（如10%或20%），先改变某一个变量因素，而其他各因素暂不变，计算该因素的变化对经济效益指标的影响数值，并与原方案的指标对比，得出该指标变化的差额幅度；然后再选另一个变量因素，同样进行效益指标的变化率计算。必要时可改变多个变量。这样，将得到不同变量对同一效益指标的不同变化率，再对这些变化率进行比较，变化率小的为不敏感因素。最后，绘制敏感性分析图选择其中变化率最大的因素为该项目的敏感因素，求出变量变化极限值。

2. 风险辨识

通过上述敏感性分析方法找到影响项目评价指标的敏感因素，然后探索不确定性敏感因素的产生原因即风险因素，这样就完成了风险识别。从工程项目评估工作的实践来看，各种不确定性敏感因素的存在是不可避免的。一般情况下，产生不确定性的风险因素包括：

（1）政策风险

这是一种"致命"风险，其风险本身对投资者来说是无法控制的。政府或某一行业的主管部门常常因为全局利益而采取一些政策的措施，如调整国民经济计划、增加税收、强迫某些工程下马、取消某些项目或颁布新的政策法规等，给投资者带来重大损失，而这些损失又常常无法得到补偿，因此，在投入资本之前仔细研究国家的政策条例和政策意图以及它们的变化趋势，是控制投资决策风险的重要前提，这里主要研究国家的宏观政策面、产业政策及区域发展规划。如国家实行适度从紧的财政和货币政策，表明筹资的难度加大；对年度规模和在建规模的双重控制，表明国家严格控制基建项目的上马；当价格总水平低于经济增长率，表明价格增幅趋缓。国家的产业政策，是在一定的时期内国家鼓励和限制的产业，如高档宾馆、写字楼则采取加重税收不审批项目、不提供资金和经济处罚措施。区域发展规划指国家对区域经济发展方向的导向和倾斜，如沿海城市经济发展战略、中西部经济发展战略等，很好地了解掌握这些政策因素，并从国际发展、国内外政策等情况加以分析，使所选择的项目尽量与现行政策及政策走向相一致，方能有效地规避政策风险。

这类风险一般有宏观形势不利，任何经济活动都离不开宏观形势。在世界经济萧条的形势下很难有某一区域的微观不受丝毫影响。例如1997年的亚洲金融危机，虽然没有正面冲击我国经济，但随后两年对建筑业的负面影响就很明显。某些城市部分在建工程项目因财政紧张而被迫下马，工程款和工程欠款也随之成为政府的负担。

通货膨胀幅度过大。在市场经济的情况下通货膨胀是难免的。一般说来，一定幅度的通货膨胀是可以理解的，也是可以接受的，只要这个幅度符合正常规律。但是如果幅度过大，比如超过警戒线即高于，则经济秩序将会完全搞乱。这时作为基础设施的承包商必然要求政府增加拨款，从而加大了政府的风险。

（2）融资风险

项目融资是工程项目实施第一阶段的工作，融资的成功与否直接关系到项目的能否上马。基础设施项目的类别和项目管理水平若不符合贷款方要求可导致融资失败。例如向世行贷款，就要求对项目和项目环境进行严格的审核，包括项目建设规模、建设工期、形成能力等情况以及资金偿还能力、项目管理水平等都有具体规定，不符合条件的项目自然通不过。

（3）借款方转移风险

贷款方为了确认借款方具备偿还能力，通常要求借款方或双方谋求第三方作为担保人，当然贷款方会对第三方的财力等方面提出要求，例如应出具担保方的固定资产、流动资产、年产值、经营能力等，有的直接请政府作担保（该项已禁止），以保证在借款方无力偿还时，偿还贷款由担保方负责。但基础设施项目的还款期往往几年甚至十几年，在这段时间内，市场风云变幻莫测，很难保证第三方仍然具有偿还能力。一旦发生第三方无力偿还的情况，各种协调、扯皮甚至官司便接踵而来，而在中国现在的国情里，借款方及第三方往往最后求救于政府，把风险转移至政府，政府为了保证信誉、保护投资环境等，不得不作出让步，承担偿还责任，从而造成损失。例如某市在 1991～1994 年因当时投资环境好，资金充裕，因而大量上项目，遍地开花。但自 1993 年下半年以来，国家实行宏观调控，政府资金短缺，建成的项目又无法保证资金回收，因而无力保证已上马项目的工程款，同时造成了巨额欠款，财政压力很大。政府为了缓解资金短缺的压力，1997 年在美国发债 2 亿美元，采用了短期贷款，且利息相当高，虽然暂时缓解资金压力，但政府的包袱更加沉重。

（4）决策水平低下

决策者的决策水平的高低是项目投资后是否能发挥效益的关键因素。有些项目的《项目建议书》及《可行性研究报告》过于粗糙，很多情况下是按照决策者的个人意图做的"可批性研究"，没有具体分析实际情况，从而导致项目建成后不能发挥应有的作用。

（5）自然风险

如地震、风暴、异常恶劣的雨、雪、冰冻天气等未能预测到的特殊地质条件，如泥石流、河塘、流沙、泉眼等恶劣的施工现场条件等。自然风险会对已建成项目或在建项目造成破坏，从而占用计划内项目资金，若"三防"防洪、防震、防旱预备资金严重超支，必然导致年度计划的改变，决策者需重新调整上马项目。

（6）市场风险

建设项目投产后的效益取决于其产品在销售市场中的表现，因此投资决策面临的市场风险主要指需求风险、价格风险和竞争风险，也就是说项目投资决策前，要对其产品所面临的国内外市场、近期与长期市场需求情况进行调查分析，预测项目产品能卖出多少，以什么价格卖出，有多少家企业生产，项目产品的市场占有率如何等，这里需进行三方面的调查。

第一，销售量和生产能力的调查，其中包括国内外现有生产能力总量、开工率、销量变化、市场需求结构、价格状况和科技创新、近年的进出口数量、价格和国内已立项及在建项目个数、生产能力、技术水平、地区分布、预计建成时间、资金投入数量、价格、主要生产厂家名称、地点、生产能力、市场分布以及近年来的实际产量、成本、价格和财务情况。

第二，替代产品的调查，即对可替代性产品的性能、质量、生产能力、价格、区域分布及走势进行调查。

第三，国外市场调查，对同类产品的国际需求、主要生产国家、地区、厂家的生产技术、生产能力、价格、销售量及分布、科技发展的展望、财务状况。市场风险是每一个工程项目投资决策都必然要遇到的，无法避免的风险，只能通过项目前期的详细认真的分析论证来加以避免。

（7）体制风险

从国际上来看，建设项目的投资决策需要通过政府的审批，得到政府授权与许可之后方可上马，若政府对其造型不满意，甚至可能下令炸掉、返工。其实选择什么样的造型在方案选择阶段就应确定下来，这种因为决策者不懂图纸、不懂项目管理、乱指挥而引起的决策失误在某些部门仍存在。

（8）决策班子不稳定

决策人员的变动也可能给项目的实施带来不稳定因素。每一届政府都会对本地的发展作出规划，当然这是建立在前一届政府工作基础之上的。若新一届决策班子对整个地区的发展思路与上一届的差别较大，甚至重新布纲施政，则必然会导致某些工程项目因得不到政府支持而停工，有好多项目要从头做起。这种因决策班子岗位的变换而引起项目的变更、下马的情况确有存在，有好多工程项目就因为决策者班子的城市发展思路没有保持连续性和统一性而付之东流，给国家造成极大的浪费。

（9）法制风险

在投资时有关的法律法规对其影响也是很大的，一般来说如果与投资有关的一整套法制很健全，如在保护公司产权免遭侵犯方面，在反垄断、反不正当竞争方面、在信用担保方面、在履行经济合同方面严格执法，那么国内外不同类型的投资主体就会在项目决策前感到很安全，在发生经济与法律纠纷时可以有效维护项目所涉及的各种权益，从而有效降低合理投资的风险，加大不合理投资决策的风险。目前，与外商投资法律环境相比，国内厂商的投资法律环境不完善，内资投资决策的风险缺乏必要的法律规范与强有力的法律保护，使得投资决策中的侵犯知识产权、不平等竞争与长官意志的行为屡屡发生，如投资立项时通过的"关系工程"、"侵权工程"、"假担保工程"、"条子工程"等往往既违反了投资决策科学化与民主性原则，又与国家有关法律法规相抵触，从而严重扰乱了投资建设领域的经济秩序，增加了投资决策的风险程度。因此，努力健全和改善与投资有关的法律环境，可大大降低投资决策风险。

（10）内部决策机制风险

这主要表现在投资决策组织机制、责任机制、动力机制、控制机制方面的不健全，加上时效观念不强。因此，致使许多项目错误决策，而造成巨额损失，意念决策风险。项目的意念决策是整个项目建设中最为重要的一个环节，是第一风险。必须非常慎重，集思广益、反复比较。项目业主应该根据自身的经济实力、使用需求、融资条件和还贷能力等几个因素来决定工程建设的地点、规模、标准档次和建设工期。同时，还需结合考虑地区经济发展形势的走向甚至地区社会形势的稳定和发展前景等。至于工程技术的可行性一般在业主提出要求后，由设计工程师们根据当时的社会技术先进条件来考虑，宜找有相当实力的设计单位设计，通过方案比较，一般能达到社会平均先进水平，并在一些特殊要求上尽量使用新技术设计。

（11）规模决策风险

项目建设的规模是根据业主自身的经济实力来确定的，明智的业主应该是适可而止，而不是无目的地任意扩大和追求过高标准。投资者应该意识到，有时工程的规模与投资并非为直线正比扩大的。当工程规模扩大后，可能有影响。

1）加大基础深度和建筑物高度,而建筑物的造价在其一定高度后，其基础深度和防水、框架结构的梁、板、墙体就要增大加厚，受力钢筋也会相应增加，还可能添加相应的设施、设备等，其造价会加倍增加。

2）加大融资额度，拉长还贷期间，可能出现利率变化风险。

3）工期拉长带来建筑材料的价格变动，施工管理费用同时也会增加。

（12）金融风险

业主应当尽量在建设项目中使用自身的资金完成项目建设。但工程建设往往需用大量资金，融资贷款搞建设已经成为社会常见现象并不为怪。但大量的融资、还贷、利息变化和可能出现的外汇汇率变化往往不是一笔小数目，对此，精明的业主是不得不精打细算的。万一建设资金链出现断层，中途停工是工程建设中最不想见到的可怕事件，往往会带来工地停工、误工、窝工，人工、机械设备闲置费等，这些费用加起来往往不是一笔小数；基础施工期内还会增加基坑维护费用，在中后期会出现设备到货、成品保护的费用等。社会上多少建设工程项目出现的官司，虽然有各种各样，其大多数都是因停工所带出来的，一旦出现官司，就容易导致工程项目建设的失败。

要避免投资决策机制风险必须采取如下措施：

健全投资决策组织机制。国家颁布的《公司法》对包括国有资产投资在内的项目决策主体已作出了明确的规定。因此要对投资决策风险进行"事前"防范与有效约束，就必须根据《公司法》的要求，在尽量简化投资审批环节的同时，把投资决策权限完全下放给大中型企业法人，使投资决策者真正成为投资风险的控制者。

明确投资决策的责任机制。我们认为，"谁投资、谁决策、谁负责、谁收益"体现了投资主体决策权责利相统一的基本要求。因此，在明确投资决策主体权限的同时，就应当把投资决策的风险责任落实到企业法人，不允许出现用企业责任顶替政府责任、用集体责任顶替个人责任、用行政责任顶替经济与法律责任、用企业间的使用责任顶替企业间的信用责任，使投资决策者真正受到风险责任的约束。

调整投资决策的动力机制。目前，企业在确定经营性投资决策目标过程中，要在投资决策的安全性与效益性之间充分抉择。一要注意集中力量办大事，避免投资流向过度分散；二要注意量力而行，根据自身本金的实力，选择投资进入的规模与方向，避免过度负债与贪大求洋，使得投资不仅体现在投资方向与市场需求的均衡性，而且体现在投资支出与投资积累的平衡性。

强化投资决策控制机制。要堵塞投资决策风险控制的"漏洞"，就要强调投资决策的科学性、民主性、可行性与效益性。尤其要防止投资决策过程中的长官意志与行政命令，严格按照《公司法》赋予企业的投资决策权限与决策程序办事，不允许任何人滥用决策权限。目前，尤其要强调国有企业资产委托人与代理人之间的投资决策分工制约关系，防止代理人不认真履行投资决策职责，发生"内部人失控"，导致投资决策的失误。

（13）成本风险

成本风险是指发生提高成本的情况所带来的危险。成本风险是某种可预见的危险情况发生的概率及其后果的严重程度这两个方面的总体反映，是对发生提高成本的情况所带来的危险和后果的一种综合性的认识。如安全事件成本能给组织带来灾难性损失，这是危险情况发生结果的严重程度的反映，"带来的危险"有两个特性：可能性是指所带来的危险的概率；严重性是指所带来的危险和后果的严重程度。

4.2.2　项目评价与决策阶段风险评价

1. 确定型风险评价

确定型风险评价，假定项目各种状态出现的概率为1，只计算各种方案在不同状态下的后果，进而选择风险不利后果最小、有利后果最大的项目过程称为确定型风险评价，确定型风险评价的方法有如下几种：

（1）盈亏平衡分析法，通常又称为量本利分析或损益平衡分析。它是根据项目在正常年份的产品产量或销售量、成本费用、产品销售单价和销售税金等数据，计算和分析产量、成本和盈利这三者之间的关系，从中找出三者之间的规律，并确定项目成本和收入相等时的盈亏平衡点的一种分析方法。在盈亏平衡点上，项目投资既无盈利，也无亏损。

（2）敏感性分析法，其目的是考察与项目有关的一个或多个主要因素发生变化时对该项目投资价值指标的影响程度。通过敏感性分析，使我们可以了解和掌握在项目经济分析中由于某些参数估算的错误或使用数据不可靠而造成的对投资价值指标的影响程度，有助于我们确定在决策过程中需要重点调查和分析的因素。

2. 非确定型风险评价

（1）随机型风险评价。著名经济学家弗兰克·奈特认为，当各种可能出现的自然状态的概率可以估量时，这种风险估计就成为随机型风险评价，它是运用概率论与数理统计方法预测和研究各种不确定因素对投资价值指标影响的一种定量分析方法。通过概率分析可以对项目的风险情况作出比较准确的判断。

（2）不确定型风险评价。当出现的自然状态概率无法确定时，这种评价就成为不确定型风险评价。这时候往往采用经验丰富的评估人员根据各种经济、技术、政策等资料来估计概率的方法，这样估计出的概率就是主观概率。

4.2.3　项目评价与决策阶段风险处置

项目评价与决策阶段风险处置过程就是进行风险管理规划的过程。风险管理规划指决定在工程项目寿命期内如何进行风险管理活动的过程。

（1）风险管理规划的依据

1）事业环境因素。组织及参与项目的人员的风险态度和风险承受度将影响项目管理计划。风险态度和承受度可通过政策说明书或行动反映出来。

2）组织过程资产。组织可能设有既定的风险管理方法，如风险分类、概念和术语的通用定义、标准模板、角色和职责、决策授权水平。

3）项目范围说明书。

4）项目管理计划。

（2）风险管理规划的工具与技术——规划会议与分析。项目团队举行规划会议制定风险管理计划。参与者可包括项目经理、项目团队成员和利益相关者，实施组织中负责风险管理规划和实施活动的人员。在会议期间，将界定风险管理活动的基本计划，确定风险费用因素和所需的进度计划活动，并分别将其纳入项目预算和进度计划中。同时对风险职责进行分配。

（3）风险管理规划的成果——风险管理计划。风险管理计划描述如何安排与实施项目风险管理，它是项目管理计划的从属计划。

第5章 城市大型公共建筑施工阶段的风险管理

大型公共建筑工程项目，是一项极其复杂的系统工程，施工过程充满各种各样的风险。一般而言，大型公共建筑工程项目的施工过程的风险控制分为生产过程的风险控制（包括进度、安全、质量、技术等）和生产要素的风险控制（包括物资、设备等）两类。一个工程项目的施工过程可分为若干阶段，而每一阶段又由许多子过程组成。这些子过程的实现一般有规定的程序、工作规程、检查或验收标准等。对这类常规性的工作，是程序化和结构化的管理问题，管理工作的复杂性并不大。工程项目的施工过程离不开物资、设备等生产要素，而这些生产要素在一定程度上又影响着工程项目的施工过程。

5.1 大型公共建筑项目施工的特点分析

对于大型公共建筑项目的施工一定要用科学发展观指导，突出质量安全、资源节约和环境保护，促进城市建设健康和谐的发展。大型公共建筑项目的施工具有如下的特点：

（1）多项目交叉施工，内外分包单位多。

（2）由于是边设计边施工，协调工作加大，工程变更等不确定性因素较多，计划的不均衡性较强。

（3）由于大型公共建筑工程建设在不同时期的施工内容不同，而不同季节的工作安排也不一样，所投入的施工资源、种类及数量也不同，因此，造成不同施工阶段的计划也有差异，常常出现不平衡性。实际上一般需较长的建设周期，但是考虑投入使用的时间要求，造成进度控制要求严格按照计划执行，超常规施工现象明显。

（4）参与大型公共建筑建设的有关单位要严格执行施工图审查、质量监督、安全监督、竣工验收等管理制度，严格执行工程建设强制性标准，确保施工过程中的安全，确保整个使用期内的可靠与安全，确保室内环境质量，确保建设项目防御自然灾害和应对突发事件的能力。公共安全是大型公共建筑的施工重点，任何不经意的失误都可能导致重大伤害。

（5）大型公共建筑项目由于体型大，建设工期长，边设计边施工的特性，这就要求施工承包单位必须具有较高的素质、较强的竞争意识和良好的社会信誉。施工承包单位综合管理水平的重要体现之一就是科学合理地进行计划管理工作。计划管理工作的主要任务就是使投入施工的资源得到合理的配置与利用，有效地履行施工合同，创造出最佳的社会效益和经济效益，为企业的发展作出贡献。

（6）工程建设的监督检查。现在建设主管部门非常重视大型公共建筑项目的建设。

在建设期间，建设主管部门会同其他有关部门定期对大型公共建筑工程建设情况进行检查，对存在的违反管理制度和工程建设强制性标准等问题，追究责任，依法处理。对政府投资的大型公共建筑项目建成使用后，发展改革、财政、建设、监察、审计部门要按各自职责，对项目的规划设计、成本控制、资金使用、功能效果、工程质量、建设程序等进行检查和评价，总结经验教训，并根据检查和评价发现的问题，对相关责任单位和责任人做出处理。

（7）大型公共建筑工程施工用场地往往很少，施工现场除设置必要的、数量较少的生活及生产设施外，大部分生活及生产设施需在场外租地解决，这就需要施工单位在施工现场土地资源有限的情况下全面考虑做好施工现场的平面布置。平面布置的合理性不但决定施工成本，也对施工安全影响巨大。

（8）大型公共建筑工程施工工期紧张，一般是多个单位工程全面开工，施工期间的运输量较大，对施工用临时道路有较高的要求，但是施工期间的交通组织往往受周围已有或者正在建设的建（构）筑物的制约，形不成四通八达的局面。因此，施工用临时道路的布置及施工既要因地制宜又要符合有关规定要求。

由于上述特点决定了大型公共建筑的施工既不可能发包给几个独立的承包单位施工，同时也不可能发包给一个施工承包单位把所有技术专业都能承担下来。因此，多专业、多形式的分包单位在工期短、要求高、在同一个单项工程里交叉施工的特定条件下，施工招标就变得复杂化了。

建设项目施工阶段是将项目蓝图转变为实物的阶段，其工期一般较长，投入量大，不确定性因素众多，因此风险识别的工作量比较大，归纳起来为了方便研究和风险管理，本文从建设工程项目风险管理需要出发，以施工方的角度将建设项目施工阶段风险分为项目内风险和项目外风险，见表5-1。

建设项目施工阶段的风险分类　　　　　　　　　　　　　表 5-1

分类标准	风险类别	风险因素
项目外风险	政治和社会风险	政府或主管部门为了加快工程进度，盲目对工程项目进行干预，甚至进行不合理的指挥
		建筑市场的体制改革、政策法规的变化
		施工干扰和民众冲突
		重大事故造成的社会风险
	自然风险	恶劣的气象条件
		不利的地理位置和恶劣的现场条件
		地震、洪水等不可抗力
	经济风险	宏观经济形势不利，通货膨胀
		原材料价格上涨
		投资回收困难，预期投资回报难以实现
		资金筹措困难

分类标准	风险类别	风险因素
项目内风险	项目技术风险	设计内容不全；设计漏项、错误；设计变更量大；没有参考最新的设计规范；设备选型不当、管线布置不合理
		施工工艺落后；施工技术方案不合理；安全措施不当；未考虑现场实际情况
		新技术、新材料可靠性差；工艺流程不合理、工程质量检验和工程验收未达到规定要求
	项目非技术风险	项目管理组织：缺乏项目管理能力，关键岗位人员经常变动；项目目标不当；不适当的项目规划或安排
		进度计划：进度调整规则不当；管理不力造成工期滞后；劳动力缺乏或生产率低下，材料供应不上；不可预见的现场条件，场地狭小或交通线路不满足要求
		成本控制不当：不适当的工程变更、工程支付；索赔；预算偏低；缺乏管理经验；不合理的采购方案
		其他：资金缺乏；无偿债能力

5.2 项目施工阶段风险管理概述

5.2.1 项目施工阶段风险管理的目标和任务

一般情况下，大型公共建筑工程风险往往和工程项目本身的特性密切相关，工程风险管理的对象通常是一些规模较大的公共建筑工程项目，因此工程风险管理应在工程项目背景下来研究。在项目施工阶段，风险管理的首要任务是订立目标，只有目标明确了，才能使组织的每个成员都向着目标努力，形成同方向的合力，最终取得预期的效果，大型公共建筑项目风险管理尤其如此。在项目施工过程中，以风险损失是否发生为标准，将风险管理的目标分为损失前的风险管理目标和损失后的风险管理目标。损失前的风险目标就是选择经济有效的方法来减少或避免风险损失的发生，包括降低损失发生概率和降低损失幅度。损失后的风险管理目标是在损失一旦发生之后，尽量采取措施减少直接损失和间接损失。

项目的各组成部分的性质和功能、彼此间的联系和相互作用都影响着项目整体的性质和功能，因此把每个组成部分构成一组变数。其中，费用、工期、质量和安全是项目的主要变数。从影响项目整体的性质和功能的变数来看，工程风险管理的目标通常分解为投资目标、进度目标、质量目标和安全目标，在项目中，各种风险因素是影响上述四项目标实现的重要障碍，必须进行有效的风险管理才能保证项目目标的实现。因此，工程风险管理的主要目标应该与项目管理的目标一致。由于各种工程项目的风险环境、风险属性等因素不同，所以每个具体的工程风险管理的目标也不同。从工程风险的属性可以分析得出，风险由风险源、风险事件和风险后果三项基本要素构成。三者之间存在这样的关系：工程风险源包含三个基本的风险属性：风险因素的存在性；风险事件发生的不确定性；风险后果的不确定性。这里可以用图来说明工程风险构成要素与工程风险管理目标之间的关系（图5-1）。

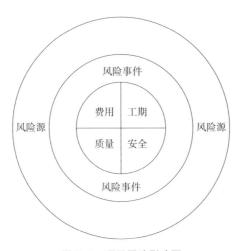

图 5-1　项目风险影响图

　　风险源、风险事件与风险结果是工程项目风险的重要构成要素。风险源即风险因素，工程项目中的风险源可以理解为引起风险事件发生，影响项目实现的潜在因素。如施工设计的缺陷和可行性、地质条件、承包商的技术水平和管理能力等都是引起实际项目施工结果偏离预期目标的风险源。以土建工程中的土方工程为例，土方工程施工中的风险源主要有四类：自然因素——地质、水文、气候；土方结构——开挖的深度和宽度、填筑的高度和厚度；施工因素——降水方法、施工工艺、板桩等；工程周边环境——周围的建筑物情况、地下设施情况。风险事件是指任何影响项目目标实现的可能发生的事件。风险事件的发生是不确定的，这是由于项目外部环境的变化及项目本身的复杂性和人们对客观世界变化的预测和控制能力有限而导致的。例如人们意识到施工期间恶劣的气候是一个值得重视的风险因素，但这并不一定就意味着恶劣气候就一定会降临，只有当恶劣的气候降临时，才造成风险事件的发生。一般的风险事件的发生所造成的影响是不确定的，需要预先估计风险发生的可能性和预期的损失程度，据此采取风险预防和施救措施，控制风险因素向风险事故的转化。一般的风险事件存在潜在的损失或收益两种预期结果，但对于工程项目来说风险事件的发生往往是灾难性的。工程风险事件发生，造成的负面结果，就是风险后果。这样的案例是非常多的，比如工程项目中的各专业施工或分布结构的接口不协调而影响工程的正常施工，导致工期拖延或工程部分毁损等；在房屋建筑结构中，由于地基沉降不均匀，基础发生倾斜，导致地上结构整体倾斜；在钢筋混凝土结构中，由于钢筋的材质和型号的选择不符合整体结构的荷载要求，在遇到地震、火灾等外因的激发下，可能导致建筑物出现裂缝、倾斜甚至倒塌。

5.2.2　制定工程风险管理计划

　　在明确了工程风险管理目标之后，接下来要做的就是制定工程风险管理计划。在制定风险管理计划时，一定要针对项目中不同风险的特点，分别采用不同的风险管理方式，而且应尽可能准确合理地采用风险控制方式，因为它是一种最有效的处置方式。它不仅能减少项目由于风险事故所造成的损失，而且能减少全社会的物质财富损失。工程风险管理计划的主要内容包括：设置工程风险管理组织、工程风险辨识、工程风险估计与评价、工程风险处置方案安排（图 5-2）。

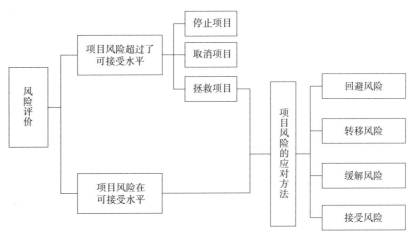

图 5-2　风险应对流程图

1. 工程风险管理组织的设置

周全的工程风险管理计划的制定及其高效率地贯彻实施都离不开良好的风险管理组织。工程风险管理组织的设置是工程风险管理计划得以有效地制定和贯彻执行的组织保证。工程风险管理组织的规模和形式应根据具体的工程项目风险的特点和管理任务来确定，同时要考虑成本效益原则。

一般工程风险管理组织形态包括直线型、职能型、矩阵型三种形态。直线型组织是指一个上级统一对下属下达命令，每个下属只接受一个上属的指挥，组织的责任和权限完全是直线式的。直线型的工程风险管理组织是由少数的专人负责风险管理，容易发挥少数富有工程风险管理经验的人士的作用，信息容易上传和下达。但是该组织也存在管理范围受到局限，不利于全员参与风险管理等弊端。直线型的工程风险管理组织比较适合于大型工程项目之外的项目风险管理。

职能型工程风险管理组织就是在直线型组织的基础上，在每一层次的负责人员旁边设置专业参谋人员。这种机构的特点是容易发挥参谋人员的专业特长，有益于专业风险管理，但是存在一个明显的弊端就是容易出现多头领导。

矩阵型工程风险管理组织采取纵向和横向的交叉式的管理模式，对于某一项子工程的施工人员和技术人员来说，既要接受垂直领导，也要接受横向指挥和协调。矩阵型工程风险管理组织适用于大型工程项目的风险管理。以天津滨海轻轨工程的风险组织为例，整个工程按照专业划分为土建工程、轨道工程和机电工程三大部分，三大部分由业主委托的专业管理公司直接管理，构成了组织矩阵的横向。而每项子工程由独立的承包商承建和负责施工风险管理，这构成了矩阵组织的纵向。

2. 工程风险识别

工程风险识别就是明确风险识别对象，选取适当的风险辨识方法，按照一定原则辨识出目标工程中可能存在的工程风险，并且对风险的属性进行判断。对于工程风险的辨识，主要应辨识投融资环节、资金收付环节、采购环节、工程施工环节和竣工后试运行阶段的风险。

3. 工程风险估计与评价

在辨识出工程存在的主要风险后，接下来需要进行工程风险估计与评价，也就是衡量可能的风险损失及其对工程总体目标的影响，以不同的风险级别区分风险的大小及其对风险管理目标的影响。但是仅仅将工程风险分级是不够的，还需要进行具体估计和评价。通过风险分析，得到特定系统中所有危险的风险估计。在此基础上，需要根据相应的风险标准判断系统的风险是否可以接受，是否需要采取进一步的安全措施，这就是风险评价。一方面是衡量每次事故造成的最大可能损失和最大可信损失。最大可能损失是指在没有采取风险管理措施的情况下，风险事件可能造成的最大损失程度。最大可信损失则是指在现有的风险管理条件下，最可能的损失程度。最大可能损失通常要大于最大可信损失。另一方面是估计每次风险事件发生可能的损失程度和损失频率。工程风险事件造成的损失程度是指可用货币衡量的风险事件造成的经济损失的金额，其他的损失如精神损失、社会效益下降等损失不计算在内。在估计工程风险事件对工程项目造成的损失程度时，需要采取适当的工程风险估计方法。损失频率是指在一定时间内，风险事件发生的次数。衡量损失频率也就是估计某一风险单位可能遭受各种风险因素影响而导致风险事故发生的概率。

4. 工程风险处置安排

在明确了工程所有可能存在的风险，并估计和评价了风险损失对项目目标的影响程度之后，应该采取一定的风险处置对策。处置工程风险的方法有三大类：风险回避、风险自留和风险转移。根据具体的工程风险环境的不同，每类工程风险处置方法中的具体处置措施是不同的，工程风险安排方案也是不同的。

5.2.3 项目风险管理计划的实施

项目风险管理计划制定之后，接下来要做的就是贯彻和落实计划。再好的计划只有经过落实才能显现其效力。在实施风险处置计划时，应随时将变化了的情况向风险管理人员反馈，以便能及时地结合新的情况对项目风险进行预测、识别、评估和分析，并调整风险处置计划，使之能适应新的情况，尽量减少风险所致损失（图 5-3）。

在工程风险管理计划的落实过程中，管理人员应做好指导、监督、检查和信息反馈及决策等工作。对于工程项目风险管理来说，风险管理是全员参加的、施工周期内的全

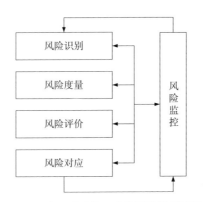

图 5-3 建设项目施工阶段风险管理过程

过程的动态监控的复杂管理系统。从小工程到大工程,从普通房屋土建结构施工到核电站等高危险高难度工程的施工,某一个细微的施工环节出现问题都可能导致风险事故的发生。如土建施工中没有预留线槽,就可能给安装造成困难,解决的办法是重新凿出线槽,或者走明线。土建施工工人、现场管理人员以及监理人员等对该风险事件的发生都有一定的责任。因此工程风险管理必须全员参与风险的防范和处置,才能更有效地降低风险。工程风险管理计划实施过程中的指导和组织协调是非常重要的。风险管理组织人员向施工人员、技术人员、现场管理人员等介绍风险管理计划的思想和内容,并且帮助他们明确自己在风险管理中的职责和具体的风险管理办法等。在计划实施过程中,风险管理人员应根据项目的进展程度和施工中的风险分布情况,对风险计划的落实情况进行动态的监督和检查。如果在计划实施过程中发现了风险计划的不当之处,比如计划制定时假设的环境发生了变化,或者计划的风险分析结论存在问题,计划中提出的风险处置方案不符合工程施工的实际情况等,需要及时调整工程风险管理计划。

5.3 施工进度风险管理

大型公共建筑工程项目的进度是指工程从开工起到完成承包合同规定的全部内容,达到竣工验收标准所经历的时间,以天数表示。施工进度是建筑企业重要的考核指标之一,进度直接影响建筑企业的经济效益。工程项目进度风险是指影响项目施工进度的各种不利因素造成工程项目进度不能按计划目标实现的可能性。

影响进度的风险因素很多,关系错综复杂,有直接的,也有间接的,有明显的,也有隐含的,或是难以预料的,而且各个风险因素所引起的后果的严重程度也不一样。完全不考虑这些风险因素或是忽略了其中的主要因素,都将会导致决策的失误。

大型公共建筑项目一般都会耗费数以亿计的资金,项目周期长,施工难度大。如此浩大的工程,如果不对项目进度进行严格控制,则会造成严重的资源浪费和不可估量的经济损失。大型公共建筑项目的工期延误,会对项目各方面带来影响:

（1）对投资方的影响。我国的大型公共建筑项目一般由国家进行投资，由财政进行支持，是我国经济社会建设的重要目标。如果项目的进度延误导致不能按时交工，不但会增加管理和建设费用，还会造成资源浪费，甚至影响我国经济社会规划的大局。

（2）对建设方的影响。建设方是大型公共建筑项目的直接参与者，也是项目施工的管理方，决定着项目的成败。依据与投资方的合同约定，建设方需要对项目的进度、成本和质量实施严格管控。如果缺少进度风险控制导致工期延误，不但会对建设方的信誉造成影响，还会对建设方产生巨大的经济损失和伤害。

（3）对使用方的影响。如果在大型公共建筑项目施工阶段缺少完善的进度管理，将会导致进度滞后，那么为了赶进度，会压缩之后阶段的工期，影响工程的质量，最终危害到大型公共建筑的投资效益。大型公共建筑还可能会导致重大事故，严重危害广大群众的生命和财产安全。

5.3.1 风险的识别与分析

1. 自然环境风险

建筑工程施工进度会受到地理位置、地形地貌、气候、水文及周围环境等的影响，一旦这些因素出现不利情况，就会影响到施工进度。如出现地质断层、溶洞、地下障碍物、软弱地基以及恶劣的气候、暴雨、高温和洪水等都会对施工进度产生影响，造成临时停工或破坏。自然环境风险的影响因素如图 5-4 所示。

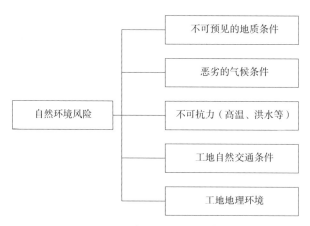

图 5-4　自然环境风险因素

2. 项目行为相关主体产生的风险

（1）与业主有关的风险

业主是工程建设项目的发起者和受益者，也是工程项目所有风险的最终承担者。如何在有限的预算资金前提下，保证工程项目的质量和施工进度，是每一位业主都十分关心的问题。与业主有关的进度延误风险主要有资金是否能按时到位，并按时足额支付工程款;业主与设计、承包商、监理等各方的沟通协调能力;工期设计的依据是否可靠、合理;业主方能否为工程按期开工提供施工条件,业主方项目管理人员的知识和能力等(图 5-5)。

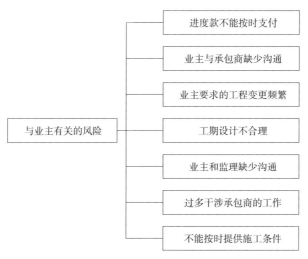

图 5-5　与业主有关的风险因素

（2）与承包商自身有关的风险

施工现场的情况千变万化,如果承包商自身的项目管理人员（特别是项目经理）管理水平不高,计划不周,管理不善,解决问题不及时,施工方案编制不当,现场组织结构不合理等,都会影响工程项目的施工进度,造成进度延误（图 5-6）。

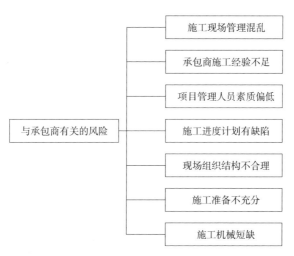

图 5-6　与承包商有关的风险因素

（3）与监理有关的风险

工程监理在业主授权的范围内,对工程的投资、质量和进度实施全面的控制和管理。

因此，监理的管理和沟通能力以及知识和素养也将对工程建设项目的进度控制产生影响，与监理有关的风险因素如图 5-7 所示。

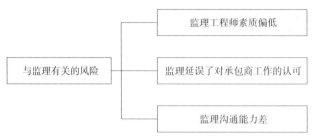

图 5-7　与监理有关的风险因素

3. 技术因素

施工方案不当，采用的工艺技术不合理，会影响到工程项目的施工进度。尤其是建筑的施工技术难易程度会给工程进度造成较大的影响。如果建筑工程的设计采用高、新、尖的技术，会给施工增加困难，不利于进度的控制。如果设计中采用的是较为普遍的、使用较为成熟的技术，会给施工带来便利，施工进度也易于控制。

4. 设计因素

在施工过程中出现设计变更是难免的。地质勘探不准确，设计人员经验不足造成设计疏漏；或者设计参数确定不当、设计新技术的采用；或者业主提出新的要求等，都有可能导致原设计有问题需要修改，从而导致进度延误。设计风险因素如图 5-8 所示。

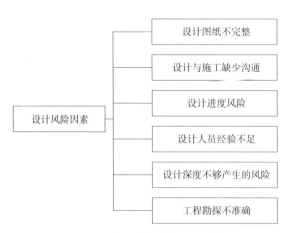

图 5-8　与设计有关的风险因素

5. 资金因素

建筑工程建设首先要求落实资金的筹措，只有保证资金及时到位，才能实现施工进度的有效控制。如果资金到位不及时，就会影响施工机械设备、建筑安装设备、建筑材料等资源的采购或租赁，这些材料设备供应不及时就会导致停工待料现象，最终影响施工进度控制。

6. 材料因素

施工过程中需要的材料、构件、配件、机具和设备等如果不能按期运抵施工现场，或者是运抵施工现场后发现其质量不符合有关标准的要求，都会对施工进度产生严重的影响。材料风险因素如图 5-9 所示。

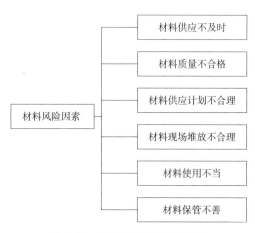

图 5-9　与材料有关的风险因素

5.3.2　风险的应对及措施

进度风险决策关注的重点是风险对项目工期的影响，同时也要考虑对项目质量与成本的影响，不能以牺牲项目质量或大幅度增加项目无效成本为代价。与项目风险决策过程类似，进度风险的决策过程主要有：进度风险规避、进度风险转移和进度风险减轻。对于大型公共建筑工程项目的建设来说，不同类型的进度风险需要采取的应对策略也是不同的，需要依据项目的具体环境和管理水平，制定出适合本项目的风险对策。

进度风险规避指的是依据前面的风险评价结果，采取相应措施消除影响工期进度的风险因素发生的条件，从而避免风险对进度计划的影响。

进度风险转移主要是将可能导致工期拖延的风险因素转移给其他组织，较为常见的是将专业性强、施工难度大的工程分包给擅长该领域施工或具备高难度施工能力的公司，这样不但能保证项目的整体施工进度，还能给专业分包单位带来利润，产生双赢的效果。还有一种进度转移是在制定施工合同时，选择对施工方最为有利的工期计算方式或工期变动条款，将进度风险转移至投资方。这样当需要调整工期时，可以依据合同提出增加工期的需求，避免因工期延误对施工方造成损失。

进度风险减轻也是通过采取各种风险缓解措施来降低风险发生的概率或减小风险影响的范围，将风险控制在一个可以接受的范围之内。在进度计划的执行过程中，若某一项活动超出了预算的作业时间，造成预计工期的拖延。为了保证后续各项活动能够按计划实施，可以通过增加人员或夜间施工压缩某项后续活动的作业时间，并加快执行某些后续活动等措施来对整个项目的进度进行控制，保证项目工期目标的实现。

1. 组织措施

为确保工程进度，要成立高效精干的项目经理部，全面进行包括进度管理在内的各项施工管理。项目组织机构应在投标期间确定，并提前做好相应人员的就位准备工作，如：主要骨干成员参与投标过程，熟悉工程特点，在最短时间内进入角色；管理人员在投标期间着手工作移交，中标后立即就位。

2. 管理措施

进度计划应以多种形式表现。以网络计划编制的施工进度计划应至少形成三级网络：总进度网络、阶段性工期计划季度/月度网络、月/周网络；以甘特图（横道图）方式形成的进度计划应有"计划进度"和"实际进度"的比较；在项目部的办公室里，还应当有工程形象进度的"计划"与"实际"的比较；工期相对较长的工程，则应制定里程碑计划，对形象进度的重要节点规定其完成的时间。

3. 资源投入措施

（1）劳动力投入

根据进度要求调配劳动力进场及施工时间安排，以满足进度要求。选派优秀的工程管理人员和施工技术人员组成项目管理班子，管理本工程。选派技术精良的专业施工班组，配备先进的施工机具和检测设备进场施工。

（2）机械设备投入

施工所需的机械设备要及时到位，并对这些设备严格检查，及时发现和排除故障。机械设备操作人员应持证上岗，按操作规程作业，保证机械的正常使用，提高施工效率，按进度计划完成任务。

（3）材料、料具投入

在保证质量的前提下，按照"就近采购"的原则选择供应商，尽量缩短运输时间，确保短期内完成大宗材料的采购进场。严把材料采购、验收的质量关，避免因材料质量问题影响进度。编制详细的需用量计划和采购计划，严格按招标文件技术参数要求做好材料设备的采购工作，确保供应的设备材料质量满足要求。

4. 加强各方沟通

加强与建设单位、设计单位、监理单位、材料设备的供应单位等各方的联系，畅通渠道，搞好协作，共同进行进度控制。

5.3.3 某大型办公建筑进度风险管理案例

项目进度风险管理是一种项目主动控制的手段，它最重要的目标是使项目工期得到控制。这种主动控制与传统的偏差—纠偏—再偏差—再纠偏的被动控制方式不同。风险管理对项目目标的主动控制体现在通过主动辨识干扰因素风险并予以分析，事先采取风险处理措施进行项目的主动控制。这种主动的控制对于工程项目中遭遇到的风险可以做到防患于未然，以避免和减少项目损失。这个进度风险管理运用的过程就是进度风险识别—估计—评价—应对—监控的过程。

1. 影响项目进度的风险识别

影响工程项目进度的因素很多，涉及面很广，包括建设环境、项目业主、工程项目设计和施工等。工程施工单位对工程项目施工进度起着决定性作用，但是建设单位、设计单位、银行信贷单位、材料设备供应部门、运输部门、水供应部门、电供应部门及政府的有关主管部门等，都可能给施工的某些方面造成困难而影响施工进度。从施工单位来看，材料和设备不能按期供应，或质量、规格不符合要求，都将使施工停顿；资金不能保证也会使施工进度中断或速度减慢等；而设计单位图纸不及时和错漏碰缺，以及业主对设计方案的变动也是经常发生和影响很大的因素。

影响工程项目进度的因素一般可分为技术风险和非技术风险两类，进一步又可分为设计、施工、自然与环境、政治法律、经济、组织协调等，一般工程项目的风险分解结构可以按风险特征进行划分，具体分解结果见表 5-2。

一般工程项目进度风险因素示例表　　　　　　　　　　表 5-2

风险因素		典型风险事件
技术风险	技术	设计内容不全、设计缺陷、错误和遗漏，规范不恰当，未考虑地质条件，未考虑施工可能性等
	施工	施工工艺的落后，不合理的施工技术和方案，施工安全措施不当，应用技术、新方案的失败，未考虑场地情况等
	其他	工艺设计未达到先进性指标，工艺流程不合理，未考虑操作安全性等
非技术风险	自然与环境	洪水、地震、火灾、台风、雷电等不可抗拒自然力，不明的水文气象条件，复杂的工程地质条件，恶劣的气候，施工对环境的影响等
	政治与法律	法律及规章的变化，战争和骚乱、罢工、经济制裁或禁运等
	经济	通货膨胀或紧缩，汇率的变动，市场的动荡，社会各种摊派和征费的变化，资金不到位，资金短缺等
	组织协调	业主和上级主管部门的协调，业主和设计方、施工方以及监理方的协调，业主内部的组织协调等
	合同	合同条款遗漏，表达有误，合同类型选择不当，承发包模式选择不当，索赔管理不力，合同纠纷等
	人员	业主人员、设计人员、监理人员、一般工人、技术员、管理人员的素质（能力、效率、责任心、品德）
	材料设备	原材料、成品半成品或设备供货不足或拖延，数量差错或质量规格问题，特殊材料和新材料的使用问题，过度损耗和浪费，施工设备供应不足，类型不配套、故障、安装失误、选型不当等

从表 5-2 可以看出，一般工程项目进度风险不是由单一的责任方造成的，它可能存在于任何参建方的任何一个环节。

以下就针对某大型办公楼项目进度管理中存在的问题，从施工单位和业主的不同角度查找原因，以找出业主在进度风险管理中和其他单位的关联性和关键症结所在，从而有的放矢采取应对措施，提高业主的项目管理水平。

某大型办公楼项目由某建筑公司承建，施工分包单位及设备采购单位包括幕墙、空调、智能、电梯、装修、消防等共14家，设计单位包括土建、人防、装修、智能深化、泛光等共6家，共签订合同80个，公开招标、邀请招标、材料设备比选55次，参与投标单位240家以上。根据实际项目执行情况，主要有如下问题导致进度拖延：

（1）人员方面

1）施工项目经理经验不足

该大型办公楼项目对施工管理人员的要求比普通住宅施工人员要高得多，特别要求管理人员要具备较强的综合协调能力、识图能力、发现图纸错漏碰缺的能力，而且要具有较高的职业素养和责任心。

该大型办公楼施工中，为减少柱子截面尺寸，增大有效使用空间，1～11层采用了钢骨柱技术。总包单位过低估计该新技术的施工困难，没有考虑充裕的工厂定制时间，低估了现场满焊工艺的操作难度，造成窝工和返工，耽误工期近34天。

2）施工单位对发现问题缺乏有效的处理办法和措施

该大型办公楼项目中，装修施工单位现场项目经理没有材料采购的权利，有些甚至没有现场派遣用工的权利，只有对装修施工工人的管理和监督权。这样哪些材料可以立即进行采买，哪些人员可以立即补充，都不是现场项目经理说了算。对主要材料缺乏控制，从2012年6～12月，经常处于停工待料的状态，窗帘盒、门槛石、美国灰麻花岗石、玻璃迟迟不到货，成为制约装修工期的核心原因。

3）施工管理人员流动频繁

该大型办公楼项目施工单位实行的项目管理模式不合适，在施工中，三家装修单位项目经理都易人1～2次。同一家单位中，实际现场项目执行经理3～4人，各说各话，难以辨识。

4）工人难以管理

该大型办公楼项目装修合同中要求必须有80%以上的江浙工人，但由于装修单位材料组织乏力，工期拖延太久，实际执行中能有工人施工都是幸事。并且施工单位对工人疏于教育和管理、疏于责任心教育、缺乏自觉有效的配合，推卸问题和责任。很多工人在不掌握基本的知识和技能的情况下，就进入施工现场进行施工作业，对质量安全不注意、对成品保护不注意、对配合别人的施工不注意，造成返工。

（2）物料方面

对于大型办公楼这样一个复杂项目，施工生产活动所需要的物料种类特别多、范围很广，既有用于建筑产品上的建筑原材料，也有用于辅助生产的辅料，还有很多生产过程的中间产品、产成品。

1）主要物料存在质量缺陷

物料质量既是施工项目工程质量的重要保证，也是项目施工的重要保证。科研办公

楼项目中大厅花岗石地面设计采用天然石材，但进场材料存在一定色差，导致材料退场、重新采购并返工。

2）物料采购不及时

这是制约本项目进度的关键问题。装修施工时，装修施工单位提出设计更改意见，将大楼核心筒体内侧原蜂窝铝板墙面改为全玻璃墙面，实际施工中，由于玻璃单幅尺寸过高过大，超出室内电梯能够承载的极限，只能保留施工电梯进行运输，由于三个标段装修单位玻璃尺寸存在数次错报、漏报的情况，影响玻璃加工，加上玻璃本身质量返工及运输破损的原因，使近三个月的会议变为催促玻璃到场的会议，严重影响后续工序组织，施工电梯占有跨距部分幕墙不能收口，土建墙体不能砌筑，装修不能施工。大玻璃的采用也是经验不足造成的。在走动频繁的交通部位，大量采用大尺寸玻璃，本身就会造成很大程度的施工组织困难。装修施工单位提出并实施的设计变更造成仅此项耽误工期 120 天。

由于现场项目经理对主要材料的确定、复核、采购和施工缺乏控制，从 6 ~ 12 月，工地经常处于停工待料的状态，窗帘盒、门槛石、美国灰麻花岗石、玻璃迟迟不到货、到货材料和实际尺寸有出入，成为制约装修工期的核心原因。

3）物料成品保护不当

该大型办公楼项目上使用的物料繁多，而且该项目还是高层建筑，物料如果存放和使用不当，施工交叉反复，很容易导致成品破坏，影响交工。在竣工收尾阶段，成品的保护和管理问题非常突出。顶棚内智能、空调、强弱电管线调试检修，反复将顶棚高晶板卸下，屡禁不止，各工序不交接，不签字，互相推卸责任，顶棚被反复污染。墙面乳胶漆被碰坏，家具进场、电梯调试、清洁进场，施工单位众多，筒体玻璃存在破坏现象，需更换 26 块之多，影响交房。

（3）环境方面

该大型办公楼项目详勘时未发现地基存在软弱下卧层，在施工时发现，进行了局部旋喷处理，检测强度需 28 天，比预计工期超出 46 天。

工人作业区域周围的环境，也隐藏了影响进度的因素。科研办公楼项目配合城市创卫检查、安全评估检查、部分区域先行剪彩参观等影响工期 20 天。另外项目人员之间的工作氛围、文化等软环境也对工期造成影响。其中一个装修项目团队内部互相推卸责任、项目班子几易主要管理人员，以及其他安装施工单位不配合，工作难协调。施工图纸不核对，各做各的，当出现管线、灯具相互打架的情况时，把责任全部推给设计，返工协调困难。

（4）施工技术方面

该大型办公楼项目施工过程中使用的各种技术手段、行事原则、标准规范、法律法规、规章制度、管理方法措施、各种程序和作业规程等都属于施工技术管理方法。不适合的作业人员，不符合的机器设备、物料、环境，不合理的或错误的方法，存在缺陷的管理制度或者方法，繁琐缺乏效率的程序，呆板无计划的组织和协调都可能导致进度问题的产生。

施工单位是施工实施过程的主体，施工单位对工程项目的施工进度起着决定性的作用。该大型办公楼项目施工单位对项目存在的进度问题认识不足，不能掌握该项目存在的风险，自然就不能很好地做到按计划执行，从而出现拖到哪里就在哪里歇的局面。其次是对项目存在的进度问题估计不足。很多时候即使意识到了哪里进度滞后，也不知道会对其他工序有多严重的影响。第三，缺乏科学合理的方法来处置进度问题，经常出现靠经验去处置的侥幸心理，出了问题再研究对策的情况。

从业主的管理来说，需要业主承担管理责任的、影响进度的环节在于：

（1）施工准备阶段

1）地勘结果与实际地质情况相差过大，地勘单位不负责任，勘探作假或减少勘探量，造成基础设计不科学或设计返工。

2）地下管网资料不齐、市政管线资料难以收集。

3）边坡护壁方案没有认真对待，造成滑坡。

4）在场地平整过程中，对地下管网或道路承载能力排查不够，造成开始施工后才进行管网改造或道路加固。

5）施工平面布置不科学，施工通道、施工入口、临设布置等不能满足施工要求。

6）临时用电负荷不能满足施工要求。

7）对于地方垄断经营的供水、供电等项目没有提前沟通和办理审查手续，造成水、电无法到位，迟迟不能开工。

8）办理施工许可证进度慢，一些外地企业须在当地重新备案。

9）业主对规划部门现场坐标控制点疏于保护，出现个别控制点位被破坏或掩埋现象。

10）从立项、设计、招标、施工到验收的过程，计划缺乏优化。

（2）施工阶段

1）对施工单位缺乏综合协调的能力和手段，未做好实际进度和计划进度的检测、分析和纠正工作。

2）业主未合理安排各分包单位招标时间。

3）未合理分配施工场地，各施工单位间可能会有相互交叉，对可能交叉的项目，未进行统一协调管理。

4）指定分包方过多，且未和总包单位签订承包合同，造成协调量过大。

5）甲供材料供应滞后或认质认价工作缓慢，资金准备不到位。

6）进度计划编制未考虑材料、设备的招标采购计划。

7）未提前做报验报检的准备，未对施工单位需报验的项目进行提醒。

8）设计变更调整大。

识别风险的方法很多，核查表是项目风险识别的有效工具，表5-3是某大型办公楼项目的进度风险核查表。

工程项目进度风险核查表   表 5-3

工程项目进度滞后的原因	某大型办公楼项目情况
工程建设环境原因: （1）自然环境: 　　不利的气象条件; 　　不利的水纹条件; 　　不利的地质条件; 　　地震; 　　建筑材料进场不满足设计要求; 　　其他。 （2）社会环境: 　　宏观经济不景气，资金筹措困难; 　　物价超常规上涨; 　　资源供应不顺畅; 　　对外交通困难; 　　政策、法规改变	雪灾地震等不可抗力; 不可预见的地下软弱地基处理
项目法人/业主原因: 　　项目管理组织不适当; 　　工程建设手续不完备; 　　施工场地没及时提供; 　　施工场地内外交通达不到设计要求; 　　内外组织协调不利; 　　工程款项不能及时支付; 　　其他	业主资金计划不足; 不可预见费偏低; 建设流程缺乏优化; 增加合同内容; 资金拨付延迟; 由于工程量大任务繁重造成的进度款审批较慢、认质认价较慢; 项目团队低效风险
设计方面原因: 　　工程设计变更频繁; 　　工程设计错误或缺陷; 　　图纸供应不及时	设计错漏碰缺造成设计变更; 功能调整造成的设计变更; 设计的拖沓
施工承包方原因: 　　施工组织计划不当; 　　施工方案不当; 　　经常出现质量或安全事故; 　　施工人员生产效率低; 　　施工机械生产效率低; 　　施工管理水平差; 　　项目分包不适当或分包商有问题	自行设计不合理造成的设计变更和返工; 组织管理不善特别是材料采购滞后; 为更高价格久拖不施工; 各配合单位协调不力; 施工管理水平差; 对新技术组织生产不熟悉（如总包对钢骨柱的施工比原定计划延迟40天）

　　从进度风险核查表可以看出，业主对进度的影响风险存在并且必须加以归纳分析，根据业主管理的实际体会，以下按照计划、组织、监控三环节进行具体分析。

　　2.业主管理的计划风险识别

　　（1）业主计划不足

　　1）建设单位拖延付款

　　一个办公楼项目的实施，往往要跨越好几年的时间。因此在《工程建设承包合同》中一般约定建设单位按已完工程量定期支付工程进度款，但实际在项目的具体实施中，建设单位不能按时支付工程进度款的情况还是存在的，如建设单位的资金在未到位的情况下就进行开工建设或在进度款支付时出现滞后，就会造成项目拖延。

某大型办公楼项目 2009 年 4 月由集团公司下达投资计划，费用中未考虑一些设备采购及土地购置费用，且将装修和智能化标准制定的较低，需要追加投资，如增加擦窗机的费用、追加家具购买费用等。增补计划报批环节多，申报程序复杂，按照国有建设和上市公司要求，超过合同金额 10% 需重新进行网上多部门会签。该工程智能、空调、装修、土建等工程都另行签订了补充合同。

按照集团公司对在建工程的要求，从 2012 年 5 月起，项目部每月向财资部上报下月资金计划，如当月资金计划没有完成，未完成部分计划作废；下月重新申报，如当月资金计划少报、漏报、迟报，本月正常进度款就只能按上报计划执行；重大紧急计划的增补必须报分管局级领导审批，且对经办人进行责任处罚。

该项目的计划是很难做到按月精确提交的，除非是十几家参建单位都按时提交精确计划并有严格的执行能力，另外还涉及对完工工程量的认定，对已完成计划的复核统计等，必须有施工单位和监理单位的有效配合。

该项目由于资金迟报计划影响工程款及时拨付 20 天，漏报计划影响工程款及时拨付 30 天，重新补签合同影响工程款及时拨付 20 天，累计影响关键线路进度 30 天。

2）不可预见事件

最常见的一个有经验的施工承包商无法预计的市场风险，如材料费、人工费大幅上涨，以及自然因素带来的不可抗力的影响。前者会带来材料及人员的组织风险，后者会直接造成工程停滞。

某大型办公楼项目 2009 ~ 2013 年的四年施工期中，材料、人工费政策性上涨，2010年成都地区的雪灾等都对项目产生了很大的影响。

（2）业主计划调整

业主计划调整分为两类：1）主动调整，改变项目设计功能、标准，致使施工速度放慢或停工。2）被动调整，项目设计图纸由于设计单位原因出现错误或变更，在工程中属于甲方承担责任，由甲方再行向设计单位索赔。某大型办公楼项目主要是业主要求的设计优化、布局变动、功能调整。该项目业主有两次重大调整：一是在装修施工单位的建议下，聘请国内最优秀的设计大师之一对原清华工美的装修图纸中的 1 万多平方米功能区进行重新设计；二是在装修工程已进行到一半的情况下，按照企业结构重组的要求，对大楼近1/3 面积进行了重新布置，增加进驻人数及 1/3 的智能信息点布置，调整了楼层处室分配，对原有部分墙体进行拆除和新建。设计变更累计影响关键线路进度 180 天。

其次是客观设计不合理造成的修补改善，对土建施工图纸和装修施工图纸的"错、漏、碰、缺"进行设计调整和变更。本工程参与设计的单位众多，图纸更是繁多，如西南院的土建施工设计图、人防设计院的人防设计图、清华工美的装修设计图、香港吉美的装修局部更改设计图、远大空调的幕墙设计图、石油科宏公司配套的燃气设计图，还有专门为调度会议室设计的专业设备厂家技术图、智能、空调单位、钢结构安装单位的修改配套图纸、设计变更签证、技术核定单等，大量图纸是由不同设计单位进行的不同设计内容，往往存在疏忽和矛盾，造成大量协调工作和返工工作。因设计协调和返工累计影响关键线路进度 40 天。

再次是主观设计不合理造成的设计图纸质量问题，如装修图中普遍存在的详图不全、材料替换、做法难以实现的问题，在实际施工中是施工单位寻求增加合同金额的惯用途径，装修设计单位与施工单位"合作"，损害了业主利益。设计图纸质量不好引起返工累计影响关键线路进度 20 天。

3. 业主管理的组织风险识别

（1）工程项目风险监控在风险管理中是一个不可缺少的环节。工程项目风险监控的必要性表现在随着工程的进展，反映工程建设环境和工程实施方面的信息越来越多，原来不确定的因素也在逐步清晰，原来对风险的判断是否客观，需要用最新信息作出评价，以便进一步采取更具体的应对措施。

（2）已经采取的风险应对措施是否得当，也需要通过对风险监视对其作出客观的评价。如果发现已采取的应对措施是合理的，收到了较理想的效果，则继续控制；若发现已采取的措施是错误的，则应尽早采取纠正行动，以减少可能的损失；若发现应对措施并不错，但其效果不理想，此时，不宜过早地改变正确的决策，而是要寻找原因，并采取适当调整应对策略，争取收到理想的控制风险的效果。采取风险应对措施后，会留下残余风险和以前未识别的新风险，对这些风险需要在监控阶段进行评价和考虑应对措施。

监控带来的进度风险主要是由于业主项目部人员对进度风险的认识不到位或管理执行不到位引起的。

某大型办公楼项目对业主项目管理人员的要求比普通住宅的管理人员的要求高得多，特别要求管理人员要具备较强的综合协调能力、综合识图能力、发现错漏碰缺的能力，而且要具有较高的职业素养和责任心。在前期有大量的招标工作，任务量很重，施工过程中因为参建单位多，协调量很大，要把各项工作及时落实到实处。

在工期受外界和图纸改动影响很大的情况下，装修施工单位自身组织又存在很大问题，此时业主的监控是非常关键的。这包含对业主内部工作的管理和对外的协调管理。对内，如对设计变更工作拖拉，签证工作久拖不做，不能及时决策，业主对分包单位的选择失误，就会影响工期。对外，项目在实施过程中，业主管理人员不知道该如何采取有效措施来推进进度也会带来进度管理风险，例如哪些分包单位应该提前进场，哪些单位拖延工期会带来不可挽回的工期延误，哪些资料该提前报相关机构审查等。项目管理人员虽然天天在现场处理各种问题，却不知道控制的重点在哪里。即使在处理问题的时候，也不知道应该从哪些方面、采取哪些具体措施来对风险事件进行控制，如何从根本上来处置风险。由于业主自身管理责任影响关键线路进度 10 天。

4. 某大型办公楼项目业主管理的进度风险评价

项目风险评价的目的在于对项目诸风险进行比较和评价，确定它们的先后顺序，从项目整体出发，弄清各风险事件之间确切的因果关系，为制定风险管理计划提供基础，考虑各种不同风险之间相互转化的条件，研究如何才能化威胁为机会。

针对某大型办公楼这样一个高层施工项目，由于系统结构复杂，很多时候是一次性作业，难以准确地计算出事件发生的概率，同时受项目财力、评价人员时间、精力、能力的限制，不能采用计算过程过于复杂、现场管理人员不容易掌握的评价方法，主要适用专家评价法。业主管理的进度风险综合评价见表5-4。

业主管理的进度风险综合评价表 表 5-4

风险名称	风险说明	发生概率	影响程度	风险暴露度	风险排位
计划风险	业主计划不足	20%	3	0.6	4
	业主计划调整	40%	8	3.2	1
组织风险	业主管理团队低效	20%	2	0.4	5
	业主对项目流程缺乏优化	20%	4	0.8	3
监控风险	业主对风险监控不力	40%	7	2.8	2

从表5-4可以看出，业主在项目实施后的调整对项目进度带来的影响最大，需要谨慎对待，业主在施工过程中的监控协调、对整个项目流程的管理也会对项目进度产生很大的影响。

5. 某大型办公楼项目业主管理的进度风险应对

某大型办公楼项目是一个从立项开始就受到重点关注的项目，专门成立了办公楼项目领导小组，在资金上大力支持，并且给予业主项目部很大的自主管理权。业主项目部成员由从事多年项目技术管理工作的精英、骨干组成。在前期设计和招标阶段，项目部成员齐心协力、高效务实、团结协作，比预期计划提前两个月完成该阶段的工作任务。

但是进入施工期，制约工期的问题逐渐显现，施工单位本身的组织管理存在一定问题，装修管理组织不力，材料采购及施工人员安排不到位，各参建单位相互协调难度大，各项进度计划难以落实。业主在十几个施工单位的包围下疲于应付，自身存在双重管理，投资双方存在分歧，决策延后，设计重大调整两次，追加投资程序复杂。再由于地震、雪灾影响，造成工期延长的情况。从某大型办公楼项目2013年4月立项开始到2016年9月底竣工验收，业主项目部针对各种进度问题进行了处置，保证工期不至于进一步延后。

（1）业主管理的计划风险应对

采用风险控制的手段和方法。合理设计项目设计、招标进度计划目标。由于是国有投资项目，各项目基本都是公开招标，包括方案设计、施工图设计、装修设计、施工单位、大型材料商等，哪怕不到十万元的小合同也组织专门比选，填报比选报告。规范的操作程序不仅要符合建委、规划等部门的要求，还要符合石油部门内部管理的程序和要求，工作量非常大。项目部加班加点，经常是白天黑夜、周六周日连轴转，以高度负责的精神保证各项工作高效进行。

采用风险转移的手段和方法，合理调整合同契约关系。实际上，虽然有业主分包项目是总包签订的合同，但很多时候总包管而不管，管理配合费成为过账费用。在某大型办公楼的管理中，尝试采用四种方法，改变总包的管理现状。

1）幕墙、消防工程由业主招标和直接分包，和业主签订合同。

2）装修工程由业主招标，装修单位和业主、总包单位签订三方合同，总包收取管理配合费，负责协调和安全管理，总包出具委托书委托业主直接付款至装修单位账户。

3）空调、智能工程由业主招标，和总包签订合同，业主把进度款付至总包账户，总包收取管理配合费。

4）绿化工程由总包选择和分包，和总包签订合同，采用风险自留的手段和方法。

合理调整项目施工后期进度计划目标。进度问题中有很多是业主项目部不能控制的情况，如自然灾害、由于机构重组引起的设计功能变化等，有很多是业主加强管理也只能起部分甚至小部分作用的情况，如施工单位屡禁不止的缺少工人、缺少材料的情况，有些是建筑行业通病，难以彻底解决，如总包吃了甲方吃分包、监理吃了甲方吃乙方。针对这些集中反映在某大型办公楼项目的进度管理问题，业主项目部合理调整了后续工期。

采用风险回避的手段和方法。对业主项目部不能控制的情况，采取回避。对机构重组引起的设计变更，尽量利用原有图纸和已经施工的做法，减少设计变更；对必须改变房间功能和装修标准的，与局办进行协商，在同层内进行置换；对局办在 2010 年 2 月后提出的后续更改，放在竣工验收后进行或建议不作改动。

（2）业主管理的组织风险应对

采用风险控制的手段和方法。合理组织结构，明确岗位职责，理顺管理关系、反馈关系，建立项目的沟通渠道，在项目管理内部以及与建设相关的各方接口，特别是在经常出现误解和矛盾的职能和组织间接口，为风险管理提供信息保障。

在业主项目内部加强实施行为的监督管理和制度管理，避免人为因素造成的风险。强化财务监督和计划实施的专业监督，强化项目规章制度、工作标准、工作流程的执行情况监督，计划执行情况及时跟踪检查，及时向决策层提供修改计划的依据，计划实施层提示计划执行的偏离情况，对预料中的风险或风险因素进行有效的控制和管理。成立乙方项目协调组。由施工总承包单位、分包单位和业主分包单位共同组成，组长为总包单位项目经理，组员为装修单位和各专业分包单位项目经理。

（3）业主管理的监控风险应对

采用风险控制的手段和方法。切实发挥履约保证金的惩罚作用。将原来由业主或总包收取的履约保证金进行单独管理，划入专项的业主履约保证金账户，由业主项目部、监理单位、乙方项目协调组三方会议共同决定支配，负责对协调不力的单位进行处罚。优点如下：增加总包单位对各分包单位管理的话语权；改变直接分包单位只听业主意见，总包难以从资金上控制的局面。

保留业主对大项资金的控制权，避免总包单位恶意克扣、挪用、拖欠分包单位进度款。

可以从履约保证金上对责任单位出现的安全、质量、进度、配合等问题进行经济处罚，如扣缴水电费、保安费、成品损坏费、抽烟、不戴安全帽的罚款、建渣清运分摊费、垂直电梯分摊费、配合中出现问题造成返工、对责任方的经济处罚和对损失方的经济补偿，改变履约保证金在业主实际运用中的低效用。配合问题涉及各方经济利益，往往易在施工过程中造成很大矛盾，协调强度和难度都非常大，工程从头扯到尾，这样设立公共法庭，由会议共同裁决执行，可以减少扯皮，提高效率，保证进度。

减少业主管理协调工作量，有助于业主专注于自身工作，完善业主不可替代的职责。

对优化装修设计效果引起的设计变更，督促设计单位尽快完善修改图，与各专业图纸进行核对。对超过时间节点后提出的装修设计效果优化意见不再采纳。坚持"事前控制"、"事中控制"的原则，每周召开碰头会，检查本周工作完成情况和明确下周工作。尽量做到当天的事当天处理。在各施工单位特别是装修施工单位、智能单位落实具体任务很不理想的情况下，建立最迟完成时间责任表，让所有相关单位对每一项任务进行分解，列出上家完成时间和下家接收时间，并签字为证，业主督促执行，起到一定效果。

针对装修单位安排各专项施工人员严重不足，各材料供应商、施工承包商数度告状、施工单位内部管理矛盾突出的实际情况，在监理总包工作走过场的无奈环境下，业主项目部直接对材料商、分包商进行管理。对装修单位迟迟不签订采购合同的地毯项目进行业主直接采购，对久拖未果的材料商如窗帘盒加工单位采取取消下一个合同的强硬态度，并由业主保证本次采购的货款。对石材、工艺玻璃采购的数月拖延，业主进行多次大范围的调查，确定业主直接供货商，发出业主自行订货的最后通牒，最终促使装修单位将自主采购提上日程。

在装修竣工收尾阶段，施工人员和清洁人员仍然严重不足。为此，业主项目部数次警告施工单位，并每周派人记录施工人员进场人数，对装修验收进行倒计时管理，取得一些效果。

严格要求总包加强自身管理，加快安装及室外工程进度，否则扣罚履约保证金。

对监理单位不负责任的个人通报给监理主管领导，促使其加强对项目的监管。

加快自身审查资料服务的服务职能。

对施工单位自行组织的施工加强监控力度。

加强各单位协调。加强合同契约的管理。及时沟通信息，消除履约过程的不稳定、不信任因素，围绕项目的最大利益合理进行工期安排和成本管控，按照不同阶段的工作重点和合同约定内容开展工作，避免冲突造成的履约风险，已知的风险通过合同分解、索赔和反索赔等手段，进行规避或风险转移。

通过以上应对措施，业主在加大自身管理力度的基础上对某大型办公楼的进度风险进行了一定程度的控制（表5-5）。

某大型办公楼进度风险的应对措施汇总表　　　　　　　　　表 5-5

进度风险类型	风险管理优化策略	进度风险应对策略
自然环境因素：	/	/
（1）地震	风险回避	停工延长工期
（2）雪灾	风险回避	停工延长工期
（3）软弱地基	风险自留	选定最佳处理方案、延长工期
业主因素：	风险转移	严格合同条款、索赔
（1）设计深度不足	风险转移	严格合同条款、索赔
（2）设计缺陷或忽视	风险控制	加强进度控制、增加预备费用
（3）一般设计变更	/	不同意变更或推迟在竣工后进行
（4）过大的设计变更	风险回避	不同意变更或推迟在竣工后进行
（5）项目投资不足	风险自留	增加投资
（6）业主项目管理低效	风险控制	制定制度加强管理
（7）项目流程缺乏优化	风险控制	制定计划
社会环境因素：	风险控制	加强进度控制
（1）法律法规变化	风险自留	加强进度控制
（2）节日检查影响施工	风险自留	增加预备费用
（3）污染及安全规则约束	风险自留	预留预备费用
（4）市场材料人工费价格上涨	风险转移	严格合同条款、由乙方承担部分风险

6. 进度风险管理的优化策略

通过前面的分析，办公楼项目施工过程的进度风险是客观存在的，在项目施工过程中，必须对识别评价出的风险进行风险处置，采取一定的控制措施和方法，以消除或者减少进度风险，保证如期交付使用。本章从业主的角度出发，探讨业主对复杂项目进度风险的优化管理，以期在今后业主管理中改进和提高。

合理确定项目管理目标，做好前期论证和规划，完成《项目可行性研究报告》，避免决策失误。合理界定项目范围，加强对项目范围变动的可行性分析，排查过程中随意性的变更因素。

编制《项目管理规划》，明确工期、成本、质量总体目标和阶段目标，对项目工作进行结构分解，明确项目部组织机构、人员分工、岗位职责、规章制度，明确管理程序和管理办法，用《项目管理规划》指导项目管理全过程。

强化进度风险管理的计划手段，把风险分解到项目开展的不同过程，确保计划的基本目标、基本原则、基本要求。重视业主在立项、设计、招标阶段的计划统筹安排，有重点、又不能顾此失彼。

强化进度风险管理的动态管理，坚持"事前控制"、"事中控制"，对计划的偏离进行管理，对实施过程中的风险因素及时进行识别，优化组合各种风险管理技术，拟订应对措施。合理配备资源，按照目标管理、节点考核、专业监督的方法，减少项目执行过程中不确定因素。对业主工作流程的执行情况进行监督，对计划执行情况及时跟踪检查，及时向决策层提供修改计划的依据。

强化合同管理。按照合同约定内容开展工作，避免冲突造成的履约风险，明确各方的权利和义务、违约责任、索赔程序，参照现行相关建筑规范、法律法规，进行索赔和反索赔工作。

办公楼项目的建设是一个长周期的过程，项目的一次性、不可重复性特点和过程中太多的不确定因素，构成了项目过程的各种风险，风险充斥在每个过程活动。从某种程度上讲，项目建设的过程实际上就是风险管理、规避风险的过程，而风险管理识别、分析、评价、处理是靠企业"团队"力量，靠管理水平、管理经验、职业道德和知识水平进行的，每个风险的规避、缓和、转移都是综合管理的结果。因此，建立现代管理制度和适应于市场环境发展需要的组织结构，按照标准质量管理、项目管理质量指南，重视过程中每个环节的管理，重视企业的体系化、制度化、程序化管理建设，客观看待风险，对风险进行有效的管理，就会减少或规避风险。

5.4 施工安全风险管理

项目风险就是在项目管理活动或事件中消极的、项目管理人员不希望的后果发生的潜在可能性。风险管理是项目管理的重要组成部分，项目风险管理是指对项目风险从识别到分析乃至采取应对措施的一系列过程，它包括将积极因素所产生的影响最大化和使消极因素产生的影响最小化两方面内容。

对安全风险管理的定义因出发点和对象的不同而差异很大，许多研究把安全风险等同于不确定性，也有部分研究把信息、网络等领域的技术方面的风险称为安全风险。本文所说的安全风险表示可能带来人员伤亡的风险。

1. 危险源

危险源（Hazard）是指可能导致伤害或疾病、财产损失、环境破坏或这些情况组合的根源或状态。依据《生产过程危险和有害因素分类与代码》（GB/T 13861-2009）可将危险源分为六类：物理性危险和有害因素、化学性危险和有害因素、生物性危险和有害因素、心理性危险和有害因素、行为性危险和有害因素、其他危险和有害因素。但从造成伤害、损失和破坏的本质上分析，可归结为能量、有害物质的存在和能量、有害物质的失控这两方面。

任何劳动和生产都有危险源的存在，能量和物质的运用是人类社会存在的基础。组织在运作过程中都不可避免地存在这两方面的因素，因此危险源是不能完全排除的。系统安全理论认为，系统中存在危险源是事故发生的根本原因，防止事故就是消除控制系统中的危险源。

2. 安全风险识别与评价

（1）安全风险识别

项目风险识别是针对项目中各种风险因素、风险来源、风险范围、风险特性与风险事件或现象和风险后果相关的不确定性，可能发生的风险类型、风险产生原因和机理进行风险识别，并以此作为进一步风险分析的基础。正如 Lyons 和 Skitmore 在一项调查中的分析所指出的，在风险管理中，风险识别和评价相对于风险响应和报告使用更频繁，风险因素识别方法和手段正确使用与否、结论准确全面与否对后续的风险评价和风险控制的效果有很大影响。在风险识别过程中，主要有三种风险源：真风险、假风险和潜在风险。这也导致目前的风险识别过程和方法也面临着一些困境：首先是风险识别的可靠性问题，由于受客观环境和主观判断的影响，是否还存在着一些未被发现和识别的风险因素，而真正识别出的风险因素是否真实可靠，不得而知。其次，风险识别的成本问题，对于风险识别是否有轻重缓急，是否识别出了项目的重要风险问题；风险识别力求大而全，但若没有抓住问题的关键要害之处，不能将有限的资源运用到识别的关键环节，必然导致为降低风险所付出的代价与降低风险后所得收益相比不成比例。而所谓好的识别思想、方法和工具，即在风险识别的成本和效率，以及精确和全面之间求得最佳平衡。

迄今为止，理论界运用多学科如数学、心理学、管理学等自然科学和社会科学理论知识，提出了为数不少的风险识别方面的工具。罗吉将 38 种工具可分为六种类型：识别、分析、规划、跟踪、控制、基础工具（决策树、故障树分析、影响图等），并在 400 家软件、生化和高科技产业中应用风险管理工具的调查得出，位居前 5 位的是：模拟仿真、责任分配、风险影响评估、配置控制、分包商管理，而这些比较成熟的方法和工具无疑为风险识别的可靠性提供了良好保证。安全系统工程中，风险评价方法有定性分析和定量分析两种。考虑到建筑工程的复杂性和多样性，应该综合采用下列方法：

定性识别法。定性识别法是从人的思维角度，较为直观、感性和简便的识别方法，其重要优势就是通过风险源清单、分类树或常用的"鱼刺图"方法，配以相应的调查方案，来描述和处理不精确、不确定、不完备的风险信息。通过定性识别来确认项目实施过程当中有哪些风险、风险后果如何，以及内在或外在风险因素的相互作用等，从而对项目风险所具有的特征及隐形或显性性质进行全面动态地把握，树立对项目风险的整体全局认识。定性识别方法一般来说有两种作用方式：一种是对本身就是一些无法量化或者模糊外延较大的事件或因素进行识别；另外一种则是通过对事件从质的差别认识开始上升到对量的研究，最后做出定性识别，得出更可靠的识别结果，是一种建立在定量识别基础上的定性识别。由于项目风险源具有统计一般性，人们根据不同的项目环境、项目类型和组织形态提出一些风险辨识方法，如专家调查法、幕景分析法、智暴法、风险源检查表法、风险源清单、外推法、主观评分法、风险档案表、阶段风险报告和条件—转换—后果图、德尔菲法、提名小组技术等。

定量识别法。为了有效地评价风险，学术界和企业界一般采用定量分析方法。定量的安全评价方法主要有指数法和概率法两种。

1）指数法，又称评分法。它是根据评价对象的具体情况选定评价项目，对每个评价项目均定出评价得分值范围，在此基础上由评价者对各个评价项目评分，然后通过运算求出总分值。美国道氏法和英国 ICI 蒙德法就是两种代表性的指数法。

道氏法。由美国道化学公司提出的火灾、爆炸危险指数评价法（简称道氏法）是一种最早的指数法。该评价法以能代表重要物质在标准状态下的火灾、爆炸或放出能量的危险潜在能量的物质系数为基础，分别计算特殊物质的危险值、一般工艺危险值和特殊工艺危险值，再通过一定的运算得出火灾、爆炸危险指数，并根据指数的大小对化工装置的危险性程度进行分级，同时根据不同的等级提出相应的安全预防措施和建议。道化学公司评价法的第一版发表于 1964 年。1994 年发布了第七版，即道化（七版）评价法。该版是在 30 多年使用经验的基础上，修改了一些条款，以便与法规和损失预防原则相一致。同时给出了美国消防协会（NFPA）的最新的物质系数。通过修订，评价程序将更加简明方便，评价结果直观明了，提出的措施更具实用价值。

ICI 蒙德法。在道化学公司方法（第三版）的基础上发展起来的英国帝国化学公司（ICI）蒙德评价法在 1979 年提出。该法既肯定了道化学公司火灾、爆炸危险指数法，又在其定量评价的基础上作了重要的改进和补充，主要是：引进了毒性的概念和计算，推广到包括物质毒性在内的火灾、爆炸、毒性指标的初步计算，再进行采取安全对策措施加以补偿后的最终评价，从而增加了评价的深度，被公认为是一种特别适合对化工装置的火灾、爆炸、毒性危险程度进行评价的方法。 蒙德法的评价要点是：划分评价单元；确定各评价要素的危险值，包括物质系数、特殊物质危险系数、特殊工艺危险系数、数量危险系数、布置危险系数和毒性危险系数；依据公式计算综合危险系数、火灾负荷指数、装置内部爆炸指标、环境气体爆炸指标、单元毒性指标、主毒性事故指标和总体危险性评分；单元的补偿评价，确定补偿系数，包括容器系统、工艺管理、安全态度、防火、物质隔离电子计算机进行数据处理和运算，通过对系统进行定量评价，逐步改善对事故发生概率影响大的事件，使之逐步趋近于系统安全的目标，并求得最优解。

2）概率法。概率法主要是把事故后果的分析同实际运行中的事故发生概率分析结合起来，根据系统各组成要素的故障率和失误率，确定系统发生事故的概率，然后同既定的目标值相比较，判断其是否达到预期的安全要求或者将概率值划分为若干个等级，作为对系统安全性评定及制定安全措施的依据。

具体地说，就是通过对系统可能发生的事故进行故障树分析（FTA）或事件树分析（ETA），建立数学模型，决定目标函数，然后求解。这需要有数据库系统，并用电子计算机进行数据处理和运算，通过对系统进行定量评价，逐步改善对事故发生概率影响大的事件，使之逐步趋近于系统安全的目标，并求得最优解。

（2）安全风险评价

安全风险评价，或称风险评估，是一种基于数据资料、运行经验、直观认识的科学方法。通过将风险量化，便于进行分析、比较，为风险管理的科学决策提供可靠的依据，从而能够运用有限的人力、财力和物力等资源条件，采取最合理的措施，达到最有效地减少风险的目的。

建筑工程的安全风险评价应采用多种技术和方法相结合的方式，这些方法大体可以分成以下三类：

定性评价方法。这种方法是依据以往的数据分析和经验对危险源进行的直观判断。对同一危险源，不同的评价人员可能得出不同的评价结果，思想难以统一。但对防治常见危害和多发事故来说，这种方法比较有效。施工现场重点防治的"五大伤害"（高处坠落、触电、物体打击、机械伤害、坍塌），就是在对以往安全事故进行统计分析的基础上提出的。定性评价不是简单"拍脑袋"，而是一种"基于事实的决策方法"。如：危险检查法、危险查核表法、危险和可操作性分析法、预先危险性分析法、假设状况分析法、安全性审查法、HAZOP 分析、FMEA 等。

定量评价方法。这种方法是对危险源的构成要素进行综合计算，进而确定其风险等级。常用的一种简单易行定量评价方法是"LEC 法"，即作业条件危险性评价法。这种方法考虑构成危险源的三种因素——发生事故的可能性（L）、人体暴露在危险环境中的频繁程度（E）和一旦发生事故会产生的后果（C），取三者之积来确定风险值（D），并规定不同风险值所代表的风险等级。定量评价方法虽然比较科学，但却难以确定各种因素的准确数据。对各种因素数据的确定，也需要建立在经验判断的基础上。如发生事故的可能性（L）和灭火活动六个补偿系数；计算补偿后的火灾负荷、装置内部爆炸指标、环境气体爆炸指标和总体危险性评分。

定性与定量相结合分析，也称为半定量方法。这是一种介于两者之间的方法，它既有定性分析方法的优点，又有定量分析方法的长处；既有定性分析方法简单、容易操作的特点，又能够在数据或信息不完全的前提下取得较满意的结果，常用的半定量分析方法如：故障树、事件树分析法、FRR 等。

上述分类方法也不是绝对的，比如失效模式及影响分析方法主要是进行定性分析，而由此方法进一步引申的失效模式及其影响危害度分析方法则可进行简单的定量分析，也可以称其为半定量的分析方法，另外，不同的方法相互之间也有共同之处，因此在实际应用中，企业应该综合多种方法的优点确定风险事件发生的频率与预期损失。定性风险评估方法是一种典型的模糊评估方法，可以快速地对系统的危险进行风险评估，对现有的防范措施进行评价，从主观角度对风险进行排序。定量风险评估方法是对风险的量化，分析目标更加具体准确，可信度较高，可为风险决策分析提供可信赖的依据。半定量的风险评估方法采用的是定量的风险评估方法，但是它不产生定量的分析结果，因此往往作为前期风险危害分析。

3. 防止安全事故的方法

（1）消除危险源，尽量减少和降低危险程度。通过采用原材料的替代、工艺的替代，用无毒材料代替有毒材料、用生物技术代替工程技术等，都能够达到消除和减少危险源的目的。

（2）限制能量或危险物质。通过采用限制的技术措施将能量和危险物质控制在安全范围内，如限位、限压、控温等。

（3）隔离。在时间和空间上采取分隔措施，或利用物理的屏蔽措施局限和约束能量或危险物质。

5.4.1 建筑工程的安全风险的分类

1. 建筑工程的安全风险

与其他行业相比，建筑行业有许多不同之处，建筑工程施工与一般的工业生产过程相比，也有许多不同之处，这些不同之处主要是由于建筑产品即建筑物的特殊性所决定的。建筑产品具有许多特点，其中对建筑产品的生产过程即建筑施工过程具有较大影响的主要有：建筑产品的体形庞大、复杂多变、整体难分、不能移动。这些特点又使得建筑产品的生产（即建筑施工过程）具有与一般工业生产不同的特点，其中最主要的就是：生产的流动性、生产的单件性、生产周期长、露天和高空作业多，以及建筑物与地质环境关系密切。

（1）生产的流动性

生产的流动性是由于建筑产品固着于地上，不能移动和整体难分所造成的。它表现在两个方面：一是施工单位（包括施工人员、机具设备等）随着建筑物或构筑物坐落位置的变化而整个地转移生产地点；二是在一个产品的生产过程中施工人员、施工机械等要随着施工部位的改变而沿着施工对象上下左右流动，不断地转移操作场所。因此在生产中，各生产要素的空间位置和相互间的空间配合关系就经常处于变化的过程之中。空间的变化也就意味着施工条件的变化，必然要影响到其他方面的关系和组织管理工作。机械设备等生产资料为适应流动性的需要，大多数就只能用比较小型的，其选择与使用也不得不受到施工场地和条件变化的影响。施工所需要的房屋和水电动力等设施大多数也需要在现场临时建造、使用，完工以后又要拆卸或拆除。施工所需要的材料物资，有些（如砖、瓦、灰、砂、石等）要根据就地取材的原则来选用，其规格、品种等都将因地而异，有些还需要自行组织生产。场内外的运输随当地环境和原有交通条件的变化也需要重新组织，运输方式、运输距离等都将会有所不同。现场的平面布置、各个生产要素的空间关系，也因施工条件的变化而需要重新安排。因空间变化而造成的自然进行的，一经建造即成一体，不可能随便再行拆装。所以，施工必须按严格的顺序进行，人机的流动也必须按照相应的顺序进行。生产的流动性对于施工的组织与管理工作有着重大的影响。

（2）生产的单件性

生产的单件性与建筑产品固着于地上不能移动和其复杂多变、各不相同的特点有关。因为各个建筑物和构筑物的用途不同，各有其特别的功能要求；由于各个建筑物和构筑物坐落位置也都不同，致使其所处的自然条件与技术经济条件（如地形、地质、水文、气候、资源、交通等）各有差异。所以，每个工程的结构、构造、造型、布局、材料等几乎不可能完全一样。工业建筑与民用建筑固然不同，即使同为工业建筑或民用建筑、重型厂房或轻型厂房、公用建筑或居民住房，也是大有差别，甚至按同一标准设计建造的、看起来完全一样的建筑物，其基础就可能并不完全一样。因此，每个工程都各有不同工种与技术，不同的材料品种、规格与要求。随着因工程特点不同而采取的施工方法的变化，所需的机械设备、工序穿插、劳动力的组织也必然彼此各异，施工的进度当然也就不同，各种生产要素在数量上的比例关系和供应的时间也就不会一样，它们的空间关系和整个施工场地的平面布置也要分别加以处理。总之，每个工程的施工都各具特点，必须分别对待，决不能千篇一律。每个工程的施工、组织都必须单独进行设计，制定相应的施工方案与工作计划。

（3）生产周期长

建筑生产周期长是与建筑产品体形庞大、复杂多样、各不相同并且整体难分的特点分不开的。较大的工程施工期限可长达数年。建筑工程不仅生产时间长，而且由于其所需人员和工种众多，所用物资和设备种类繁杂，为了进行准备也需要花费许多时间。为了克服这方面的缺点，争取生产时间，人们在组织施工的过程中，充分地利用了建筑产品体形庞大这个特点所提供的广阔作业面，在同一施工对象的上下、左右、前后不同空间位置实行立体交叉作业和平行施工，同时进行多种工作，完成不同部位的建筑构造部分，以加快工程施工进度，这种组织施工的方法在一般工业生产中（造船业是一个例外）是很少有的。这种作业方法对空间和时间利用的配合关系提出了特别严格的要求，不然就会彼此影响，造成混乱的局面。

这种作业方法还要求采取有效的措施以保证施工的质量与生产的安全，要求按照合理的顺序进行施工，劳动组织与工作安排的状况也应彼此适应，各生产要素在时间的配合上也要互相协调。这就要求在施工的组织与管理工作上需要采取一些有效的方法。

（4）露天、高空作业较多

露天和高空作业较多主要产生于建筑产品体形庞大的特点。有的建筑物和构筑物高可达数百米；有的伸出地下或水下数十米；有的面积达到数万平方米；有的长度可达数十、数百公里，并且都构成为一个整体，因此，除了露天生产以外，不可能有别的方法。即使随着工业化水平的提高，构件逐步转入专门的工厂生产，也不可能从根本上改变这种状况，这就不可避免地使得施工过程容易受到自然气候条件的影响。在不利于施工的冬期和雨期，还要采取特殊的施工方法与技术措施，要求增加某些新的生产要素（如测温工、供热设备和防冻、防雨物资等），工人的劳动效率可能也会有所降低，保证质量和安全的问题特别突出。由于这一切，也就不得不进一步影响施工进度的安排和工期。在建筑施工中存在着大量的高空作业，地下和水下作业也是常有的，再加上立体交叉的多层作业，因此保证工人的安全生产在建筑施工中就成了一个突出的问题，在施工组织与管理工作中处于特殊的地位。

（5）受地质环境影响大

任何建筑物（包括构筑物）都是建造在地层上的，建筑物的所有荷载都是通过建筑物的基础作用在地层上，受到建筑物荷载作用影响的部分地层称为建筑物的地基。作为建筑物地基的地层（包括岩层和土层），它的形成过程、物质成分和工程性质非常复杂。建筑物的地基和周围地层的地质情况形成了建筑物的地质环境。地质环境对建筑物有着非常重要的影响，有时甚至起着决定性的作用，地基的性质和承载力将决定基础的形式和尺寸、施工工艺和程序。同样一栋多层住宅建筑，建造在坚硬的地基上（如岩石地基、密实的沙土地基等），它的基础可以取单独基础，尺寸较小；建造在软弱的地基上（淤泥和淤泥质土、软黏土等），它的基础与在坚硬的地基时完全不同，就要采用筏板基础或桩基础。在已有建筑物旁建造新的建筑物、进行建筑施工时，可能会影响周围建筑物的地质环境，影响周围建筑物的安全和适用性，影响周围地下管线的安全。新建建筑物的基础施工、基坑开挖和井点降水会引起周围土体的位移，造成周围建筑物的沉降、倾斜、开裂及不同程度的破损，造成周围地下管线的位移、开裂或断裂。各种地质灾害，如滑坡、地陷、泥石流等，将造成正在建造的建筑物和已经建成的建筑物发生严重的损坏或倒塌。一旦建筑场地确定后，设计人员和施工单位等必须对建筑场地的地质条件有充分的了解，在设计和施工中采取必要的措施，保证建筑物的安全性和适用性。

建筑工程项目由于其规模大、周期长、生产的单件性和复杂性等特点，在实施过程中存在着许多不确定的因素，比一般产品生产具有更大的风险。特别对于现代建设项目，无论是在规模、技术复杂性、资金投入、资源消耗量还是在影响范围方面，都比以往任何时期要大得多，所存在的风险比以前增加了许多，导致的损失规模也越来越大，从而使得国内外许多风险管理的科研人员和实际管理人员开始重视对其进行系统的建筑工程风险管理研究和实践。建筑工程中的风险可以定义为：在整个建筑工程施工过程中，出于各种各样的原因，发生事故、发生危险，从而造成人员伤亡、财产损失的可能性或概率。

由于上述的特点，或者说是不利之处，使得建筑工程施工与其他工业生产相比，成为一个高风险的产业。由于建筑施工的流动性，使得人员之间的配合、机具之间的配合更容易出现失误，进而引起事故发生；使得人员的劳动力造成浪费，机具的损耗增加，难以保持最佳的工作状态；使得原材料的质量难以控制，引起工程质量事故；使得施工的组织和管理难以适应各种环境，难以达到最有效的状态。由于生产的多样性，建筑物复杂多变、各不相同的特点，使得建筑施工的难度提高，对施工人员的要求较高，对建筑施工组织和管理的要求也更高，稍有疏忽，就可能发生生产事故和人员伤亡事故。出于生产周期长、实际施工时的赶工期，使得施工组织管理工作难度提高，施工质量控制的难度提高，人员安全措施的落实困难，造成各种事故发生的可能性大大提高。由于建筑施工在大部分时间是露天作业，是野外作业，所以，就更容易受到自然条件和自然灾害的影响；而且在受到影响时，损失会更大，后果会更严重，修复和重建将会更加困难。由于建筑施工的高空作业较多，使得人员伤亡的概率增加，不但施工人员本身容易发生伤亡。而且还造成过路人的伤亡，这可以说是建筑工程人员伤亡事故的一个特点。

遇到地质条件差的建筑场地时，建筑施工，特别是基础施工的困难将增加，发生各种事故的危险也将增加，对周围建筑物和地下管线的不利影响也随着增加。此外，由于建筑物结构在整个施工过程中是处于最软弱的状态，荷载承受能力最低，任何不利的作用和预料之外的荷载，都将给建筑物造成不利的影响、不同程度的损坏或破坏，或者引起该建筑物周围其他财产的损失、人员伤亡等。

2. 按诱发危险、有害因素失控的条件分类

危险、有害物质和能量失控主要体现在人的不安全行为、物的不安全状态和管理缺陷等 3 个方面。

（1）人的不安全行为。人的不安全行为分为操作失误、造成安全装置失效、使用不安全设备等 13 大类。

（2）物的不安全状态。物的不安全状态分为防护、保险、信号灯装置缺乏或有缺陷，设备、设施、工具、附件有缺陷，个人防护用品、用具缺少或有缺陷，以及生产（施工）场地环境不良 4 大类。

（3）管理缺陷

1）对物（含作业环境）性能控制的缺陷，如设计、监测和不符合处置方面要求的缺陷。

2）对人的失误控制的缺陷，如教育、培训、指示、雇佣选择、行为监测方面的缺陷。

3）工艺过程、作业程序的缺陷，如工艺、技术错误或不当，无作业程序或作业程序有错误。

4）用人单位的缺陷，如人事安排不合理、负荷超限、无必要的监督和联络、禁忌作业等。

5）对来自相关方（供应商、承包商等）的风险管理的缺陷，如合同签订、采购等活动中忽略了安全健康方面的要求。

6）违反安全人机工程原理，如使用的机器不适合人的生理或心理特点。此外，一些客观因素，如温度、湿度、风雨雪、照明、视野、噪声、振动、通风换气、色彩等也会引起设备故障或人员失误，是导致危险、有害物质和能量失控的间接因素。

3. 按导致事故和职业危害的直接原因进行分类

根据《生产过程危险和有害因素分类与代码》的规定，将生产过程中的危险、有害因素分为 10 类。此种分类方法所列危险、危害因素具体、详细、科学合理，适用于安全管理人员对危险源识别和分析。

（1）物理性危险、有害因素

1）设备、设施缺陷，诸如：强度不够、刚度不够、稳定性差、密封不良、应力集中、外形缺陷、外露运动件缺陷、制动器缺陷、控制器缺陷、设备设施其他缺陷等。

2）防护缺陷，诸如：无防护、防护装置和设施缺陷、防护不当、支撑不当、防护距离不够及其他防护缺陷等。

3）电危害，诸如：带电部位裸露、漏电、雷电、静电、电火花及其他电危害等。

4）噪声危害，诸如：机械性噪声、电磁性噪声、流体动力性噪声及其他噪声等。

5）振动危害，诸如：机械性振动、电磁性振动、流体动力性振动及其他振动等。

6）电磁辐射，诸如：电离辐射，包括 X 射线、Y 射线、α 粒子、β 粒子、质子、中子、

高能电子束等；非电离辐射，包括紫外线、激光、射频辐射、超高压电场等。

7）运动物危害，诸如：固体抛射物、液体飞溅物、反弹物、岩土滑动、料堆垛滑动、气流卷动、冲击地压及其他运动物危害等。

8）明火。

9）能造成灼伤的高温物质，诸如：高温气体、固体、液体及其他高温物质等。

10）能造成冻伤的低温物质，诸如：低温气体、固体、液体及其他低温物质等。

11）粉尘与气溶胶，不包括爆炸性、有毒性粉尘与气溶胶。

12）作业环境不良，诸如：基础下沉、安全过道缺陷、采光照明不良、有害光照、通风不良、缺氧、空气质量不良、给水排水不良、涌水、强迫体位、气温过高或过低、气压过高或过低、高温高湿、自然灾害及其他作业环境不良等。

13）信号缺陷，诸如：无信号设施、信号选用不当、信号位置不当、信号不清、信号显示不准及其他信号缺陷等。

14）标志缺陷，诸如：无标志、标志不清楚、标志不规范、标志选用不当、标志位置缺陷及其他标志缺陷等。

15）其他物理性危险、有害因素。

（2）化学性危险、有害因素

1）易燃易爆性物质，诸如：易燃易爆性气体、液体、固体，易燃易爆性粉尘与气溶胶及其他易燃易爆性物质等。

2）自燃性物质。

3）有毒物质，诸如：有毒气体、液体、固体，有毒粉尘与气溶胶及其他有毒物质等。

4）腐蚀性物质，诸如：腐蚀性气体、液体、固体及其他腐蚀性物质等。

5）其他化学性危险、有害因素。

（3）生物性危险、有害因素

1）致病微生物，诸如：细菌、病毒及其他致病性微生物等。

2）传染病媒介物。

3）致害动物。

4）致害植物。

5）其他生物性危险、有害因素。

（4）心理、生理性危险、有害因素

1）负荷超限，诸如：体力、听力、视力及其他负荷超限。

2）健康状况异常。

3）从事禁忌作业。

4）心理异常，诸如：情绪异常、冒险心理、过度紧张及其他心理异常。

5）辨识功能缺陷，诸如：感知延迟、辨识错误及其他辨识功能缺陷。

6）其他心理、生理性危害因素。

（5）行为性危险、有害因素

1）指挥错误，诸如：指挥失误、违章指挥及其他指挥错误。

2）操作错误，诸如：误操作、违章作业及其他操作错误。

3）监护错误。

4）其他错误。

5）其他行为性危险、有害因素。

4.按引起的事故类型分类

参照《企业职工伤亡事故分类》（GB 6441-1986）的规定，综合考虑事故的起因物、致害物、伤害方式等特点，将危险源及危险源造成的事故分为16类。此种分类方法所列的危险源与企业职工伤亡事故处理调查、分析、统计、职业病处理及职工安全教育的基本一致，也易于接受和理解，便于实际应用。

（1）物体打击，指落物、滚石、锤击、碎裂崩块、碰伤等伤害，包括因爆炸而引起的物体打击。

（2）车辆伤害，是指企业机动车辆在行驶中引起的人体坠落和物体倒塌、飞落、挤压伤亡事故，不包括起重设备提升、牵引车辆和车辆停驶时发生的事故。

（3）机械伤害，是指机械设备运动（静止）部件、工具、加工件直接与人体接触引起的夹击、碰撞、剪切、卷入、绞、碾、割、刺等伤害，不包括车辆、起重机械引起的机械伤害。

（4）起重伤害,是指各种起重作用（包括起重机安装、检修、试验）中发生的挤压、坠落、（吊具、吊重）物体打击和触电。

5.4.2　风险的识别与分析

1.自然风险因素

（1）自然灾害风险

自然灾害风险主要是指突发性的、超出目前控制能力的自然界的不可抗力，如洪水、地震、滑坡、泥石流、台风、龙卷风、雷击等。自然界的不可抗力所涉及的范围较广，自然灾害事件的发生，往往会给建设工程安全造成严重的威胁。如核电工程项目多选择在沿海地区，正是台风、暴雨频发的重灾区，面临自然灾害侵袭的机会多，后果严重，不排除对工程项目安全造成灾难性或毁灭性打击的可能性。

（2）气候条件风险

气候条件一般是指当地通常的气候条件，如持续的雨季、持续长时间高温、持续长时间寒冷等，这些因素都将不同程度地影响建设工程的施工安全。如：持续的雨季会造成土方和土建、安装工程的作业条件恶化，从而增加人员和设备的安全风险。

（3）现场条件风险

现场条件风险包括现场地形条件、地质条件和地下障碍物等因素。恶劣的现场条件是工程项目建设过程中经常面对的安全风险因素，特别是一些异常的工程地质条件的突变，会对工程项目的建设安全带来极大的危害性。如市政工程项目建设合同所给的项目现场条件，如地形地貌、地基岩土的分布及特性、不良地质作用、地下水和地下障碍物等信息资料，与现场实际情况存在差异，或者现场条件在合同签订后发生改变，因此引起施工手段及方法的调整等，从而导致安全风险因素增加。

2. 社会风险因素

（1）政治环境风险

政策变动。例如铁路工程项目投资大，工期长，如果项目建设期间，相关部门要求加快工期，希望在某日通车时作为"献礼"，则极易因抢工期导致安全事故发生。

（2）经济环境风险

宏观经济形势的变化、通货膨胀幅度过大、利率风险和汇率风险等，都可能对项目管理人员或施工人员带来心理的波动，从而导致安全事故的发生。

（3）文化环境风险

文化环境风险主要是指业主与设计方、承包商等不同文化背景的主体之间的文化差异，可能导致不同的价值判断和行为趋向，甚至导致冲突。一些工程建设项目采取引进技术的模式，不同国家的文化差异，可能导致工程项目组织运作效率降低，对工程项目安全产生消极影响。

（4）法律环境风险

工程项目建设还需要法制环境作为保障。法律法规不健全，对社会秩序整治不力，可能发生社会治安问题而造成工程建设安全风险。

3. 技术风险因素

（1）设计风险

1）基础资料的准确性。作为工程设计的主要技术依据，设计基础资料和工程勘察文件可能受到技术经济条件和工程勘察手段的限制，而导致准确性和客观性无法满足工程设计要求，甚至出现严重错误，从而引发重大工程安全风险。

2）设计规范的适用性。规范是工艺设计、施工方案选择、材料设备选型的基本依据。如在设计阶段没有选取适当的安全系数、排污指数等标准，就可能造成工程安全事故。

3）设计专业的协调性。工程建设需要电气、热控、焊接、土建、安装等专业的密切合作，一个专业出现失误或遗漏，则会影响与之联结的几个专业的设计工作，造成的设计失误进而会引发施工中的安全事故。

（2）施工风险

1）施工条件变化。施工条件的重大变化，相应地需要对施工部署、施工总平面布置、进度计划、施工方案、施工机械和劳动力配备等施工组织设计进行修订，由此引致人力、物力、资金和管理等相关工程要素的系统性调整，从而增加工程项目的施工安全风险。

2）工程变更风险。由于工程项目建设规模大、周期长，在整个施工周期内不可避免地出现工程变更。如由于施工图纸缺陷，增加或减少合同中所包含的工程数量等原因造成的安全风险。

3）承包商能力风险。工程项目承包商应具备对项目管理的能力与经验、工程技术条件、施工力量与装备、资金状况和项目运作经验、采购设备材料的渠道与网络等，哪个方面能力缺失，都可能成为安全事故的诱因。

4）施工操作风险。工程建设施工包括吊装、高空作业、焊接等多种，操作如不符合质量规程，都可能引致安全风险。如基坑开挖时，错误操作可能造成基坑塌方，或引起周围建筑物开裂和倾斜；桩基施工时，错误操作可能引起大量挤压，导致附近地区的管线断裂等。

4.资源风险因素

这里的资源风险主要指劳动力、原材料及设备等资源供应情况对工程项目建设安全产生的不利影响。有效的资源供应是工程实施的物质基础，常规做法是根据工程项目的设计方案和施工进度来编制资源计划，但资源供应的不确定性往往会影响施工质量或进度，甚至引发安全事故。

（1）人员素质风险

人是导致施工过程出现安全事故的重要因素，因为材料安全、设备安全、环境安全诸要素都是通过人的要素发挥作用的。人员素质风险一方面表现为领导和工程技术人员、管理人员的素质引发的安全风险，如领导安全意识不强、工程项目安全培训不足、尚未建立安全管理激励约束机制、技术人员技术能力不足、管理人员管理水平低，疏于职守等；另一方面表现为工人的素质。随着劳动用工制度的改革，施工方的农民合同工、临时工占绝大多数，他们的技术水平相对较差，且缺乏质量、安全意识，随意性较大。

（2）原材料供应与使用风险

在工程项目建设过程中，原材料引发的安全风险主要源自：一是原材料质量或规格不合格。如，在工程项目中使用质量不合格的电缆，那么项目后期的系统调试、设备试运行过程中，由于电缆质量满足不了设计负荷要求，很可能因过热而引发火灾；二是物料存放或使用不当，工程项目使用的物料数量大、品种多，而且高空作业较多，物料如果存放和使用不当，很容易导致事故。另外，物料由于性质和状态不同，可能引发不同性质的事故。如，切割钢板使用的氧气、乙炔遇火将会导致爆炸，使用苯板等外墙保温材料容易引起火灾等。

（3）设备供应和操作风险

设备供应引发的安全风险主要包括：设备供应或进场拖延，设备类型不配套或质量不合格，设备生产效率低，设备的备件、燃料不足，设备故障，设备安装或调试失败，设备维修保养不当或超负荷等因素。设备操作引发的安全风险主要包括：设备超负荷运转，使用过期老化设备，违反设备操作规程安装、使用设备。例如，某单位现场安装起吊设备时人员违规操作，以致发生工程技术人员等 10 余人死伤的重大事故。

5. 管理风险因素

（1）组织协调风险

工程施工过程是通过建设、设计、监理、承包方、供应商等多家单位合作完成的，如何协调组织各方的工作和管理，是能否保证进度、质量、安全的关键之一。特别是在项目部内部的沟通协调上，项目安全管理人员要加强对施工人员的安全思想教育，提高人员素质，建立周例会制度，对施工现场存在的安全问题进行会上交流，若遇到急需解决的安全问题，还需要与建设单位、设计、监理商讨解决。

（2）安全制度风险

安全制度是企业和员工保证安全的行为规范。工程项目建设过程中，存在不严格执行工程安全规定的行为，如高处作业没有执行100%系挂双钩五点式安全带制度，未经培训取得准入证而进入工地等，可能导致严重的安全风险事故。工程项目安全责任制的实施、安全管理人员的配置、安全培训制度的建立、应急准备及应急预案的演练等制度的缺陷和不足，都可能引发工程项目安全风险。另外，如审查危险源、风险评价和控制清单，监督检查不可接受危险有害因素的控制管理情况，检查确认安全开工条件、安全技术交底、参与项目竣工验收等制度措施没有落到实处，也可能导致严重的工程项目安全事故。

（3）团队管理风险

工程项目团队包括工人、技术人员、管理人员、监理人员等，团队是进行工程建设安全管理的基本单元，团队领导安全观念淡薄，安全制度不健全，安全措施不到位，团队成员思想技术素质不高，有可能给工程项目带来不可预期的安全风险。

6. 施工现场主要风险的识别

根据《企业职工伤亡事故分类》（GB 6441-1986）结合施工现场的情况，总结出施工现场发生的主要安全事故有十种：高处坠落、机械伤害、起重伤害、物体打击、触电、坍塌、车辆伤害、火灾、中毒和窒息、爆炸（表5-6）。

施工现场主要的安全事故　　　　　　　　　　　　　　　　　　　　表 5-6

序号	类别	注释
1	高处坠落	人由站立工作面失去平衡，在重力作用下坠落（坠落高度超过2m）造成伤害的事故
2	机械伤害	由运转中的机械设备引起伤害的事故
3	起重伤害	由起重作业引起伤害的事故
4	物体打击	由失控物体的重力或惯性力引起伤害的事故
5	触电	电流流经人体或电弧烧灼，造成生理伤害的事故
6	坍塌	建筑物、构造物、堆置物、土石方等因设计、堆置、摆放或施工不合理而发生倒塌造成伤害的事故
7	车辆伤害	运动中的机动车辆和运输、斜井提升机械引起伤害的事故
8	火灾	因失火造成伤害的事故
9	中毒和窒息	接触有毒物质，引起人体急性中毒或窒息，以及缺氧造成窒息的事故
10	爆炸	在火药、雷管、鞭炮、发令纸等生产、运输、贮藏、使用过程中发生的违反人们意愿的爆炸并造成伤害的事故

由表 5-6 可知，在施工现场面临的主要事故有十种，而这十种事故发生的频率、造成经济损失的严重程度也不尽相同，有的事故频繁发生，如高处坠落；有的事故不会经常发生，但一旦发生，就会造成严重的经济损失和恶劣的社会影响，例如火灾事故。

根据统计资料，高处坠落事故、物体打击事故、机械和起重伤害事故、触电事故发生的频率最高，造成的经济损失也很大，所以在施工现场要重点防范这几种事故的发生。

（1）建筑施工安全事故发生的原因分析

1）事故产生的原因

建筑施工安全风险因素大致由高处作业风险、地质因素、环境因素、设备因素、材料因素、人员因素等组成，有时几种因素相互交叉产生，但总的来说，不外乎人的不安全行为和物的不安全状态造成。通过调查和分析，认为企业安全风险主要可以归纳为以下几个方面：

①安全认识不到位，安全管理松懈构成风险；

②安全责任制不到位，考核淡化构成风险；

③总包监督不到位，以包代管构成风险；

④安全技术措施不到位，落后的生产技术构成风险；

⑤安全教育培训不到位，安全知识缺乏构成风险；

⑥工程安全事故的频繁发生，直接构成企业管理风险。

安全风险直观的表现是事故，事故总是在人们对危险因素控制不力，危险趋势未及时遏制时突然发生。追溯事故成因，人的不安全因素和物的不安全因素是事故产生的根本原因。

因此，进行危险源的识别要在已经总结的经验教训和收集的数据资料的基础上结合施工现场的具体情况和自身施工的水平，运用系统理论的方法对施工现场中的各种危险因素作全面分析。

2）人的原因

所谓人，包括操作工人、管理人员、事故现场的在场人员和其他有关人员等。他们的不安全行为是事故的重要致因，主要包括未经许可进行操作，忽视安全，忽视警告危险作业或违规操作，人为的使安全装置失效，使用不安全设备，用手代替工具进行操作或违章操作等。

3）物的原因

人机系统把生产过程中发挥一定作用的机械、物料、生产对象以及其他生产要素统称为物。物都具有不同形式、性质的能量，当能量意外释放，可能引发事故，这种可能称为物的不安全因素。在建筑施工中物的不安全因素，主要来源于高处作业、地质条件、机械设备、材料等方面。

4）管理的原因

管理的原因即事故产生的间接原因，是事故的直接原因得以存在的条件。它包括的情况有技术缺陷，指工艺流程、操作方法存在问题，劳动组织不合理，对现场工作缺乏检查指导，或检查指导错误，没有安全操作规章或不健全，挪用安全措施经费，不认真实施事故防范措施，对安全隐患整改不力，教育培训力度不够等。

5）环境的原因

不安全的环境是引发安全事故的物质基础，是事故的直接原因。通常指的是自然环境的异常，即岩石、地质、水文、气象等的恶劣变异，生产环境不良，即照明、温度、湿度、通风、采光、噪声、振动、空气质量、颜色等方面的缺陷。

以上的物的不安全状态、人的不安全行为以及环境的恶劣状态都是导致事故发生的直接原因，管理上的问题是导致事故发生的间接原因。

（2）高处坠落事故分析

当前我国正在进行大规模的建设，高层建筑不断出现，施工企业面临着高处作业的考验。而高处作业的环境复杂，要求多工种交叉、立体作业，施工难度大，临时设施多，现场条件差再加上农民工的流动性大，因此高处坠落事故频繁发生。目前我国高处坠落事故不仅具有发生频率高和易发事故部位多的特点，而且往往造成人员的重大伤亡。高处坠落事故依据坠落地点的不同可主要分为脚手架上坠落、临边洞口坠落、悬空高处作业坠落、屋面作业坠落等。运用鱼骨图分析法对脚手架上坠落事故从人、物、管理和环境四个方面进行分析，具体分析过程如图5-10所示。

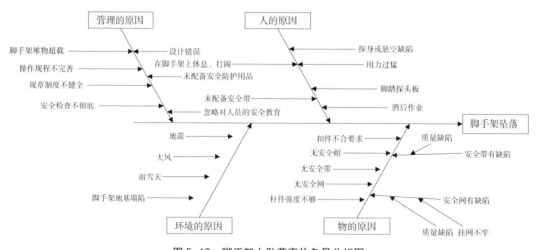

图5-10 脚手架上坠落事故鱼骨分析图

发生人员从脚手架上坠落事故的主要表现形式分为两类：人员坠落和脚手架倒塌。其中既涉及施工人员自身的原因，也涉及管理、物和环境三方面的原因。发生从脚手架上坠落事故中人的原因为：在脚手架上打闹、休息、探身或悬空作业时身体探出过大，在脚手架上用力过猛，踩破脚手板，脚踩探头板，酒后高处作业和不按照规定佩戴安全带等。涉及物的原因有：扣件不符合规定的要求，无安全带、安全网、安全帽，安全带或安全网存在质量缺陷，或在扣系时没有符合相应规定等。涉及管理的原因是：脚手板堆物超重，脚手板未铺满脚手架，安全管理部门未按照规定配发安全防护用品，安全检查不及时、不到位，安全规章制度不完善，没有及时发现排除隐患等。涉及环境的因素有：雨雪天导致脚手板湿滑，大风使人员站立不稳，突发而来的地震等自然灾害。应当指出的是，每种原因都不是孤立起作用的，都是彼此影响、彼此制约的，而导致人员从脚手架上坠落的某个不安全因素也不仅仅是归属于某个单独的原因，例如安全网的挂网不牢，可能是由于网老化的问题，属于物的原因；也有可能是施工人员缺乏相应的业务知识，不按照相应的规程操作，属于管理的原因；还有可能是由于施工人员在挂网时粗心大意致使安全网挂的不牢，属于人的原因。类似的因素还有很多，如酒后作业，无安全帽、安全网等。下面对机械伤害、起重伤害、触电和坍塌事故的分析也是如此，人、物、管理和环境这四方面的原因都不是单独起作用，而是它们之间合力的结果。

（3）机械伤害事故分析

机械伤害是指机械设备与工具引起的绞、辗、碰、割、戳、切等伤害，具体而言，是指机械转动部分的绞入、碾压和拖带伤害，机械工作部分的钻、刨、削、锯、击、撞、轧等伤害，滑入、误入机械容器和运转部分的伤害，机械部件的飞出伤害，其他因机械安全保护设施欠缺、失灵和违章操作所引起的伤害。

1）机械伤害事故的分类

机械伤害可分为五类，分别是夹伤、撞伤、接触伤害、卷动伤害、射伤，每一类型都呈现不同特点，详见表 5-7。

机械伤害的类型　　　　　　　　　　　　　　　　表 5-7

类型	特点
夹伤	人的身体及四肢在机器的闭合或往返运动中被夹住。在有些情况下，肢体被卷进闭合运动的部件中时，会发生夹伤
撞伤	受到机器运动部件的撞击时造成的伤害
接触伤害	当人体接触到机器锋利的或锉状的表面时，会发生伤害;接触高温或带电部件也会造成伤害
卷动伤害	头发、耳环、衣物等卷入机器的运动部件造成伤害
射伤	在机器运转时，因机器部件或工件被抛出而造成的伤害

2）机械伤害的原因分析

运用鱼骨图分析法对机械伤害事故发生的原因从人、物、管理和环境四个方面进行分析，具体分析过程如图 5-11 所示。

通过图 5-11 的分析可知，人的原因包括操作人员没有使用合适的防护服和防护工具，或使用安全防护用品不当，操作人员的注意力不集中或精神过度紧张，导致误操作，务工作业人员技术素质低，操作不熟练，有侥幸的心理，违章操作等。从物的原因分析，机械设备在设计、结构和制造工艺上存在缺陷，机械设备组成部件、附件和安全防护装

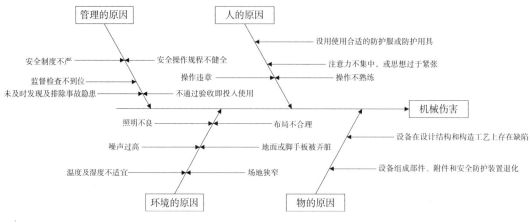

图 5-11　机械伤害事故鱼骨分析图

置的功能退化等均可能导致伤害事故。从管理的原因分析，有安全检查不严，监督检查不到位，不能及时发现隐患并排除，没有完善的操作规程，施工机械没有进行验收就投入使用等。从环境的原因分析，噪声干扰，照明光线不良，无通风，温度及湿度不适宜，场地狭窄布局不合理，地面或脚踏板被弄湿、弄脏等。

（4）起重伤害事故分析

起重机是机械设备中蕴藏危险因素最多、发生事故概率最大的典型危险机械。据统计，在我国的工业城市，起重伤害事故占全行业事故死亡的10%，而有个别的工业发达城市的起重伤害事故甚至占到全行业的24%，占据所有工伤事故的首位。有关资料统计显示，造成伤害事故的起重机械主要集中在桥门式起重机、流动式起重机、升降机和塔式起重机类，造成的伤亡事故接近事故总数的80%。

1）起重伤害的分类

以吊物具坠落和挤压碰撞伤害两类事故最为突出。而且对起重伤害事故中的吊物具坠落事故和机体倾翻事故还可以进一步的细化。

2）起重伤害事故原因分析

运用鱼骨图分析法对起重伤害事故发生的原因从人、物、管理和环境四个方面进行分析，具体分析过程如图5-12所示。

通过图5-12对起重伤害事故进行分析可知，从人的原因上看，有违反操作规程或劳动纪律，操作人员没有或不认真履行事故的防范措施，施工时不使用防护用品用具，司机的技术不熟练，紧急情况下司机的控制不及时等。从物的原因上看，有车体打滑，具体而言，包括大梁下挠过大，小车吊着重物打滑，或者大车制动器太松，大车打滑，起重机械不合格，起重吊具和其他辅具有缺陷等。从管理的原因上看，包括劳动组织不合理，对现场工作缺乏检查或指导错误，教育培训不够，监督检查不到位，起重机械维修保养不及时，安全防护装置缺少或有问题等。从环境的原因上看，包括照明不良，司机看不清地面的设备或信号，风速风力较大，致使起重机械难以控制，吊运地点或吊运通道狭

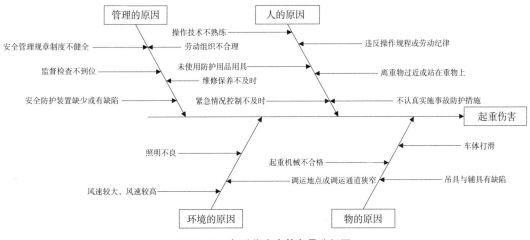

图 5-12　起重伤害事故鱼骨分析图

窄等。需要指出的是由于起重伤害事故的类型繁多，发生事故的原因也不尽相同。

（5）物体打击事故分析

每年由于物体打击而造成的伤亡事故在事故总数中也占有较大的比例，空中落物、崩块和滚动物体，固定或运动中的硬物、反弹物，器具、碎屑、破片的飞溅都有可能造成物体打击事故的发生。由于建筑施工是露天作业，作业地点和作业工种众多，使得物体打击事故可能在现场的多个部分没有丝毫征兆的突然发生，难以事先预防，而且事故一旦发生，后果往往比较严重，轻则致伤，重则致残，乃至死亡。

使用鱼骨图分析法对物体打击事故的原因从人、物、管理和环境四个方面进行分析，具体分析过程如图 5-13 所示。

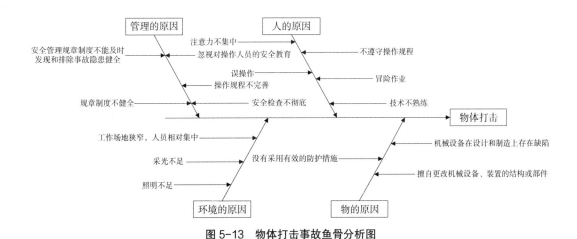

图 5-13　物体打击事故鱼骨分析图

对物体打击事故从人的原因分析，是由于操作人员不遵守操作规程违章施工，在施工时注意力分散不集中，致使采取的措施不当，技术不熟练，专业水平低，操作过程中误操作，使机械设备、装置的安全附件或装置失灵等。从物的原因分析，机械设备、装置的安全附件或装置不齐全，失效，或者在设计和制造上存在缺陷，使用过程中没有采取有效的防护措施，擅自更改机械设备、装置的结构或部件，使机械原有的安全性能降低等。从管理方面的原因分析，对操作人员的安全教育不彻底、不深入，安全管理的规章制度不健全，安全检查不彻底，甚至玩忽职守，相关作业缺乏操作规程。从环境的原因分析，采光或照明不足，致使施工人员视觉极易疲劳，降低作业的安全要求，施工场地相对狭小，人员集中，一旦发生物体飞出，极易导致物体打击事故的发生。

（6）触电事故分析

触电是指人体触及带电体时电流对人体造成各种不同程度的伤害。触电事故分为电击和电伤两类。电击是指电流通过人体时所造成的内部伤害，它会破坏人的心脏、呼吸及神经系统的正常工作，甚至危及生命。电伤是指电流的热效应、化学效应或机械效应对人体造成的伤害。

运用鱼骨图分析法对触电事故发生的原因从人、物、管理和环境四个方面进行分析，具体分析过程如图 5-14 所示。

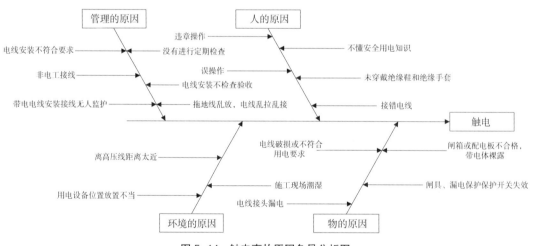

图 5-14　触电事故原因鱼骨分析图

对触电事故从人的原因角度看，是由于施工人员没有接受过安全教育，不懂安全用电知识，未穿戴劳动防护用品，特别是绝缘鞋和绝缘手套，错接电线，相零接错，施工人员麻痹大意，违章操作，施工人员误操作，致使安全保护装置不起作用或失效，误触电源等。从物的原因角度看，是由于闸箱或配电板不合格，致使带电体裸露闸具、漏电保护开关质量有问题，以致失效电线破损或不符合用电要求，电线接头漏电等。从管理的原因角度看，是由于电线安装不符合要求，拖地，线乱放，电线乱拉乱接，非专业电工接线，电线安装不检查，验收带电电线，安装接线无人监护，防护措施不到位，缺乏定期用电安全检查等。从环境的原因角度看，是由于施工现场潮湿，离高压线距离太近，用电设备位置放置不当等，这些环境的原因都将导致触电的概率大大增加。

（7）坍塌事故分析

坍塌是指施工基坑槽坍塌、边坡坍塌、基础桩壁坍塌、模板支撑系统失稳坍塌及施工现场临时建筑包括施工围墙倒塌等。

运用鱼骨图分析法对坍塌事故发生的原因从人、物、管理和环境四个方面进行分析，具体分析过程如图 5-15 所示。

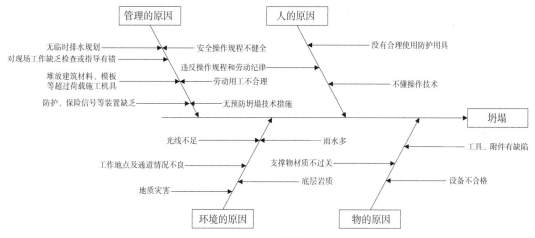

图 5-15　坍塌事故鱼骨分析图

建筑施工现场发生坍塌事故，从人的原因角度看，没有合适的使用防护用具，不懂操作技术知识，违反操作规定或劳动纪律等。从物的原因角度看，主要是工具、附件有缺陷，材料的材质不符合要求，施工设备不合格等。从管理的原因角度看，包括防护、保险信号等装置缺乏，劳动用工不合理，对现场工作缺乏检查或指导，无相关的安全技术措施，无临时排水系统规划，堆放建筑材料、模板、施工机具等超过荷载等。从环境的原因角度看，有光线不足，雨水多，工作地点及通道不良，地质灾害，地层岩质等。

坍塌事故的类型很多，如模板坍塌、深基坑坍塌和边坡坍塌等多种类型，发生事故的原因也是多种多样，这里只是将一些共性的原因进行分析。

5.4.3　风险的应对及措施

系统安全理论认为，危险源是导致事故的根源，系统中之所以发生事故，是由于系统中危险源的存在。防止或减少系统中事故的发生，可从消除系统中危险源或降低危险源所带来的风险入手。所以，组织职业健康安全管理是围绕危险源管理而展开的。围绕危险源辨识、风险评价、风险控制策划，确定目标和管理方案，实施运行控制并检查其落实完成和遵守情况，职业健康安全管理体系要素依次展开。职业健康安全管理体系每个要素要求独立设立，都是为了控制危险源所带来的风险。职业健康安全管理体系的不断持续改进,其根本目的是风险控制程度的不断提高。组织建立职业健康安全管理体系,要根据其所拥有的危险源这个管理核心,按照职业健康安全管理体系标准要求,实现对工程施工过程风险持续有效的控制。

1. 制定合理的方针

职业健康安全方针体现企业职业健康安全管理的方向和宗旨,不宜为了"朗朗上口",把方针写成口号标语式的、简单化的几个短句。方针不是一成不变的,而应是适合于组织最近一个时期——一年、两年或三年内关于职业健康安全工作的方向和行动准则。方针应满足下述要求:

(1)阐明职业健康安全总体目标。职业健康安全总体目标常被归结为:1)对零事故的追求。2)为员工提供一个安全、健康、舒适的人性化的工作环境。企业可根据自身的特点选择1)或2)或它们的变化形式。

(2)持续改进职业健康安全绩效的承诺。用简明的语言说明在方针适用期内改善的幅度,并说明改进的行为如何保证上述幅度的实现,如设立并实现短期、中期、长期目标,资源保证投入、培训、全员参与、协商与交流等。

(3)承诺遵守职业健康安全法律、法规及其他要求。

(4)确保方针的适宜性,一是制定的方针要适合企业面临的安全风险的性质和规模,能够体现企业危险源辨识、风险评价和风险控制方面的特点;二是要对方针的适宜性进行定期评审,确保在社会要求、法规要求和市场环境发生变化时,方针能得到及时修改更新,以适应这些变化。

(5)最高管理者批准,以文件形式正式发布,采用各种有效方法向全体员工传达,使员工理解方针并能够贯彻执行。方针一定要由企业最高管理者组织全体员工包括现场操作工人共同参与制定、评审和发布,才能满足上述要求。

例如某企业的职业健康安全方针:我们注重工程质量和效益,但更注重安全生产;实现"重伤以上的人身伤亡事故为零,重大机械事故为零,重大火灾事故为零;主要责任在我方的重大交通事故为零,重大设备事故为零,轻伤事故发生率控制在1‰以内"目标是我们的追求;避免施工中坍塌、高处坠落、物体打击、机械伤害、触电等伤害,是我们常存于心的警惕和坚持不懈的行动。

2. 实现遵守法规和其他要求的承诺

职业健康安全管理体系应服务于组织内部员工和相关方对生命健康的需要,这种需要多是以政府法律法规及其他要求的形式表达出来的。因此,对于职业健康安全管理体系,如何将政府的法规要求纳入职业健康安全管理是十分重要的。

(1)组织的职业健康安全方针中要体现对遵守职业健康安全法规和其他要求的承诺。

(2)危险源辨识、风险评价和风险控制策划的重要依据是职业健康安全法规的要求。

(3)职业健康安全目标的确定和管理方案的建立要考虑法规和其他要求。

(4)组织的职业健康安全培训、协商与交流、文件与文件管理要包含职业健康安全法规信息并满足其有关要求。

（5）运行控制、应急准备和响应，是实现法规对控制职业健康安全风险要求的重要途径。

（6）检查与纠正措施中要求定期评价对职业健康安全法规的遵循情况，对存在不符合法规要求的问题，采取纠正和预防措施。

（7）管理评审中，要考察职业健康安全法规的发展，从而调整、改善体系，使其达到充分、适用和有效。有效的职业健康安全管理体系运行，是以法规为最低要求，不断的持续改进。

3. 目标和职业健康安全管理方案是实现持续改进的重要途径

职业健康安全目标是组织为将其内部危险源所带来的风险降低至某种程度而制定的，职业健康安全管理方案是旨在实现这些目标的计划方案。组织制定目标应首要考虑职业健康安全方针、确定不可承受的风险、适用的职业健康安全法律和其他要求，另外，财务、经营和业务的要求、可选的技术方案、相关方的观点也要考虑。

目标应针对各有关职能和层次建立：（1）安全方针中所述内容，如果涉及哪一职能和层次，则应为这一职能和层次建立具体的目标，以落实方针的要求。（2）考虑危险源辨识、风险评价和控制的结果，组织通过风险评价所识别出来的需要通过建立目标予以消除和控制的职业健康安全风险，如果涉及哪一职能和层次，则应为这一职能和层次建立具体目标。

管理方案是为实现目标而制定的，如果目标分解为指标，则是为实现指标而制定。因此，一般来说，有一个指标就应当有一个相应的管理方案，而不是只制定一个总的管理方案，再把它层层分解为下一级别的管理方案。对每个具体的管理方案，都应确定检查和评审的频次和时间。

制定管理方案应遵循先消除危险源，然后降低危险源，最后采用个人防护的原则。并从方案制定、安全防护材料、设施和设备等多方面进行全面考虑。首先，在方案上考虑消除危险源，例如在施工准备阶段的平面布置时要考虑危险品、易爆品远离易燃物和火源；在施工中减少物料的二次搬运，减少施工人员暴露在危险环境下，如高空作业、坑槽孔洞内施工，减少交叉作业、减少同一作业面上下同时施工。其次，通过安全措施降低职业健康安全风险，主要包括：（1）完善安全制度，制定现场的特殊规定，如禁止在起重臂作业半径下方站立或行走。（2）改进安全防护设施，例如使安全防护设施标准化、工具化，增大安全防护保险系数，如使用型钢代替钢管搭设卸料平台，保证架子强度和稳定性。（3）改进设备的安全可靠性，使用功率大的、稳定性好的防护设施，如起重作业使用可靠的塔式起重机、龙门架、卷扬机等，如长大隧道施工使用全断面隧道掘进机施工，更加安全可靠。先进设备可以大大降低职业健康安全风险，但企业限于财力，不可能全部使用，可以逐步的配置，这也是标准允许的。最后是采用个人防护用具，个人防护用品的佩戴率和正确使用率应是管理目标指标中的一项重要内容。对个人防护用品应规定采购的要求及配置的范围及监督检查的要求。

组织在确定目标的基础上，通过实施职业健康安全管理方案，降低职业健康安全风险，取得职业健康安全绩效，改进其职业健康安全状况。目标、职业健康安全管理方案作为职业健康安全管理体系标准中所包含的要素，在职业健康安全管理体系运行的循环中，不断地去实施，从而使得组织的职业健康安全绩效持续改进。

4. 运行控制是组织控制其风险的关键步骤

职业健康安全管理体系标准中运行控制条款要求，组织要对与所认定的风险有关的需要采取控制措施的运行与活动，要加以规划，保证它们在成文的运行控制程序的控制管理条件下进行，保证给组织带来风险且可能导致事故的危险源都处于受控状态。职业健康安全管理体系中的运行控制程序，严格规定了组织运行与活动的标准，这种运行标准是避免事故发生的保障条件。对于一个组织，运行控制程序文件是控制其风险的法规性文件，必须严格遵照执行。

在建立与保持职业健康安全管理体系过程中，运行控制程序文件的策划与编制是组织控制其职业健康安全风险的关键步骤。组织只有全面、准确地策划和编制运行控制程序文件，才能保证在运行过程中有效地控制风险，避免事故发生。明确组织结构和职责是实施职业健康安全管理体系的必要前提，职业健康安全管理体系的建立、运行均是围绕组织机构，以其各职能和层次展开。因此，明确组织各职能与层次间的相互关系，规定其作用、职责与权限，是职业健康安全管理体系建立与运行的前提条件和有力保障。组织应明确内部全体人员的职业健康安全职责，形成文件并传达。要求组织的管理者为职业健康安全管理体系的建立与保持提供必要资源，在组织的最高管理层任命一名管理者，并规定其具有职责与权限。

在职业健康安全管理体系的实施运行中，结构的合理可靠、职责的明确、资源的充分保障是体系运行的必要条件。同时实现标准每一要素的要求都有赖于相关责权人员的参与与执行，有赖于相关资源的充分保障。这样，职业健康安全管理体系的建立与保持就将上至最高管理者下至员工联系起来，体现了全面系统化、结构化的危险源管理特色。

5. 城市大型公共建筑安全重大危险源控制

（1）在国家现行法律、法规的框架下，建立和完善建设施工安全地方政府规章、制度体系，出台配套的和全社会、主要专业门类齐全的实施细则，依法管理安全生产。

（2）贯彻国家《安全生产法》，建立"企业负责、国家监察、行业管理、社会监督"的安全生产管理体系，落实建设施工安全责任制，有效开展工程建设施工安全管理。

（3）制定和完善城市建设安全技术政策，一方面应加强政府对建设工程施工安全的监管，保证施工设备及安全措施费为不竞价费用、专项费用；另一方面应不断淘汰落后的技术和工艺，适度提高工程施工安全设防标准，从而提升建设施工安全技术与管理水平，降低建设施工安全风险。

例如根据工程地质条件，在城市街区的某办公工程深基坑开挖、人工挖孔桩降水、隧道凿进的施工技术方案审查应考虑周围和地面已有建筑、设施的安全，不但要考虑支挡和支撑结构安全，还要采用止水帷幕、水泥搅拌、旋喷桩或冻结技术等。

（4）制定和实施现场大型施工机械安装、运行、拆卸和外架工程安装的检验检测制度。

（5）采用先进电子监控技术和监测信息系统，实施项目现场施工安全重大危险源及部位监控。

（6）建立建设施工安全政府的和项目施工安全企业的联动应急救援预案和运行机制。

（7）制定和实施对项目施工安全承诺和现场安全管理绩效考评评价制度，促使企业建立和完善施工安全长效机制。

6. 安全管理措施

（1）安全风险管理制度建设

主要包括各级各类人员的安全生产责任制度、安全生产目标管理制度、安全检查制度、安全教育制度、安全技术措施计划制度、安全交底制度、特种作业人员管理制度、安全验收制度、班组安全活动制度、事故报告与调查处理制度、安全奖罚制度等。为保证制度落实，将安全生产责任目标层层分解，落实到人，严格考核，考核结果与经济挂钩。

（2）开展多种形式的安全生产活动和宣传

在施工现场适当位置布置表达提示、警告、禁止等安全信息的安全标志牌。认真开展班前安全活动，广泛开展安全生产宣传，推广安全生产先进经验，促进施工安全管理，保障施工安全。

（3）安全教育与培训

1）进行三级安全教育。新工人进入施工现场应接受公司级、项目级和班组级安全教育且考核合格后才能上岗。公司级教育使工人学习安全法规和基本安全常识，项目级教育使工人了解该工程的具体安全注意事项，班组级教育使工人掌握本工种的安全操作规程。

2）开展班前安全教育。每天班组作业之前，班组长组织工人检查作业环境等安全状况，并强调作业时的安全注意事项，使安全知识和意识不断得到强化。

3）开展经常性教育。工人需要经常性接受教育，不断强化安全素质。特别在使用新技术、新工艺、新设备和新材料，以及作业条件、环境和季节变化的情况下，都需要及时对工人进行有针对性的安全教育，这对防范事故具有很重要的作用。

4）开展应急素质教育。通过教育，使工人面对突发险情时，具有一定的承受能力和对险情的应变能力，保证在险情发生后救助有方，撤离有序，以保障生命和财产安全不受更大的伤害，把事故损失减少到最低程度。

（4）强化特种设备及特种作业人员的管理。特种设备安全风险管理主要是对特种设备的安装、使用、维护、保养、检测、检验进行管理，加强特种设备的备品备件、使用材料质量的管理，定期或不定期对特种设备的危险有害因素进行分析评价，建立评价档案，提出控制预防措施，防止发生特种设备事故。项目部应对特种设备作业人员进行条件审核，保证作业人员的文化程度、身体条件等符合有关安全技术规范的要求；进行特种设备安全教育和培训，保证特种设备作业人员具备必要的特种设备安全作业知识。

（5）安全文化建设

安全文化建设是企业安全管理的基础，在安全文化建设中，起决定作用的是广大员工的安全思维方式和安全行为准则。坚持"安全第一、预防为主"的方针，引导员工养成良好的安全行为习惯，不断加大安全文化的建设力度，实现员工由"要我安全"到"我要安全"的飞跃，确保实现企业安全生产的长治久安。

7. 安全技术措施

（1）现场布置

在施工总平面设计中合理地规划人流和物流通道及临时设施、物料、机具的布置，使之符合安全卫生规定，落实消防和卫生急救设施。

（2）安全风险预案编制

编制内容包括：特殊过程、特殊脚手架、新工艺、新材料、新设备等安全技术措施计划；职业安全和卫生（如改善劳动条件，防止伤亡事故和职业危害、现场各类机械、设备等防护、保险装置等）劳动保护技术措施计划、现场临时用电施工组织设计、地下障碍物清理和道路管理线保护方案等。

（3）施工机械安全

塔吊、施工电梯均由具有资质的专业公司承担安装任务，其他机械设备由项目部专业人员安装。所有机械安装前进行全面检查，保证状况良好，安装装置齐全，安装后进行验收，符合使用条件才允许使用，塔吊、井字架等由持证的专业起重工操作，其他机械由经公司培训的人员操作，所有机械做到定人定机。按照规定和规程经常对机械设备进行检查和保养，以保持良好的状况。

（4）施工用电安全

施工用电应符合《施工现场临时用电安全技术规范》（JGJ 46-2005）及其他用电安全规范的要求。采用 TN-S 系统（三相五线制），设专用保护零线（PE线），实行三级配电、两级保护。总配电箱设过载、短路保护和漏电保护，分配电箱设过载、短路保护，开关箱设过载、短路保护和漏电保护，做到一机一闸一漏一箱。各配电箱、开关箱均采用厚度不小于1.5mm的钢板制作，有门有锁，专人管理，箱内电器选用准用的合格产品。干线架空或埋地敷设，支线敷设符合要求。危险场所及手持灯具采用安全电压照明。

（5）防雨、防雷措施

塔吊、施工电梯、篮吊、外脚手架等高耸设施采取避雷措施，防雷接地与工程的避雷预埋件临时焊接连通，接地电阻达到规定要求，每月检测一次，发现问题及时整改。设专人收听气象信息，及时做出大风、大雨预报，采取相应技术措施，防止发生事故。禁止在暴雨等恶劣的气候条件下施工。

（6）脚手架安全

外脚手架采用落地式双排钢管脚手架，外侧采用密目式安全立网全封闭；脚手架按施工实际可能承受的最大荷载进行设计和计算；搭设脚手架的钢管、扣件符合要求，在安全人员和技术人员的监督下由持证的专业工人负责搭设，脚手架与建筑物按规定刚性拉结，搭设完进行验收，不合格不准使用；使用中严格控制架子上的荷载，尽量使之均匀分布，以免局部超载或整体超载；使用时还应特别注意保持架子原有的结构和状态，不任意乱挖基脚、任意拆卸结构杆件和连墙拉结及防护设施，经常进行检查，发现问题及时处理。

（7）安全防护

在人员通道、现场搅拌站和临近小区道路上方都应采用钢管搭设安全护棚。现场人员坚持使用"三宝"。进入现场人员必须戴好安全帽，穿胶底鞋，不得穿硬底鞋、高跟鞋、拖鞋或赤脚，高处作业必须系安全带。做好"四口"的防护工作。在楼梯口、电梯口、预留洞口设置围栏、盖板，正在施工的建筑物出入口和井字架进出料口，必须搭设防护棚或防护栏杆。做好"五临边"的防护工作。"五临边"指阳台周边，屋面周边，框架工程楼层周边，跑道、斜道两侧边，卸料平台的外侧边。"五临边"必须设置 1.2m 以上的围栏。夜间施工操作要有足够的照明设备，坑、洞、沟、槽等除做好防护外，并设红灯示警。

5.4.4　大型公共建筑工程安全预警

预警一词源于军事，它是指通过预警飞机、预警雷达、预警卫星等工具来提前发现、分析和判断敌人的进攻信号，并把这种进攻信号的威胁程度报告给指挥部门，以提前采取应对措施。后来预警这一概念延伸到社会和自然科学领域。

针对建筑企业而言，建筑安全生产预警管理技术的本质在于预先控制、事前管理，其目的就是要在建筑安全工作中实现预警管理，变原来的跟踪调节为预期调节，实现管理思想和管理方式的根本转变。建筑安全预警管理需要从事故危险源出发，重视对危险源和隐患进行监控预警，采用高新技术手段实施各种监控预警措施，变事故处理为事故预防，随时发现隐患，随时进行排除，把事故消灭在萌芽状态，牢牢掌握安全管理的主动权，从而把安全管理工作的水平提高到一个新层次。

国内许多企业已经开始尝试对重大危险源建立实时监控预警系统。通过应用系统论、控制论、信息论的原理和方法，结合自动监测与传感技术、计算机仿真、计算机通信等现代高科技技术，对重大危险源的安全状况进行实时监控，随时监测重大危险源的各种参数，一旦出现事故征兆，及时给出报警信号或采取自动应急措施，把事故消灭在萌芽状态。

1. 大型公共建筑施工现场危险源监测平台

建筑施工现场危险源监测平台，旨在通过应用先进的信息技术，建立建筑工地视频监控系统，实时监测施工现场安全生产状况，对施工操作工作面上的各种危险源发生的施工部位或安全要素，如塔吊、井字架、施工电梯、中小型施工机械、安全网、外脚手架、临时用电线路架设、基坑防护、边坡支护，以及施工人员安全帽佩戴等实施有效监测，并对施工过程中各个危险源的变化发展状态的实时动态监测数据进行分析处理。

2. 大型公共建筑施工现场安全管理信息系统

信息系统是以加工处理信息为主的系统，它对信息进行采集、处理、存贮、管理、检索和传输，需要时能向有关人员提供有用的信息，它是硬件和软件、方法、过程以及人员等组成的联合体。将这种系统应用于建筑施工中的安全管理，就构成了建筑施工安全管理信息系统。

管理信息系统是应用计算机技术和信息技术构成较复杂的系统，它具有以下功能：及时提供反映建筑施工过程中实际情况的各种形式的信息，主要指有关施工危险源的动态信息；支持决策，能用数学模型和过去的信息预测未来，能针对不同的管理层给出不同要求的报告，达到控制建筑施工活动的目的；能辅助管理者进行监督和控制，极大降低建筑施工现场安全管理工作的难度，提高安全工作效率，实现建筑施工现场安全管理系统化、规范化、信息化。

3. 预警级别和警报

结合住房和城乡建设部有关安全管理工作规定以及各种施工工艺流程、安全生产标准，从作业人员、机械设备、施工环境和管理工作等方面，对不同安全状态的预警指标的临界状态和临界值进行研究，对事故发生的概率、可能带来的损失、危险结果的可接受的程度等进行定量或定性的规定。在以上对预警准则研究的基础上，结合建筑施工的实际情况，制定出具有可操作性的安全预警级别划分的级数、划分标准以及不同级别下的安全预警标准。

根据预警模型，参照预警准则，考察预警指标是否超出安全临界状态或临界值，针对不同的预警级别，发出相对应的预警信号，并提出相应的应急措施实施方案，消除事故隐患。

根据各危险源危险性评价以及施工现场安全状况安全等级评价的结果，确定预警要素的风险等级通常为四级。通过发布的预警信号，可以及时了解建筑施工现场的安全风险水平。

4. 应急控制

应急控制包括两部分：一部分是安全预控，即在对建筑施工现场的危险源进行动态监控时，对有可能超出临界状态或临界值，有可能发生事故的警源，采取相应措施进行适当及时的调整和纠正，使其保持在安全状态范围内。另一部分是应急预案的编制和实施，即安全预控所采取的措施未能防止危险源恶化发展的趋势，最终超出了安全状态范围，导致了事故的发生，这时就要启动应急预案，采取有效应急救援措施，防止事故进一步恶化，最大限度地减少事故损失，降低危害后果。

由于建筑施工因素复杂多变，安全管理难度极大，即使采取了很多安全预控措施，但还是有许多不可控安全因素导致安全事故的发生。所以建筑施工现场安全应急预案的编制和实施受到了更多重视。应急预案应立足于重大事故的救援，立足于施工企业自援自救，立足于工程所在地政府和当地社会资源的救助。

5.大型建筑工程重大安全生产事故应急救援预案

积极应对可能发生的建设工程安全事故，高效、有序地组织事故抢救工作，最大限度地减少人员伤亡和财产损失，维护正常的社会秩序和工作秩序，结合我区建筑工程施工的实际，特制定《某大型公共建筑工程重大安全生产事故应急预案》（以下简称预案）。

（1）适用范围

本预案所称的重大质量安全事故，指在临川区域内建筑工程施工现场可能发生的造成一次死亡 3 人以上、一次死亡重伤合计 10 人及以上的事故，或者一次造成直接经济损失 100 万元及以上的事故。

事故类别包括：建筑物倒塌及深基坑坍塌；塔式起重机等大型机械设备倒塌；整体模板支撑体系坍塌；多、高层建筑外脚手架倒塌；房屋拆除事故；其他重特大安全事故。

（2）应急处理

特大事故应急处理工作在区政府统一领导下，由区建设局负责，相关部门分工合作，密切配合，迅速、高效、有序地开展。

成立临川区建设工程重大事故应急处理指挥部（以下简称区指挥部）。总指挥由区建设局局长担任；副总指挥由区建设局分管安全的副局长担任，成员由区建设局相关科室、单位负责人组成。区安全事故应急处理工作指挥部设在区建设局，工程综合管理站负责落实值班和应急处理具体工作。

（3）应急处理指挥部职责

1）组织有关部门按照应急预案迅速开展抢救工作。

2）根据事故发生状态，统一布置应急预案的实施工作，并对应急处理工作中发生的争议采取紧急处理措施。

3）根据预案实施过程中发生的变化和问题，及时对预案进行修改和完善。

4）紧急调用各类物资、人员、设备和占用场地。事故抢救处理工作结束后应及时归还或给予补偿。

5）当事故有危及周边单位和人员的险情时，组织人员和物资疏散工作。

6）配合上级有关部门进行事故调查处理工作。

7）做好稳定秩序和伤亡人员的善后及安抚工作。

8）适时将事故的原因、责任及处理意见向社会公布。

（4）重特大事故报告和现场保护

重特大事故发生后，事故单位必须以最快捷的方法，立即将所发生的重特大事故情况及时、如实地报区指挥部办公室，并在 24 小时内写出书面报告，报送区政府。事故报告应包括以下内容：

发生事故的单位名称、企业规模；事故发生的时间、地点；事故的简要经过、伤亡人数、直接经济损失和初步估计；事故原因、性质的初步判断；事故抢救处理的情况和采取的措施；需要有关部门和单位协助事故抢救和处理的有关部门事宜；事故的报告单位、签发人和时间。

指挥部接到重特大事故报告后，立即报告区政府并通知相关单位，同时派人迅速赶赴现场，进行事故现场的保护和证据收集工作。必要时可将事故情况通报给区公安局或驻军及武警部队，请求给予支援。

重特大事故发生后，事故发生地的有关部门单位必须严格保护事故现场，并迅速采取必要措施抢救人员和财产。因抢救伤员、防止事故的扩大及疏通交通等原因要移动现场物件时，必须做出标志、拍照、详细记录和绘制事故现场图，并妥善保存现场重要痕迹、物证等。

建筑工程重大事故应急处理指挥部电话 ×××××××。

报警电话 110 或 119。

医疗救护报警电话 120。

（5）其他事项

区建设局针对有可能发生的重特大事故，组织实施紧急救援工作并协助上级部门进行事故调查处理的指导性意见，在实施过程中根据不同情况随机进行处理。

各建筑开发单位要根据条件和环境的变化及时修改和完善预案的内容，并组织人员认真学习，掌握预案的内容和相关措施。定期组织演练，确保在紧急情况下按照预案的要求，有条不紊地开展事故应急处理工作。

发生重特大安全事故后，事故单位应立即报告，各有关部门负责人在接到事故发生信息后必须在最短时间内进入各自岗位，迅速开展工作。对任何失职、渎职行为都要依法追究责任。

5.4.5　大型公共建筑安全风险管理案例

某市某大型商业区，其中，18 号、19 号、20 号楼工程项目概况为：地下层一层，战时为甲类核六级二等人员掩蔽室，平时为戊类库房，地上 24 层；总建筑面积为 11212m²，结构类型为剪力墙，基础型式为桩筏，建筑类别为一类高层住宅楼，耐火等级为一级，主体高度为 70m，工程造价为 17867958.07 元。该项目安全目标是：

①安全、顺利地完成各项施工任务，争创某市安全质量标准化示范工地。

②杜绝重伤及以上的安全事故，控制轻伤安全事故，将负伤频率控制在 6‰以内。

③保证做到：项目安全管理人员持证率 100%，特种作业持证上岗率 100%，安全设备合格率 100%，全员安全教育培训率 100%。

④做到文明创建不丢分，环保治理达标准。

1. 高层房屋建筑工程施工安全风险评价

多层次灰色综合评价法是将层次分析法与灰色综合评价有机结合而成的一种多

层次评估方法，本文以该大型商业区 18 号、19 号、20 号楼工程项目为例，针对其施工安全风险进行多层次灰色综合评价，以验证该方法在施工安全风险评价应用中的合理性。

（1）层次分析法确定指标权重

编制高层房屋建筑工程施工安全风险评价指标权重分配调查问卷，最后收集整理调查数据，采用层次分析法确定各指标权重，经计算可得各一级指标、二级指标权重数值见表 5-8。

总指标及一级指标、二级指标数据

表 5-8

总目标	一级指标	权重	二级指标	权重
安全风险管理	U_1 人员	0.316	U_{11} 缺乏高层施工专业知识和安全意识	0.299
			U_{12} 工人操作熟练程度	0.201
			U_{13} 工人未经高层施工安全培训	0.137
			U_{14} 高层特种作业无证上岗	0.245
			U_{15} 生理保健素质	0.118
	U_2 机械设备	0.102	U_{21} 机械设备装卸	0.311
			U_{22} 垂直运输机械可靠性检测	0.392
			U_{23} 机械设备的维修和保养	0.297
	U_3 材料	0.147	U_{31} 高层施工材料准备	0.461
			U_{32} 高层施工材料装卸	0.316
			U_{33} 高层施工材料堆放	0.223
	U_4 工法	0.208	U_{41} 施工组织设计	0.366
			U_{42} 分部安全技术交底	0.281
			U_{43} 施工设计的优良程序	0.206
			U_{44} 新工艺、工法的采用	0.147
	U_5 环境	0.123	U_{51} 当地气候条件	0.295
			U_{52} 地质条件	0.207
			U_{53} 施工现场环境	0.363
			U_{54} 人文、社会环境	0.135
	U_6 管理	0.104	U_{61} 安全操作规章完善情况	0.331
			U_{62} 安全管理机构及岗位设置	0.285
			U_{63} 安全生产事故上报制度	0.113
			U_{64} 高层事故应急救援制度	0.271

（2）多层次灰色综合评价

组织相关领域内的专家对高层房屋建筑工程施工安全风险指标体系中，各二级指标对该项目施工安全性影响程度进行评分，得样本矩阵如下所示：

$$D = \begin{array}{c} U_{11} \\ U_{12} \\ U_{13} \\ U_{14} \\ U_{15} \\ U_{21} \\ U_{22} \\ U_{23} \\ U_{31} \\ U_{32} \\ U_{33} \\ U_{41} \\ U_{42} \\ U_{43} \\ U_{44} \\ U_{51} \\ U_{52} \\ U_{53} \\ U_{54} \\ U_{61} \\ U_{62} \\ U_{63} \\ U_{64} \end{array} \begin{bmatrix} 8 & 9 & 9 & 7 & 8 & 8 & 8 & 7 & 6 & 9 \\ 4 & 4 & 6 & 5 & 5 & 7 & 4 & 6 & 5 & 5 \\ 7 & 5 & 7 & 7 & 8 & 6 & 7 & 5 & 6 & 6 \\ 9 & 9 & 7 & 8 & 9 & 8 & 7 & 6 & 9 & 7 \\ 3 & 2 & 3 & 3 & 4 & 3 & 5 & 3 & 3 & 2 \\ 5 & 4 & 4 & 6 & 5 & 7 & 4 & 4 & 3 & 5 \\ 7 & 8 & 6 & 7 & 7 & 6 & 8 & 7 & 6 & 7 \\ 4 & 5 & 6 & 6 & 4 & 5 & 7 & 5 & 6 & 4 \\ 8 & 8 & 7 & 8 & 6 & 7 & 8 & 7 & 6 & 7 \\ 5 & 4 & 4 & 3 & 4 & 5 & 6 & 5 & 7 & 4 \\ 5 & 6 & 5 & 5 & 6 & 3 & 4 & 7 & 3 & 6 \\ 6 & 6 & 5 & 7 & 8 & 6 & 5 & 5 & 7 & 8 \\ 7 & 8 & 9 & 6 & 7 & 7 & 8 & 6 & 6 & 9 \\ 7 & 7 & 4 & 5 & 7 & 6 & 6 & 8 & 7 & 6 \\ 8 & 6 & 6 & 6 & 7 & 9 & 8 & 7 & 5 & 8 \\ 7 & 5 & 5 & 4 & 6 & 5 & 5 & 8 & 4 & 6 \\ 4 & 5 & 6 & 5 & 7 & 4 & 4 & 6 & 5 & 7 \\ 8 & 9 & 7 & 6 & 8 & 8 & 7 & 9 & 5 & 7 \\ 3 & 2 & 2 & 4 & 3 & 5 & 2 & 4 & 6 & 4 \\ 5 & 6 & 5 & 7 & 4 & 4 & 6 & 5 & 5 & 4 \\ 7 & 7 & 8 & 6 & 8 & 7 & 5 & 4 & 8 & 6 \\ 4 & 5 & 5 & 3 & 2 & 4 & 6 & 3 & 4 & 4 \\ 7 & 6 & 6 & 5 & 6 & 7 & 7 & 8 & 5 & 6 \end{bmatrix}$$

在样本矩阵 D 的基础上，应用白化权函数计算公式以及灰色评价系数公式，建立的评价权向量表 U_{11}，见表 5-9。

二级指标评价权向量表　　　　　　　　　　　　　　表 5-9

评分	8	9	9	7	8	8	8	7	6	9	Σf	评价权
F2	1	0.875	0.875	0.875	1.000	1.000	1.000	0.875	0.875	0.875	9.125	0.465
F3	0	0.000	0.000	0.250	0.000	0.000	0.000	0.250	0.000	0.000	1.000	0.051
F4	0	0.000	0.000	0.000	0.000	0.000	0.000	0.000	0.000	0.000	0.000	0.000
Σf	19.625											1.00

则有的灰色白化评价权向量为：

$$r_{11} = (0.848, 0.456, 0.051, 0.000)$$

采用同样的计算方法可得 U_{12}、U_{13}、U_{14}、U_{15} 的灰色白化评价权向量 r_{12}、r_{13}、r_{14}、r_{15} 分别如下所示：

$$r_{12} = (0.319, 0.319, 0.363, 0.000)$$

$$r_{13} = (0.406, 0.406, 0.188, 0.000)$$

$$r_{14} = (0.347, 0.473, 0.081, 0.000)$$

$$r_{15}= （0.194，0.194，0.363，0.250）$$

在灰色白化权向量的基础上构造一级指标的灰色评价权矩阵，则有 U_1 的灰色评价权矩阵为：

$$R_1 = \begin{bmatrix} 0.484 & 0.456 & 0.051 & 0.000 \\ 0.319 & 0.319 & 0.363 & 0.000 \\ 0.406 & 0.406 & 0.188 & 0.000 \\ 0.437 & 0.573 & 0.081 & 0.000 \\ 0.194 & 0.194 & 0.363 & 0.250 \end{bmatrix}$$

$$R_2 = \begin{bmatrix} 0.294 & 0.294 & 0.388 & 0.025 \\ 0.428 & 0.421 & 0.151 & 0.000 \\ 0.325 & 0.325 & 0.350 & 0.000 \end{bmatrix}$$

$$R_3 = \begin{bmatrix} 0.453 & 0.447 & 0.101 & 0.000 \\ 0.294 & 0.294 & 0.388 & 0.025 \\ 0.313 & 0.313 & 0.325 & 0.050 \end{bmatrix}$$

$$R_4 = \begin{bmatrix} 0.358 & 0.358 & 0.284 & 0.000 \\ 0.449 & 0.437 & 0.114 & 0.000 \\ 0.394 & 0.394 & 0.213 & 0.000 \\ 0.411 & 0.411 & 0.179 & 0.000 \end{bmatrix}$$

$$R_5 = \begin{bmatrix} 0.356 & 0.356 & 0.288 & 0.000 \\ 0.331 & 0.331 & 0.338 & 0.000 \\ 0.456 & 0.443 & 0.101 & 0.000 \\ 0.206 & 0.206 & 0.363 & 0.250 \end{bmatrix}$$

$$R_6 = \begin{bmatrix} 0.325 & 0.325 & 0.350 & 0.000 \\ 0.413 & 0.413 & 0.175 & 0.000 \\ 0.227 & 0.227 & 0.455 & 0.091 \\ 0.394 & 0.394 & 0.213 & 0.000 \end{bmatrix}$$

计算一级指标的综合评价权向量，则有 U_1 的综合评价权向量为：

$$B_1 = A_1 \cdot R_1$$

$$= (0.299，0.201，0.137，0.245，0.118) \cdot \begin{bmatrix} 0.484 & 0.456 & 0.051 & 0.000 \\ 0.319 & 0.319 & 0.363 & 0.000 \\ 0.406 & 0.406 & 0.188 & 0.000 \\ 0.347 & 0.573 & 0.081 & 0.091 \\ 0.194 & 0.194 & 0.363 & 0.250 \end{bmatrix}$$

$$= (0.372，0.419，0.177，0.030)$$

同理可算得 U_2、U_3、U_4、U_5 的综合评价权向量 B_2、B_3、B_4、B_5、B_6 分别为：

$$B_2= （0.356，0.353，0.284，0.008）$$
$$B_3= （0.371，0.368，0.241，0.019）$$
$$B_4= （0.399，0.395，0.206，0.000）$$
$$B_5= （0.367，0.362，0.240，0.030）$$
$$B_6= （0.358，0.358，0.275，0.010）$$

构造安全风险管理总目标 U 的总灰色评价权矩阵 R：

$$R = \begin{bmatrix} B_1 \\ B_2 \\ B_3 \\ B_4 \\ B_5 \\ B_6 \end{bmatrix} = \begin{bmatrix} 0.372 & 0.419 & 0.177 & 0.030 \\ 0.356 & 0.353 & 0.284 & 0.008 \\ 0.371 & 0.368 & 0.241 & 0.019 \\ 0.399 & 0.395 & 0.206 & 0.000 \\ 0.367 & 0.362 & 0.240 & 0.030 \\ 0.358 & 0.358 & 0.275 & 0.010 \end{bmatrix}$$

对总目标 U 作综合评价，其综合评价结果 B 为：

$B_1 = A_1 \cdot R_1 = (0.316, 0.102, 0.147, 0.208, 0.123, 0.104) \cdot R = (0.374, 0.384, 0.211, 0.018)$

根据赋值化向量 $C^T = (9, 7, 5, 3)$，计算该项目安全风险的综合评价值 W：

$$W = B \cdot C^T = 7.234$$

则有：

$$f_1(W) = 0.851, \quad f_2(W) = 0.904, \quad f_3(W) = 0.102, \quad f_4(W) = 0$$

按照最大白化权原则可知该项目所处的风险等级为第二类，即"中等"。

2. 评价结果分析

通过识别、分析和评价某市大型公共建筑四栋单元楼的施工安全风险管理工作，可以判断出该建筑整体的施工安全风险管理处于中等水平，也就是说为了保证项目施工的安全性，项目各参与方还要在安全风险管理方面投入更多的精力，尤其要注重工人操作熟练程度、机械设备装卸、材料准备、施工组织设计、当地气候条件、安全操作规章完善情况、安全管理机构及岗位设置等方面的安全风险管理工作。

由此可以看出采用多层次灰色综合评价模型对高层房屋建筑工程施工安全风险进行评价不但能够定量，也可以定性地评价项目风险，从而为工程决策以及施工准备提供准确的数据支持，在实际工程项目的风险评价工作中具有较大的实际意义。

3. 安全风险应对分析

通过对高层房屋建筑工程施工项目进行评价，可以发现影响项目施工安全性的六大因素中最主要的是人员风险和工法风险，下面针对"人机料法环管"六大类风险及其二级风险中对项目施工安全型影响较大的风险提出了具体的应对策略。

（1）人员方面

人员方面对项目施工安全性影响较大的风险因素是缺乏高层施工专业知识和安全意识、高层特种作业人员无证上岗，为了提高现场施工操作人员及项目管理人员的警惕，保证项目施工的安全性，要注意做好以下几方面的工作：

1）在实际施工操作前，要由施工技术管理部门和施工安全管理部门组织专门的、具有针对性的高层施工专业知识、安全意识培训。

2）将技术娴熟的、有高层房屋建筑工程施工经验的施工操作人员和刚参加完上岗培训就投入实际工作的技术生疏的施工操作人员合理搭配，以便在施工操作过程中由技术娴熟型工作人员来指导技术生疏的工作人员。

3）高层房屋建筑工程由于其作业难度大、层数高等特点，特种作业人员更易在施工操作过程中发生安全事故，因此在上岗前一定要确保其上岗证的有效性。

4）现场施工操作人员不管是在生理上还是在心理上都要处于完全健康的状态，所以在其上岗前要做好生理健康与心理健康的相关检查，尤其要排除心脏病患者、恐高症患者等不适宜高层施工作业的人员进入现场。

（2）机械设备方面

机械设备方面对项目施工安全性影响较大的风险因素是垂直运输机械可靠性检测和机械设备装卸，为了保障高层房屋建筑工程施工的安全性，应从以下几个方面着手进行安全风险应对工作：

1）在高层房屋建筑工程施工过程中因为机械设备装卸不按照相关要求规范进行而引发的安全事故层出不穷，尤其是脚手架的搭设以及脚手板的铺设，一定要严格按照施工组织设计的方案以及施工场地具体条件进行搭设，并在其搭、拆过程中要做好安全防护措施，一方面要保证后续施工的安全性，另一方面也要预防在搭、拆过程中因操作不慎而砸伤现场其他工作人员。

2）垂直运输机械在高层房屋建筑工程施工过程中扮演着相当重要的角色，在其进场前一定要依据相关规范以及行业标准对其进行可靠性检测，可靠性检测工作做得是否到位直接影响到其在使用过程中的安全性能，只有在检测合格的情况下投入使用，才能够有效保障高层房屋建筑工程施工过程的安全。

3）塔吊、垂直运输等大型机械设备在正常使用过程中都会有磨损、松动、发热等故障，严重的则会影响其正常使用，因此，在高层房屋建筑工程的施工过程中要经常检查、维修和保养机械设备，使其自始至终都处于安全工作状态。

（3）材料方面

材料方面对项目施工安全性影响较大的风险因素是高层施工材料准备和高层施工材料装卸，材料是项目质量的根本也是项目安全施工的重要保障，要做好以下几方面的工作，以避免因材料问题而引发的项目施工安全隐患：

1）材料是高层房屋建筑工程施工的物质基础，也是项目安全风险管理的重要对象，其自身质量的合格是高层房屋建筑工程安全施工的重要基础，在选择材料时，应要求材料供应商按规定提供产品质量合格证、检验报告以及相关的技术资料，对高层房屋建筑工程而言混凝土质量是项目的关键，因此施工现场泵送混凝土时既要保证其流动性、温度等硬性要求，也要依据现场条件及施工进度情况保证其连续施工。

2）施工现场卸料施工时不管是现场指挥人员、操作人员，还是机械设备、运输车辆内的司机都要眼观六路，耳听八方，指挥、交流信号清楚、明确，以防在装卸过程中出现不必要的人员伤亡，装料、卸料地点选取要得当，做好材料装卸的安全保障工作。

3）高层房屋建筑工程施工现场有大量钢筋、模板、构配件以及砂石等物料，要严格按照现场平面图上的指定位置整齐存放，堆放地点要挂上相应标牌，注明其名称、规格、数量以及安全距离等，材料、构件堆放的具体位置、堆放高度也要参照施工平面图及相关安全规范。

（4）工法方面

工法方面对项目施工安全性影响较大的风险因素是施工组织设计以及分部安全技术交底，高层建筑施工工法与人员一样是高层房屋建筑工程施工过程中的重要环节，为了保证项目施工的安全性，就应该从以下几方面着手做好安全风险应对工作：

1）对高层房屋建筑工程施工而言，具有针对性的施工组织设计是保证项目安全施工的关键，要严格按照项目设计要求、项目现场地质情况、气候条件编制施工组织设计，要采用与项目实际情况相吻合的各种施工工艺、施工工法，并严格按照施工设计的内容要求及规定进行施工。

2）安全技术交底在高层房屋建筑工程施工过程中扮演着重要的角色，在项目施工过程中，安全风险管理部门以及技术管理部门一定要相互配合做好分部安全技术交底工作。

3）随着高层建筑的不断发展以及其施工工法、施工技术的不断改革和创新，越来越多，越来越具有针对性的工法被应用到具体的高层房屋建筑工程项目中，尤其是高效钢筋与预应力技术、高性能混凝土技术、建筑节能和环保应用技术、新型模板（中型全钢大模板、无边框胶合板模板）技术等的应用越来越广泛，因此，在采用新工艺、新工法前一定要由安全管理人员做好系统的、全面的、具有针对性的安全交底工作，以避免施工过程中因采用新工艺、新工法而引发安全事故。

（5）环境方面

环境方面对项目施工安全性影响较大的风险因素是施工现场环境和当地气候条件，环境是高层房屋建筑工程安全施工的外界保障条件，只有做好环境方面的安全风险应对工作，项目的安全实施才会免去后顾之忧，一般从以下几方面着手进行项目环境的保障工作：

1）施工前就要对项目所在地的天气、气候条件做好全面的调查分析工作，施工期间根据当地具体的天气、气候条件安排、部署项目施工的相应内容，也要做好相应的安全防护准备工作。

2）认真参照勘察设计单位所提供的勘察设计资料，也要在项目施工前因地制宜地对项目所在地的地质、地形、地貌、水文等条件做进一步的勘察核实工作。

3）施工现场要保证夜间照明、通风良好、湿度以及温度适宜，同时要控制施工噪声。

4）尽量提高项目参与方（甲方、勘察设计方、监理方）、施工现场管理人员、操作人员以及其他相关工作人员自身的道德素质，保证项目实施处在一个良好的人文、社会环境中。

（6）管理方面

管理方面对项目施工安全性影响较大的风险因素是安全操作规章完善情况和安全管理机构及岗位情况，在高层房屋建筑工程施工过程中，全面的、到位的管理工作是项目顺利、安全进行的重要保障，只有各部门相互配合，各管理人员之间相互沟通、协调才能保证项目施工的安全性：

1）针对高层房屋建筑工程施工特点以及现场施工操作人员的技术、身体、生理条件制定详细、完善的安全操作规章，在具体施工过程中，各级安全管理人员以及现场操作人员要遵循事先制定的安全操作规章。

2）由于高层房屋建筑工程施工过程中存在大量安全风险，稍有不慎就会引发安全事故，因此，一定要建立健全安全风险管理机构并合理配置各级机构人员，保证施工全过程的安全风险管理工作。

3）建立健全高层安全生产事故上报与处理制度，确保及时报告、统计、调查和处理项目施工过程中的人员伤亡事故。

4）做好相应的高层事故应急救援准备工作。

5.5　施工质量风险管理

工程质量风险是指工程质量目标不能实现的可能性。一些轻微的质量缺陷出现，一般还不认为是发生了质量风险。质量风险通常是指较严重的质量缺陷，特别是质量事故。质量事故的出现，一般认为是质量风险发生了。

5.5.1　项目质量风险管理相关概念

1. 工程质量的管理体系

工程项目质量风险是施工企业交付与业主的工程产品内含的各质量属性之和与业主对该产品各质量属性期望值的偏离所引起业主或施工企业利益损失程度的不确定性。工程项目的一次性使其不确定性要比其他一些经济活动大，因而其质量风险的可预测性也就差很多。重复性的生产和业务活动若出现了问题，常常可以在以后找到机会补偿，而工程项目一旦出现了质量问题，则很难补救。工程项目的不同阶段会有不同的风险。风险大多数随着项目的进展而变化，不确定性也随之减少，最大的不确定性存在于项目的早期，因此早期阶段作出的决策对以后阶段和项目目标的实现影响最大，为减少损失而在早期阶段主动付出必要的代价要比拖到后期阶段才迫不得已采取措施好得多。

工程项目质量的形成是涉及多方主体参与、受众多因素影响、涵盖工程项目决策、勘察设计、施工准备、施工建设、竣工验收等全过程的复杂系统。要从根本治理工程项目质量差的问题，就必须树立系统工程的观点，对其进行全面、全过程、全方位的系统管理，这使得工程质量风险管理体系呈现多层次特点。在工程质量风险管理中，一般将工程质量风险管理的体系层次由微观到宏观、由内层到外层分为实施工程项目主体的质量保证体系、质量风险管理体系和质量监督体系三个不同层次的质量风险管理体系、建立健全工程质量监督管理的三大体系，即建立健全各建设主体的质量保证体系、各建设主体相互作用的质量风险管理体系、建设涵盖社会监督和政府监督的质量监督管理体系。

以规范建设主体质量保证体系为重点，提高工程项目质量生产能力以社会监督保证体系为突破口，促进工程质量风险管理的专业化服务以政府监督管理体系为驱动力推动工程项目质量监督管理体系和建设市场的高效运转，改善建设市场要素，增强工程项目质量转化能力，保证工程项目整体质量。

2. 工程项目的质量风险管理风险机制

工程项目的质量风险管理工作按其实施者不同，目前在现有机制下分三部分：

（1）关于业主方的质量风险管理

业主的质量风险管理责任就是对工程项目实施全过程的质量风险控制。其特点是外部的、横向的控制。工程建设监理的质量风险控制，是指业主委托监理单位，为确保工程质量达到合同中规定的标准而对工程进行全过程的质量风险控制，其控制的依据有国家制定的法律、法规、标准、设计图纸、甲乙双方合同文件。在设计阶段，研究可行性研究报告、设计文件、图纸，审核设计是否符合业主和规范要求。在施工监理阶段，主要工作是检查是否严格按照图纸施工，是否满足合同规定的质量标准。

（2）关于政府的质量风险控制

其特点是外部、纵向控制。政府管制是依据有关法律文书和法律技术标准进行的。后期注重的是施工过程中影响结构安全、使用功能和安全功能的主要部位、主要构件的检验。控制方法是检查项目的参与行为及实体工程质量的宏观控制导向。

（3）承包商质量风险控制

其特点是内部的、自身的控制。承包商必须制定有关规范和措施，保证工程质量达到合同要求，在建设过程中，如有必要必须根据工程师的指示，提出有关工程质量检验方法的意见和措施，在获得工程师的批准后得以实施。承包商应承担依照项目进展和工艺要求所做的各项在施工现场和实验室的有关试验，所有试验的结果必须向工程师报告，经过其审核批准，且承包商应负责试验结果的正确性。设备的采购检验、运输、验收、安装调试以及试运行等按照合同要求都由承包商负责。

3. 工程项目质量风险管理的特点

（1）波动性大。工程项目的产品与一般厂商生产的商品是不一样的，工程产品的生产过程中由于工作量大、有固定的操作场、工期长，受政策、经济等环境影响大等因素，导致了工程项目形成过程及生产的成品的特殊之处影响质量的因素太多、质量变动性大、工程质量隐蔽性强、质量验收的有限性。工程的建设过程就是工程生产商品的形成过程，因此工程项目的质量波动性很大。

（2）处理质量问题的成本大。一般的商品出现质量问题，不管任何地方出现故障，都只需要卸掉出现故障的部件，更换出现故障的部件，再对商品进行重新组装，可以有效保证新商品的性能，因为更换问题零件并没有给其他好的零件造成任何损失，所以出现质量问题要处理的成本就比较低。而工程项目具有整体性的特点，这就导致工程商品在遇到质量问题的时候只能尽量的修补，而根本不可能退换。尤其是当隐蔽工程的质量出现问题，就不仅仅是要修补出现问题的部位，因为要修补出现问题的部分往往要先破坏质量完好的部分，这就造成了很多不必要的损失。因此，工程产品出现质量问题处理的成本较大。

（3）质量标准的模糊性。工程商品质量与一般商品质量不同的是它具有一定的灰色空间。由于环境对工程项目的影响较大，所以很难拟订出精准有效的操作规范，即使拟订出精准有效的操作规范，其真正执行起来仍会有出入。

（4）质量标准的临界性。工程质量检测只能在工程项目某一节点的范围内进行，因此，制定的工程项目的质量标准都在一定的范围之内。承包商往往在工程项目施工过程中为了降低项目成本，常常使工程项目控制到成本最低限以下，倘若工程项目各个环节的质量都以最低限度的标准为控制点，那么工程项目整体的质量就不能有所保障，容易超出工程项目的质量标准。

5.5.2　风险的识别与评估

影响质量的因素很多，如设计、材料、机械、地形、地质、水文、气象、施工工艺、操作方法、技术措施、管理制度等，均直接影响施工项目的质量。

1. 地质勘察风险

未认真进行地质勘察，提供地质资料、数据有误；地质勘察时，钻孔间软滑距太大，不能全面反映地基的实际情况，如当基岩地面起伏变化较大时，软土层厚薄相差亦甚大；地质勘察钻孔深度不够，没有查清地下软土层、滑坡、墓穴、孔洞等地层构造；地质勘察报告不详细、不准确等，均会导致采用错误的基础方案，造成地基不均匀沉降、失稳，使主体结构及墙体开裂、破坏、倒塌。

2. 加固地基风险

对软弱土、冲填土、杂填图、湿陷性黄土、膨胀土、岩层出露、溶岩、土洞等不均匀地基未进行加固处理或处理不当，均是导致重大质量问题的原因。必须根据不同地基的工程特性，按照地基处理应与上部结构相结合，使其共同工作的原则，从地基处理、设计措施、结构措施、防水措施、施工措施等方面综合考虑治理。

3. 设计计算风险

设计考虑不周，结构构造不合理，计算简图不正确，计算荷载取值过小，内力分析有误，沉降缝及伸缩缝设置不当，悬挑结构未进行抗倾覆验算等，都是诱发质量问题的隐患。

4. 建筑材料及制品不合格风险

钢筋物理、力学性能不符合标准，水泥受潮、过期、结块、安定性不良，砂石级配不合理、有害物含量过多，混凝土配合比不准，外加剂性能、掺量不符合要求时，均会影响混凝土强度、和易性、密实性、抗渗性，导致混凝土结构强度不足、裂缝、渗漏、蜂窝、露筋等质量问题；预制构件断面尺寸不准，支承锚固长度不足，未可靠建立预应力值，钢筋漏放、错位，板面开裂等，必然会出现断裂、垮塌。

5. 施工和管理风险

许多工程质量风险，往往是由施工和管理所造成。例如：

（1）不熟悉图纸，盲目施工，图纸未经会审，仓促施工；未经监理、设计部门同意，擅自修改设计。

（2）不按图施工。把铰接做成刚接，把简支梁做成连续梁，抗震结构用光圆钢筋代替变形钢筋等，致使结构裂缝破坏；挡墙不按图设滤水层，留排水孔，致使土压力增大，造成挡土墙倾覆。

（3）不按有关施工验收规范施工。如现浇混凝土结构不按规定的位置和方法任意留设施工缝；不按规定的强度拆除模板；砌体不按组砌形式砌筑，留直槎不加拉结条，在小于1m宽的窗间墙上留设脚手眼等。

（4）不按有关操作规程施工。如用插入式振动器捣实混凝土时，不按插点均布、快插慢拔、上下抽动、层层扣搭的操作方法，致使混凝土振捣不实、整体性差；又如，砖砌体包心砌筑，上下通缝，灰浆不均匀饱满，不横平竖直等都是导致砖墙、砖柱破坏、倒塌的主要原因。

（5）缺乏基本结构知识，施工蛮干。如将钢筋混凝土预制梁倒放安装；将悬臂梁的受拉钢筋放在受压区；结构构件吊点选择不合理，不了解结构使用受力和吊装受力的状态；施工中在楼面超载堆放构件和材料等，均将给质量和安全造成严重的后果。

（6）施工管理紊乱，施工方案考虑不周，施工顺序错误。技术组织措施不当，技术交底不清，违章作业。不重视质量检查和验收工作等，都是导致质量问题的祸根。

6. 自然条件风险

施工项目周期长、露天作业多，受自然条件影响大，温度、湿度、日照、雷电、供水、大风、暴雨等都能造成重大的质量事故，施工中应特别重视，采取有效措施予以预防。

7. 建筑结构使用风险

建筑物使用不当，亦易造成质量问题。如不经校核、验算，就在原有建筑物上任意加层；使用荷载超过原设计的容许荷载；任意开槽、打洞、削弱承重结构的截面等。

5.5.3 风险的应对及措施

1. 人的控制

人，是指直接参与施工的组织者、指挥者和操作者。人，作为控制的对象，是要避免产生失误；作为控制的动力，是要充分调动人的积极性，发挥人的主导作用。为此，除了加强政治思想教育、劳动纪律教育、职业道德教育、专业技术培训，健全岗位责任制，改善劳动条件，公平合理地激励劳动热情以外，还需根据工程特点，从确保质量出发，在人的技术水平、人的生理缺陷、人的心理行为、人的错误行为等方面来控制人的使用。如对技术复杂、难度大、精度高的工序或操作，应由技术熟练、经验丰富的工人来完成；反应迟钝、应变能力差的人，不能操作快速运行、动作复杂的机械设备。

2. 材料的控制

材料的质量和性能是直接影响工程质量的主要因素，尤其是某些工序，更应将材料质量和性能作为控制的重点。材料控制包括原材料、成品、半成品、构配件等的控制，主要是严格检查验收，正确合理地使用，建立管理台账，进行收、发、储、运等各环节的技术管理，避免将不合格的原材料使用到工程上。

3. 机械控制

机械控制包括施工机械设备、工具等控制。要根据不同工艺特点和技术要求，选用合适的机械设备；正确使用、管理和保养好机械设备。为此要健全"人机固定"制度、"操作证"制度、岗位责任制度、交接班制度、"技术保养"制度、"安全使用"制度、机械设备检查制度等，确保机械设备处于最佳使用状态。

4. 方法控制

这里所指的方法控制，包含施工方案、施工工艺、施工组织设计、施工技术措施等的控制，主要应切合工程实际、能解决施工难题、技术可行、经济合理，有利于保证质量、加快进度、降低成本。

5. 环境控制

影响工程质量的环境因素较多，有工程技术环境，如工程地质、水文、气象等；工程管理环境，如质量保证体系、质量管理制度等；劳动环境，如劳动组合、作业场所、工作面等。根据工程特点和具体条件，应对影响质量的环境因素，采取有效的措施严加控制。尤其是施工现场，应建立文明施工和文明生产的环境，保持材料工件堆放有序，道路畅通，工作场所清洁整齐，施工程序井井有条，为确保质量、安全创造良好条件。

6. 工序质量控制

工序质量包含两方面的内容：一是工序活动条件的质量；二是工序活动效果的质量。工序质量的控制，就是对工序活动条件的质量控制和工序活动效果的质量控制，据此来达到整个施工过程的质量控制。从质量控制的角度来看，这两者是互为关联的，一方面要控制工序活动条件的质量，即每道工序投入产品的质量（即人、材料、机械、方法和环境的质量）是否符合要求；另一方面又要控制工序活动效果的质量，即每道工序施工完成的工程产品是否达到有关质量标准。

7. 风险控制点的设置

质量控制点设置的原则，是根据工程的重要程度，即质量特性值对整个工程质量的影响程度来确定。为此，在设置质量控制点时，首先要对施工的工程对象进行全面分析、比较，以明确质量控制点；再进一步分析所设置的质量控制点在施工中可能出现的质量问题、或造成质量隐患的原因，针对隐患的原因，相应地提出对策措施予以预防。由此可见，设置质量控制点，是对工程质量风险进行预控的有力措施。

质量控制点的涉及面较广，根据工程特点，视其重要性、复杂性、精确性、质量标准和要求，可能是结构复杂的某一工程项目，也可能是技术要求高、施工难度大的某结构构件或分项、分部工程，也可能是影响质量关键的某一环节中的某一工序或若干工序。总之，无论是操作、材料、机械设备、施工工序、技术参数、自然条件、工厂环境等，均可作为质量控制点来设置，主要是视其对质量特征影响的大小及危害程度而定。

8. 成品保护控制

在施工过程中，有些分项、分部工程已经完成，其他工程尚在施工，或者某些部位已经完成，其他部位正在施工。对已完成的成品，应采取妥善的措施加以保护，这也是保证工程质量的一个重要环节。

5.5.4 大型公共建筑工程质量风险管理

1. 项目概况

某开发区办公大楼工程，总建筑面积 3084m^2，建筑高度 27.5m，主体结构为 6 层，全框架结构，采取现场浇筑混凝土施工，本文以办公大楼一层现浇板混凝土工程的质量风险管理为例说明基于贝叶斯网络的工程项目质量风险管理的具体应用过程。

2. 风险因素识别

结合类似工程项目的历史数据和国内外的大量参考文献，根据该现浇混凝土工程具体的施工计划，分析在工程质量形成的过程中可能存在的风险因素，通过专家调查法确定可能的风险事件类别并对导致各风险事件的风险因素进行分类，确定影响工程质量的风险因素，再对其进行整理，最终得到风险识别的结果见表 5-10。

现浇混凝土施工风险因素识别　　　　　　　　　　　　表 5-10

工程质量风险事件类型	
混凝土强度等级不达标；混凝土出现裂缝；混凝土出现孔洞；混凝土出现蜂窝、麻面；混凝土出现露筋	
工程质量风险因素	
人	施工人员操作不规范，达不到工艺的标准；责任心不强；操作熟练程度达不到要求；技术能力差；现场管理混乱；工人缺乏岗前技术培训
材料	原材料（水泥、石料、水、外加剂）质量不合要求；降低原材料的使用标准；原材料存储不合理
机械	施工机械故障的频繁出现；对施工机械功能不能完全掌握；异常停电；对施工机械的操作不熟练
技术	混凝土配合比不合要求；施工工艺设计不当；图纸设计不合理；各参数设计取值不恰当；施工队伍的施工技术落后；施工队对施工工艺控制不到位
环境	气温较高，凝固加快；气温较低，不易凝固；施工场地周围环境太差致使浇水养护不便；施工场地狭窄影响施工；腐蚀介质的腐蚀

3. 风险因素分析

在风险识别的基础上还需对风险因素进行分析，明确风险因素发生的可能性和损失严重程度，综合确定风险等级，确定主要风险因素。

首先，设计调查问卷，询问风险因素发生的可能性以及造成损失的严重程度，每项均采用 5 级量纲（程度从 1 ~ 5 递增）；其次，利用对风险因素发生的可能性以及造成损失的严重程度的调查结果来度量风险等级，通常用损失程度与发生概率的乘积来表示，即风险等级 = 损失程度 × 发生概率。

5	R_2	R_2	R_3	R_3	R_3
4	R_2	R_2	R_2	R_3	R_3
3	R_1	R_2	R_2	R_2	R_3
2	R_1	R_1	R_2	R_2	R_2
1	R_1	R_1	R_1	R_2	R_2
	1	2	3	4	5

图 5-16　风险等级矩阵

最后，如图 5-16 所示，建立风险等级矩阵对收集到的数据进行风险等级规范化处理，所有风险因素的风险等级都用 R_1、R_2、R_3 来衡量，统计其在每项风险因素中所占的比例，筛选出 R_3 所占比例最高的因素，经专家讨论最终确定主要风险因素，得到现浇混凝土施工中的主要风险因素见表 5-11。

现浇混凝土施工中的主要风险因素　　　　　表 5-11

风险因素类别	编号	主要质量风险因素
人	X_{11}	施工人员施工操作不规范，达不到施工工艺的标准
	X_{12}	施工现场的管理混乱
	X_{13}	专业技术人员技术能力差
材料	X_{21}	原材料（水泥、石料、水、外加剂）质量不合要求
	X_{22}	降低原材料的使用标准
机械	X_{31}	施工机械故障的频繁出现
	X_{32}	对施工机械的操作失误
技术	X_{41}	混凝土配合比不合要求
	X_{42}	施工队对施工工艺控制不到位
环境	X_{51}	气温较高，凝固加快
	X_{52}	气温较低，不易凝固

4. 构建贝叶斯网络结构

根据上述确定的主要风险因素，设置贝叶斯网的基本节点，首先进行专家讨论确定各节点之间的因果关系，借助贝叶斯网络分析软件 GeNIVer2.0 构建现浇混凝土工程质量风险管理的贝叶斯网络结构模型，如图 5-17 所示。然后，根据调查结果，统计部分主要风险因素（只有子节点没有父节点的风险因素）处于 R_1、R_2、R_3 的百分比，将得到的风险等级数据输入贝叶斯网络模型中，依据贝叶斯网络模型中节点间的逻辑关系，经过专家讨论确定各节点的条件概率分布，利用贝叶斯网络参数学习功能进行其他节点概率的计算，对比调查统计结果，经过专家反复修正，最终确定贝叶斯网络中的各参数。

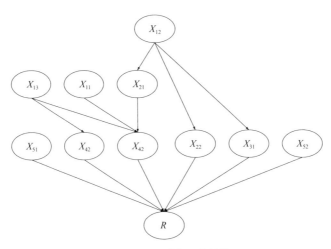

图 5-17 贝叶斯网络结构

5. 贝叶斯网络结构的应用

基于上述构建的贝叶斯网络结构，结合调查数据的整理，使用 GeNIeVer2. 0 软件进行参数计算，对工程项目质量风险进行评估，得到工程质量风险处于危险状态（R）的概率为 46.2%，如图 5-18 所示。

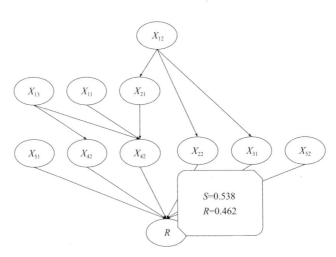

图 5-18 贝叶斯网结构分析结果（1）

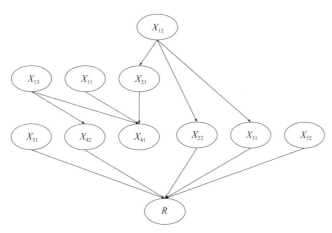

图 5-19　贝叶斯网结构分析结果（2）

当工程质量风险处于危险状态时，用 GeNIeVer2.0 软件进行风险诊断，如图 5-19 所示，得到施工人员施工操作不规范，施工工艺的不达标（X_{11}）、原材料不合格（X_{22}）、混凝土配合比不合要求（X_{41}）、施工工艺控制不到位（X_{42}）是工程质量处于危险状态的关键风险因素。

6. 风险控制

依据风险评估和诊断的结果，需加强监控工程质量的主要风险因素，并采取针对性的具体控制措施。

5.6　项目技术风险管理

技术风险是由于技术能力的不足或缺陷，可能给项目带来的危害、危险或潜在的意外损失。技术风险贯穿于项目生命周期的始终，了解和掌握项目技术风险的来源、性质和发生规律，强化风险意识，进行有效的技术风险管理对项目的成功具有非常重要的意义。

5.6.1　风险的识别

在工程施工的不同阶段都会存在技术风险，每个阶段技术风险的管理重点都会有所不同。具体风险见表 5-12。

不同施工阶段的技术风险因素　　　　　　　　　　表 5-12

项目不同阶段	可能存在的风险因素
施工设计阶段	合同中规定了难以办到的要求
	合同中某些技术指标过高
	对以往资料分析不全面或分析方法有误
	对地质任务理解有误
	对有关技术指标论证有误
	对设计中一些关键性指标没有详细地说明或解释

项目不同阶段	可能存在的风险因素
施工阶段	对参与施工的所有人员培训、岗位练兵的力度不够
	针对不同班组主要技术人员对项目的施工方法表达不准
	测量放线不准确
	仪器未校对，读出了错误的参数
	设计发生了变更
	仪器操作员一时疏忽丢失施工数据
	仪器操作员将生产资料弄混
	测量数据丢失
	地下地质构造发生变化
	施工过程中遇到技术难题
竣工验收阶段	生产资料整理有误
	没有按照规范整理资料

5.6.2 风险的应对及措施

1. 图纸会审

在建筑施工中，图纸是施工依据，也是重要的技术资料，是工程技术的共同语言，做好图纸会审可大大减少施工过程中的技术风险。由建设单位组织设计单位介绍工程项目设计意图、设计特点及对施工要求。施工单位把图纸中存在的疑问和问题提出来，把施工中可能出现的难点提出来，在施工中使用某些材料采购及使用困难提出来。施工单位必须从实际出发，审查图纸，经设计、施工、建设三方协商，达成共识，既对施工过程有利，达到设计及质量要求，又不能出现浪费，做到节约资金，降低成本。形成的会审记录，纳入工程技术档案，并作为施工中的重要技术资料及依据。

2. 施工组织设计

把图纸上的线条变成实实在在的工程，这是一个复杂而多变的施工过程，而"施工组织设计"正是指导实现这一过程重要的综合性文件。施工组织设计是工程项目施工全过程总体策划的综合性文件，是组织工程项目正常施工的基本依据，是确保工程项目全面实现进度、安全、质量、环保和效益等管理目标的综合性技术、经济文件。它的技术含量高，涉及面广，综合性强。

3. 技术交底

把分部、分项工程的关键工序的技术质量要求层层落实下去，让参加施工过程的每个人都清楚所施工部分的技术质量要求，尽可能避免施工过程中事故的发生。技术交底内容包括：

（1）设计主导思想、设计原则、主要技术条件、水文地质特点、工程项目的主要技术方案及总体施工组织安排、施工图纸、设计补充通知、变更设计结果、图纸核查记录、设计单位对设计文件核查提出意见的会签纪要，构配件、设备、材料代用等有关技术文件。

（2）工程特点、建筑形式、基础类型、结构尺寸、工艺技术标准、工程质量标准和设计要求、采用的设计规范、确定的抗震等级等。

（3）施工范围、工程任务和工期、进度要求，各专业、各工序相互配合关系。

（4）施工方案、施工程序、施工方法和施工工艺。

（5）施工注意事项、安全操作要点及注意事项，重、难、险工程的应急预案等。

（6）施工技术措施、职业安全健康管理方案、环境管理方案。

（7）新技术、新工艺、新材料、新设备的特殊要求，对操作施工工艺复杂的项目，必要时可采用样板、示范操作等。

4.技术复核

技术复核是施工阶段技术管理制度的重要组成部分，也是控制施工技术风险的基础性工作，其目的是对各项技术工作严格把关，以便及早发现问题，及时进行纠止。一般来说，技术复核通常有以下几个方面：

（1）建筑物定位：标准轴线桩、水准桩、龙门桩轴线和标高。

（2）地基基础：位置、轴线、标高、尺寸、预留孔洞、预埋件放置等。

（3）模板：包括尺寸、位置、标高、预埋件、预留孔洞、牢固程度、内部清理及湿润或涂刷隔离剂的情况。

（4）钢筋：主要是品种、规格、数量、安装部位、连接情况。

（5）混凝土：如配合比、骨料和外加剂材质、水泥强度等级和品种。

（6）预制构件：位置、标高、构件吊装的抗裂度。

（7）砖砌体：轴线位置、皮数杆、砂浆配合比、楼层标高、组砌方式、预留洞口位置尺寸。

另外，隐蔽工程等都需要进行技术复核，避免施工中发生重大事故风险。要做好技术复核工作，首先应根据施工实际进度及复核计划及时进行，防止遗漏；其次是要坚持复核程序，复核前先由施工班组负责人进行验收自检，再由项目技术负责人进行复核，要对复核的结果及时反馈，发现不符合要求的立即责令其返工整改，及时解决，对易出现事故的部位，要提出具体措施，防患于未然。

5.施工技术总结管理

施工技术总结，是工程项目施工组织管理和施工技术应用的实践记录。编写工程项目施工技术总结，是为了总结施工中的经验教训，提高施工技术管理水平，形成企业的技术资产，为后续工程的技术风险提供依据和借鉴资料。

5.6.3　某超高层复杂钢结构技术风险案例

本案例以某市超高层钢结构连廊同步整体提升工程为例，对施工过程技术风险进行评价与管理。

1.工程概况

该工程钢结构连廊总重约215t，为空间桁架结构体系，承重结构由四榀竖向桁架组成，桁架之间通过钢梁连接。钢连廊拟采用整体提升施工方案，钢连廊首先在裙房屋顶进行拼装，然后在每榀桁架上弦杆两端采用 8 台 LSD40 型钢索式液压提升装置实施同步提升，提升吊点平面布置。

2. 施工过程风险因素识别

在确定施工技术方案以后，首先采用专家调查法来排查施工过程的各种风险因素。由于本工程为大跨度空间桁架结构体系，提升过程中结构失稳的风险很大，应作为风险管理的主要着眼点。经专家组 9 位专家对潜在风险因素进行充分讨论、梳理、甄别后，确定了本工程四大风险事件，涉及 10 个主要风险因素，具体情况见表 5-13。

钢连廊施工过程风险分析表

表 5-13

风险编号	风险事件	控制措施
N1	裙房结构损坏	（1）桁架拼装方案不合理； （2）局部施工荷载过大； （3）裙房结构承载力不足
N2	桁架上弦杆失稳	（1）悬臂段刚度不足，变形过大； （2）悬臂段应力值偏大
N3	结构整体平面外失稳	（1）提升时，摆动幅度过大； （2）临时支撑系统不牢； （3）风力影响
N4	结构附加应力超限局部破坏	（1）整体提升时，各吊点不同步； （2）吊点间存在过大位移差

3. 风险估计及评估结果

风险因素的发生概率（P）和影响后果严重程度（C）采用专家调查法确定，P 与 C 估值见表 5-14、表 5-15，风险评估结果为：风险事件 N3、N4 的风险等级较高（3 级），事故后果较严重，需特别引起重视，并应制定相应的控制措施。风险事件 N1、N2 的风险等级次之（2 级），风险后果可控制在一定范围内，但对工程也有较大影响，仍需制定相应的控制措施。

风险发生概率 P 的估算方法

表 5-14

估值	描述
1	罕见的
2	偶见的
3	可能的
4	预期的
5	频繁的

风险影响后果 C 的估算方法　　　　　　　　　　　表 5-15

估值	描述
1	可以忽略的
2	值得考虑的
3	严重
4	极其严重
5	灾难性

4.施工风险控制措施

风险管理的目标是根据二拉平原则（ALARP）在有限资源基础上对风险进行处置和管理。工程技术人员通过对四大风险事件开展专题研究，提出了相应的风险控制措施。由表 5-16 可见，在四种主要技术风险中，前三种风险均可通过定性、定量分析，并辅以必要构造措施加以处置，只有第四种风险须经数值仿真分析后，才能获得定量评价结果，并以此制定相应处置方案。

钢连廊施工风险控制措施表　　　　　　　　　　　表 5-16

风险编号	风险事件	风险因素
N1	裙房结构损坏	（1）连廊采用"卧拼立装"施工方案； （2）布置台架梁，将连廊荷载直接分配到16根框架柱上； （3）验算裙房框架柱的承载能力
N2	桁架上弦杆失稳	（1）在上弦杆端部增设临时斜支撑； （2）将上弦杆悬臂段应力比控制在0.5以内
N3	结构整体平面外失稳	（1）设计防晃装置，限值摆动幅度； （2）用缆风绳对连廊临时加固，加强结构整体性； （3）选择风力小于5级的天气进行提升作业
N4	结构附加应力超限局部破坏	借助计算机仿真分析技术寻找吊点位移差警戒限值

5.7　施工设备风险管理

施工机械设备是建筑工程项目至关重要的施工工具，是工程按进度、质量如期完成的重要保障之一，同时设备在操作过程中也曾经出现各种各样的安全事故，是项目管理中必须重视的重要环节，在项目管理中，加强设备管理，控制设备风险有着重要的意义。

5.7.1　风险因素

施工设备管理是生产的重要环节，关系施工的安全、进度与质量，在施工过程中，设备管理的风险主要来自下面几个方面：

1.施工任务繁重

在工程施工过程中，由于工期短，同时，不少项目为了降低施工成本，虽然面临很大的工作任务量，投入的施工机械数量却不多，完全靠少数机械设备的加班作业来完成施工任务，这在一定程度上造成了机械设备的超负荷运转，有些时候甚至在带病作业，极大地影响了机械设备的技术性能状况与使用寿命，加速了机械设备的老化，使设备产生安全风险。

2. 作业环境恶劣

由于工程施工大部分是在远离城区的野外、山区阴雨天气里，到处泥泞，晴朗的天气里，到处充斥灰尘与施工产生的粉尘。作业场地机器布局互相影响操作，机器之间、机器与固定建筑物之间不能保持安全距离。有时作业场地过于狭小，地面不够平整，有坑凹、油垢水污、废屑等，室外作业场地缺少必要的防雨雪遮盖，有障碍物或悬挂凸出物，以及机械可移动的范围内缺少防护醒目标志。夜间作业照度不够，隧道施工过程通风、温度、湿度均超出机械设备本身的工作环境要求等一系列的问题，造成了施工现场机械设备的工作环境恶劣，长时间在恶劣环境中作业，设备产生安全风险。

3. 设备保养不够

受工程工期进度的影响，在施工现场不少施工人员与指挥人员只一味地追求施工进度，对设备只注重使用，而对其维护保养工作重视不足，造成了操作人员为了完成施工指挥人员指定的工作任务，没有时间对所操作的机械设备进行保养，如此一来，便形成了忽视机械设备的日常保养，经常带着小毛病作业，等到出现问题进行修理的时候，不得不进行大范围修理工作，既浪费大量的时间，无形之中也提高了设备的修理成本。

4. 设备操作人员技能不达标

施工现场机械设备的操作人员素质参差不齐，很多操作人员本身文化层次较低，又加之没有经过正规的培训就直接上岗，先上岗操作一段时间，再去补办一个操作证的现象时有发生，更有甚者，个别操作人员在有事离开时，随便叫一个对本机械没有操作经验的人来代班。施工现场也是到了非用不可的时候才去寻求相应的操作人员。为了应急，不少施工现场会出现随意叫一个略懂一二但没有接受过专业培训（当然也不具有操作证）的人员来进行机械设备的操作，然后通过某种渠道去弄一本操作证过来应付检查，而对操作人员的实际培训工作却做得很不够。还有一些作业人员没有接受过正规培训就上岗或者培训工作做得不够及时，上岗前的三级安全教育工作过于形式化，没有针对性和真实性，千篇一律的现象比较严重。因操作人员的技能不达标，这些都可能造成机械设备的安全风险和机械事故风险。

5.7.2 风险识别

基于设备管理的风险要素，设备管理的风险主要存在两个方面，即人的风险和设备的风险。

1. 人的风险

（1）设备管理责任人

设备管理责任人，也就是在施工现场由谁来具体负责设备或租赁施工机械的安全管理。建筑施工机械的租赁，出租方可能是建筑公司，也可能是专门的租赁公司或个人。而操作工可能是承租方雇佣的，也可能是出租方雇佣的。在操作工由出租方提供的情况下，一般约定由于施工机械使用、保养不当造成的事故由出租方负责，承租方也就不会去主动要求操作工做日常维护保养工作，忽视租赁施工机械的安全管理；而租赁方因施工机械租赁在各个工地，地点分散，很难对操作工进行有效管理；有的私企老板甚至没有安全管理意识，对施工机械的日常维护保养也没有要求。各种现象的存在，使部分施工单位在施工中存在拼设备的现象，导致租赁施工机械疲劳运转，存在的问题或隐患得不到及时解决或整改，也会形成部门之间的扯皮，尤其是大型施工机械存在更多的安全隐患。

（2）施工机械安装人员和操作人员

施工机械安装人员和操作人员无安全意识。目前建筑施工机械租赁市场操作人员队伍庞杂，素质高低不一，维修人员技术力量薄弱，维修保养困难。大型建筑机械是特种设备，其操作人员必须经过特种作业培训才能上岗，但现在一些培训点，为了更快让人员投入使用，操作人员的培训时间、强度、实践都不够。对于租赁的施工机械，操作手和维修人员可能属于两个公司，对施工机械管理的态度不一致，使一些安全隐患加重导致机械事故的发生。

操作人员缺乏安全基本知识，不能够判断出已经存在的不安全条件。这种情况在建筑行业中最为普遍，我国是一个建筑业大国，从业人数近 5000 万人而建筑业员工 80% 以上由农民工组成，文化程度较低，大多没有受过良好的安全教育和技能的训练，安全知识普遍缺乏。

设备安装人员和机械操作人员明知存在不安全的条件还是继续进行工作。产生这种情况的具体原因可能有四种：一是有些操作人员由于自身素质等原因冒险蛮干，存在侥幸心理等非理智行为；二是受群体的影响，干事不计后果；三是受社会、管理层的压力不得不在不安全的条件下继续工作；四是由于过分疲劳产生的反应能力降低等。机械操作人员没有经过有效的上岗资格培训的情况非常普遍，但为了来之不易的工作，被迫登高爬低，增加了不安全因素。

2. 设备的风险

由于建筑施工机械市场不够规范，缺乏市场准入制度，部分设备租赁供应商采购质次价低或二手的建筑机械，在建筑机械租赁、安装（拆卸）专业分包市场上采取低价竞争策略，设备租赁时产生风险。

部分施工单位片面追求租赁低价格，使得超龄、性能差、有安全隐患的建筑机械有了市场。这些质次的租赁施工机械的大量存在，导致了施工单位使用过程中存在风险，主要包括建筑机械状况在进场前不清楚；对租赁、安装（拆卸）单位专业分包建筑机械管理状况不清楚；建筑机械安装后对安装质量不清楚。施工单位对建筑机械仅仅是使用，无日常检查、安全管理措施。

5.7.3 风险的应对措施

要切实加强施工项目设备管理的基础工作，完善行之有效的设备管理规章制度，落实到基层工作岗位。各种机械都要严格实行定人、定机、定岗位职责的"三定"制度，把设备的使用、保养、维护等各个环节落实到责任人，做到台台有人管，人人有专责。这样，才有利于设备操作人员的正确操作和安全使用，加强其责任感，减少设备损坏，延长设备的使用寿命，防止设备事故的发生。

1. 建立设备作业数据库

施工项目应加强对设备的单机、机组核算，对每台设备应建立核算卡，对租金、燃油、电力消耗、维修费用登记造册，逐一核算，对可变成本和不变成本做到心中有数。

施工过程中，有专人负责记录设备使用数据，建立作业数据库，对运转台班、台时、完成产量、油料、配件消耗等，做好基础资料收集，了解设备完成单位工程的产量、所需的动力、配件的消耗及其运杂费用的开支情况，按月汇总和对使用效果进行评价、分析；依据项目工程的特点，对机械使用的技术经济指标进行比较，以利于随时调整施工机械用量，减少费用开支。对项目租用的施工设备，随时考察其使用效果并做出评判，及时调整使用方案，以求达到项目成本最低、效益最大化。

2. 加强机械设备维护保养

根据项目情况，设置专、兼职机械设备安全人员，负责机械设备的正确使用和安全监督，并定期对机械设备进行检查，消除事故隐患，确保机械设备和操作者的安全。项目部需要结合项目的施工情况，经常开展有针对性的安全专项检查，对施工现场使用的塔式起重机、施工电梯、物料提升机等施工机械设备做好安全防范工作，保证施工机械设备的安全使用。

第6章 城市大型公共建筑运营实施阶段的风险管理

大型公共建筑运营风险就是大型建筑在有效运营期内，影响建筑物使用功能或安全保障等方面的风险事件和风险因素。而大型建筑物安全运营风险评估与动态控制就是对可能影响大型建筑物安全运营的主要风险，采用科学适用的理论方法或措施，进行有效的识别和评估，并通过可量化或可视化的跟踪监测，进而有效防止风险事件发生的过程。

简而言之，大型建筑物安全运营风险评估与动态控制就是对大型建筑运营安全风险进行分析与识别、评估与预控、跟踪与监测、预警与应急的全过程管理。风险分析与识别（Risk identification and risk analysis）指寻找、辨别分类存在于建筑运营期内影响建筑安全的风险因素，并系统地识别风险源、确定风险事件的过程。风险评估与预控（Risk assessment and risk pre-control）指对运营安全风险事件进行等级评价、重要性排序，制定针对风险事件及风险因素的预防性措施。风险跟踪与监测（Risk tracking and risk monitoring）指建筑物使用过程中，对影响安全运营的风险因素及其影响程度进行跟踪与监测的动态过程。风险预警与应急（Risk early-warning and risk emergency）指根据风险跟踪与监测的结果，对风险事件进行预测预报，并视风险预警等级采取相应的应急措施。

6.1 运营实施阶段的风险管理概述

6.1.1 运营阶段的内容

项目在工程实施完成后，进入运营阶段。由于大型公共建筑人流密集，是城市较为复杂的区域，也是发生公共安全问题的敏感地带，因此，保证大型公共建筑的安全运营是运营阶段风险管理的主要内容。

6.1.2 运营阶段的风险管理的目标与任务

1. 工程运营阶段的风险管理目标

（1）识别本阶段的风险源、估计评价风险，通过采取恰当的防范和转移措施，使损失降到最低，使大型公共建筑得以顺利运营。

（2）咨询专家，评价风险管理成功与失败经验，建立风险管理档案，建立运营阶段风险管理数据库，为以后运营的风险管理提供经验。

2. 大型公共建筑运营阶段风险管理任务

（1）识别、评估该阶段的风险，并采取有效的措施进行风险处置。

（2）建立风险管理体系。

6.1.3　运营阶段风险管理的特点

运营阶段工程项目实体已完成，主要的工作是确保项目安全运营。但这阶段的工作影响项目的安全运行，同时这一过程涉及的单位很多。这阶段的风险管理主体，应是风险管理委员会或工程项目的业主单位组建的风险管理小组。对风险的辨识应从多方面进行辨识和评价。在此基础上制定风险管理计划并实施。

6.1.4　组建运营阶段风险管理小组

风险管理小组负责项目运营阶段的风险识别、估计、评价及处置等。其建立过程包括两个步骤：

1. 风险管理小组人员的设定

风险管理小组主要是由业主、维修单位及专家组成。

2. 风险管理小组人员培训

培训风险管理小组的人员，也包括处置阶段的相关协调人员，让他们了解该阶段的风险管理的目的、任务，使从事人员了解项目运营情况并具有基本的风险管理技术。

6.2　运营阶段风险管理的风险识别

采用基于 WBS-RBS 和故障树分析（FTA）相结合的风险分析与识别技术，结合已建立的安全运营事故案例数据库分析结构，进行城市大型建筑安全运营典型风险事件的识别。

对于国际机场、枢纽车站、大型展馆和综合大楼等大型公共建筑，其使用功能各不相同，但是主要的风险事件基本一样。如国际机场、枢纽车站、大型展馆等，主体结构一般都是大跨的框架结构，屋面系统一般为大跨度预应力混凝土结构、钢桁架或网架结构，而且，上述建筑一般都存在地下室，因此，结构坍塌、构件破坏、火灾、水淹、渗漏、幕墙损坏、饰面砖脱落、电梯故障、供电系统故障和空调故障等风险事件都可能发生。对于综合大楼，同样存在地下室，一般主体结构采用框架或框筒结构，钢结构和幕墙为基本组成结构，电梯、供电系统、空调系统等都存在，因此，结构倒塌、构件破坏、火灾、水淹、渗漏、幕墙损坏、电梯故障、供电系统故障和空调故障等风险事件都可能发生。只是对于不同功能类别和结构类型的建筑而言，其每个风险事件发生的机理因其不同的自身设计特点、使用功能、周边环境、管理模式等存在一定的差异性，主要表现在发生概率的大小和发生后果的严重与否上，但是其风险事件基本一致，所有风险事件的因素来源都包括三个方面:管理类（人为因素、运营管理因素等）、技术类（设计、工艺、材料等）和环境类（自然环境、施工环境等）。

基于风险因素的分类无法实现本文研究目的，故本文的研究采用分部分项工程划分的基本原则，按照建筑结构分部划分寻找每一个分部中可能存在的风险事件。而且，针对每个事件的风险分析也是采用分项处理的技术，防止漏项。因此，通过分析，典型风险事件主要包括结构坍塌/倒塌、构件破坏、火灾、水淹、渗漏、幕墙损坏、饰面砖脱落、电梯故障、供电系统故障和空调系统故障等。

1.结构坍塌/倒塌

（1）建立 WBS-RBS 矩阵

城市大型建筑结构坍塌/倒塌的分项分解结果如图 6-1 所示。

图 6-1　结构坍塌/倒塌 WBS 分解图

城市大型建筑结构坍塌/倒塌的风险源分解结果如图 6-2 所示。

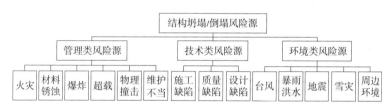

图 6-2　结构坍塌/倒塌 RBS 分解图

经过 WBS 和 RBS 分解后，可以形成耦合矩阵，判断风险因素。即以 WBS 后的工作单元作为行向量，风险源作为列向量，针对每个工作单元分别与所有风险源进行耦合，结果即为可能存在的导致结构坍塌/倒塌的风险因素。根据上述 WBS 分解和 RBS 分解结构，对大型建筑结构坍塌/倒塌风险进行 WBS-RBS 耦合分析，形成如表 6-1 所示的 WBS-RBS 风险耦合矩阵。

（2）建立结构坍塌/倒塌故障树

根据大型建筑结构坍塌/倒塌事故发生机理，以 WBS-RBS 分析得到的风险因素及风险事件（故障树中间事件）为主，结合事故调查结果，建立结构坍塌/倒塌故障树，如图 6-3 所示。

结构坍塌/倒塌 WBS-RBS 风险耦合矩阵

表 6-1

风险源 (RBS)		WBS 结构坍塌/倒塌					
风险源类别	风险源	桩基破坏	地基土剪切破坏	地基液化或流变	结构强度不足	结构刚度不足	结构损伤
管理类风险源	火灾				高温使构件承载力下降	外界高温使构件刚度降低	高温使构件产生疲劳损伤
	爆炸				冲击荷载致构件强度降低	冲击荷载使构件刚度退化	爆炸释放巨大能量
	物理撞击				突加偶然荷载使构件承载力不足		动力荷载导致构件裂损
	维护不当				使用年限久	管理混乱，用电不慎引起火灾	材料老化
	材料锈蚀				锈蚀导致构件承载力降低		
	超载	桩基承载力不足			屋面积水、屋面尘埃、行人等荷载超出设计值	超载导致构件变形过大	构件承载力不足
技术类风险源	设计缺陷	桩基设计不当，承载力不足	外荷载过大，使地基变形过大	勘察误差过大	荷载设计值不当，超过构件承载力	构件设计刚度不足	
	施工缺陷	桩基承载力不足	地基加固处理不到位	地基加固不当	存在施工质量问题，构件未达到设计承载力要求		地下室渗水
	质量缺陷	桩基承载力不足			未按设计方案施工	构件质量不合格	
环境类风险源	台风	土体端变滑移			台风使结构迎风面荷载超过设计值，构件强度降低		
	暴雨洪水	地基土体破坏	土体抗剪承载力下降	土体含水量增加导致抗剪承载力下降			
	地震	河水冲刷、浸泡	地基土体破坏	土体液化			
	雪灾				雪压荷载过大，超过构件承载力	损伤构件，使构件刚度退化	
	周边环境不利影响	恐怖袭击	恐怖袭击	周边环境振动	恐怖袭击	易燃材料燃烧使构件刚度降低	高温使构件产生疲劳损伤

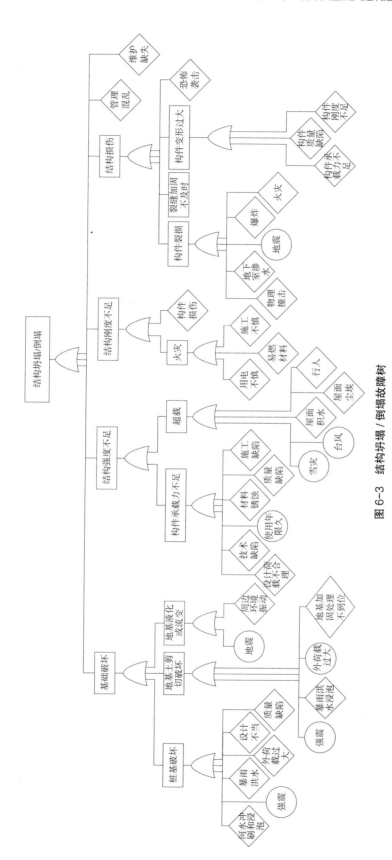

图 6-3 结构坍塌 / 倒塌故障树

注：故障树图图例说明，矩形代表"结果事件"，表示由其他事件或者事件组合所导致的事件；菱形和圆形代表"底事件"，其中菱形表示原则上应进一步探明原因但暂时不必或者暂时不能探明其原因的底事件；圆形表示无须探明其发生原因的底事件。

根据上述分析，建立结构坍塌／倒塌风险因素耦合关系图，如图 6-4 所示。

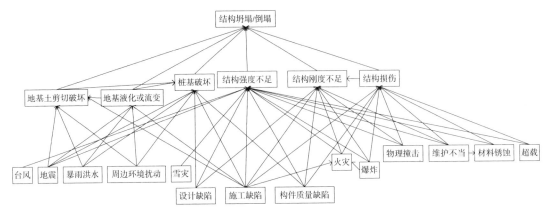

图6-4　结构坍塌／倒塌风险因素耦合关系

2. 构件破坏

（1）建立 WBS-RBS 矩阵

城市大型建筑构件破坏的分项分解结果如图 6-5 所示。

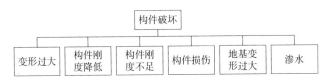

图6-5　构件破坏 WBS 分解图

城市大型建筑构件破坏的风险源分解结果如图 6-6 所示。

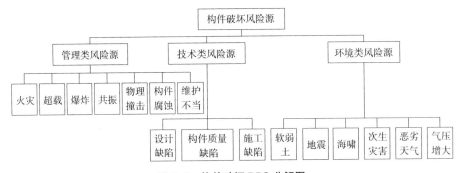

图6-6　构件破坏 RBS 分解图

根据上述 WBS 分解和 RBS 分解，对大型建筑构件破坏风险进行 WBS-RBS 耦合分析，形成见表 6-2 所示的 WBS-RBS 风险耦合矩阵。

构件破坏 WBS-RBS 风险耦合矩阵

表6-2

风险源 RBS		WBS					
	构件破坏	变形过大	构件刚度降低	构件刚度不足	构件损伤	地基变形过大	渗水
管理类风险源	火灾		高温使构件强度降低	高温使构件刚度降低			
	爆炸	释放巨大能量引起构件强度不足			爆炸使构件损伤		
	物理撞击	突加偶然荷载超过设计值			突加偶然荷载使构件损伤		
	构件腐蚀	构件腐蚀导致构件刚度降低		构件腐蚀导致构件刚度降低			
	超载	外加荷载超出设计值		外加荷载使构件产生较大变形			
	共振			共振使构件挠度成倍增长			
	维护不当		构件损伤		锈蚀	基础不均匀沉降	
技术类风险源	设计缺陷	材料选用不当		设计荷载不合理		设计荷载小于使用荷载	
	构件质量缺陷	构件质量缺陷		材料不合格			
	施工缺陷	焊接质量缺陷		构件接头施工质量缺陷		基础裂缝	地基加固处理不到位
	软弱土	承载力低导致地基变形过大		工作导致构件刚度不满足设计要求			
环境类风险源	地震	导致构件强度不满足设计要求			地震使构件受损		
	海啸				偶然冲击荷载导致构件损伤		
	次生灾害	次生灾害导致构件刚度降低					
	恶劣天气	雪灾、台风、暴风雪导致构件变形过大					
	气压增大						

（2）建立构件破坏故障树

根据大型建筑构件破坏发生机理，以 WBS-RBS 分析得到的风险因素及风险事件（故障树中间事件）为主，结合事故调查结果，建立构件破坏故障树，如图 6-7 所示。

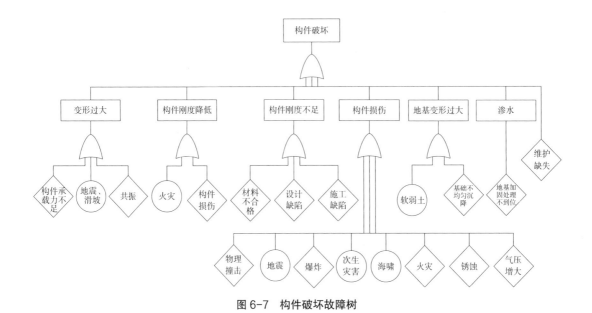

图 6-7　构件破坏故障树

根据上述分析，建立构件破坏风险因素耦合关系图，如图 6-8 所示。

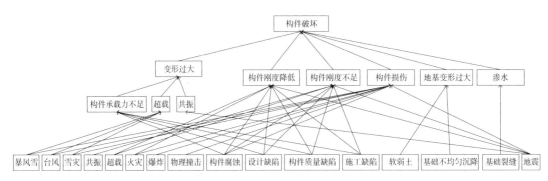

图 6-8　构件破坏风险因素耦合关系

3. 火灾

随着经济的快速发展，各地相继建成了数量众多的大型建筑或购物中心，传统大型建筑在功能和形式上已发生了很大的变化。它们不仅功能齐全，而且形式多样，部分大型建筑集餐饮、娱乐、旅游、文化和艺术等消费功能于一体。一般而言，大型建筑具有面积规模大、人员密集、建筑功能复杂、装修和商品的可燃物多等特点。发生火灾后容易导致蔓延迅速，人员疏散困难，扑救难度及财产损失大等后果。

（1）建立 WBS-RBS 矩阵

根据火灾发生的条件和大型建筑本身的建筑使用特点，城市大型建筑火灾的分项分解结果如图 6-9 所示。

图 6-9　火灾 WBS 分解图

城市大型建筑火灾的风险源分解结果如图 6-10 所示。

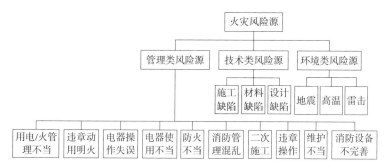

图 6-10　火灾 RBS 分解图

经过工作结构分解和风险源分解后，可以形成耦合矩阵，判断风险因素。即以工作结构分解后的工作单元作为行向量，风险源作为列向量，针对每个工作单元分别与所有风险源进行耦合，结果即为风险因素。根据上述 WBS 分解和 RBS 分解结构，对大型建筑火灾风险识别进行 WBS-RBS 耦合分析，形成见表 6-3 所示的 WBS-RBS 风险耦合矩阵。

火灾 WBS-RBS 风险耦合矩阵　　　　　　　　　　　　表 6-3

风险源		火灾　　　WBS	线路起火	明火燃烧
RBS	管理类风险源	用电/火管理不当	违章用电	用火不慎、化学危险品存储不当
		违章动用明火		人为纵火、玩火；乱扔烟头
		电器操作失误	短路	
		电器使用不当	电路故障	电器火花
		防火不当		可燃物燃烧、易燃物自燃
		消防管理混乱	用电不慎	未及时扑灭火源，火灾失控；油库漏油
		二次施工		电焊火花
		违章操作	电流过载	燃气泄漏、炉灶失火
		维护不当	线路老化	燃放烟花；打火机自爆
		消防设备不完善		未及时扑灭火源

157

风险源		火灾	WBS	
			线路起火	明火燃烧
RBS	技术类风险源	材料质量缺陷	电流过载	
		设计缺陷	电流过载	设计不合理
		施工缺陷	电线接触不良	
	环境类风险源	地震	电路故障	地震产生引火源
		恶劣环境	高温	雷击产生引火源；车辆自燃

（2）建立水淹故障树

根据大型建筑运营期发生火灾的过程和各风险因素分析，以大型建筑发生火灾作为故障树顶事件，在严格保证建立故障树的逻辑性基础上，以 WBS-RBS 分析得到的风险因素及风险事件（故障树中间事件）为主，结合事故调查结果，建立火灾的故障树，如图 6-11 所示。

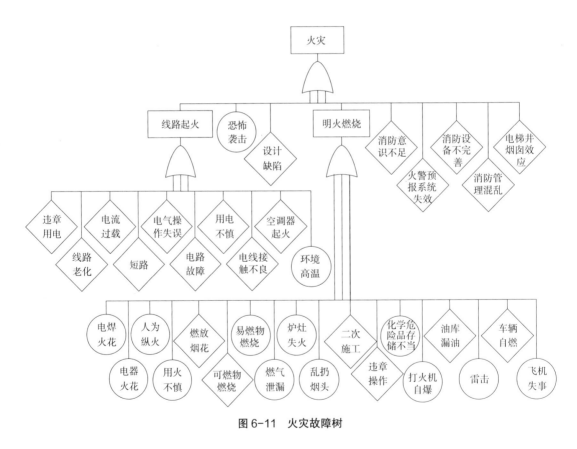

图 6-11　火灾故障树

根据上述分析，建立大型建筑火灾风险因素耦合关系图，如图 6-12 所示。

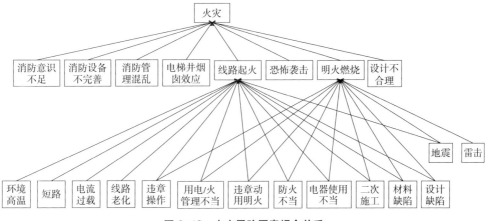

图 6-12　火灾风险因素耦合关系

4. 水淹

（1）建立 WBS-RBS 矩阵

城市大型建筑水淹的分项分解结果如图 6-13 所示。

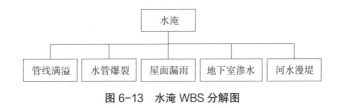

图 6-13　水淹 WBS 分解图

城市大型建筑水淹的风险源分解结果如图 6-14 所示。

图 6-14　水淹 RBS 分解图

经过工作结构分解和风险源分解后，可以形成耦合矩阵，判断风险因素。即以工作结构分解后的工作单元作为行向量，风险源作为列向量，针对每个工作单元分别与所有风险源进行耦合，结果即为风险因素。根据上述 WBS 分解和 RBS 分解结构，对大型建筑水淹风险识别进行 WBS-RBS 耦合分析，形成见表 6-4 所示的 WBS-RBS 风险耦合矩阵。

水淹 WBS-RBS 风险耦合矩阵　　　　　　　　　　　　　表 6-4

风险源		水淹	WBS				
			管线满溢	水管爆裂	屋面漏雨	地下室渗水	河水漫堤
RBS	管理类风险源	使用不当	排水管阻塞		防水层破坏	防水层破坏	
		维护不当		材料老化	防水层破坏	材料老化	
	技术类风险源	设计缺陷	管线设计缺陷		防水层设计不满足规范要求	防水层设计不满足规范要求	
		质量缺陷		材质不合格	材质不合格		
		施工缺陷		施工破坏		防水层破坏	
	环境类风险源	恶劣天气	暴雨			暴雨	暴雨
		周边环境的不利影响	施工破坏	建筑物沉降			

（2）建立水淹故障树

根据大型建筑运营期发生水淹的过程和各风险因素分析，以大型建筑发生水淹作为故障树顶事件，在严格保证建立故障树的逻辑性基础上，以 WBS-RBS 分析得到的风险因素及风险事件（故障树中间事件）为主，结合事故调查结果，建立水淹的故障树，如图 6-15 所示。

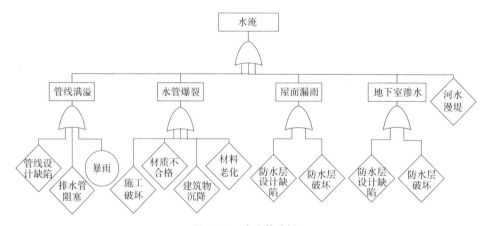

图 6-15　水淹故障树

根据上述分析，建立大型建筑水淹因素耦合关系图，如图 6-16 所示。

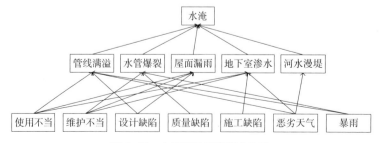

图 6-16　水淹风险因素耦合关系

5. 渗漏

（1）建立 WBS-RBS 矩阵

城市大型建筑渗漏的分项分解结果如图 6-17 所示。

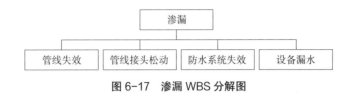

图 6-17　渗漏 WBS 分解图

城市大型建筑渗漏的风险源分解结果如图 6-18 所示。

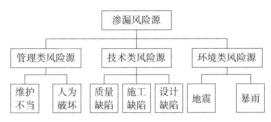

图 6-18　渗漏 RBS 分解图

经过工作结构分解和风险源分解后，可以形成耦合矩阵，判断风险因素。即以工作结构分解后的工作单元作为行向量，风险源作为列向量，针对每个工作单元分别与所有风险源进行耦合，结果即为风险因素。根据上述 WBS 分解和 RBS 分解结构，对大型建筑渗漏风险识别进行 WBS-RBS 耦合分析，形成见表 6-5 所示的 WBS-RBS 风险耦合矩阵。

渗漏 WBS-RBS 风险耦合矩阵　　　　　　　　　　表 6-5

	渗漏		WBS			
风险源			管线失效	管线接头松动	防水系统失效	设备漏水
RBS	管理类风险源	维护不当	材料老化		密封材料老化	
		人为破坏		人为破坏	防水层开裂	
	技术类风险源	质量缺陷	材质不合格			设备故障
		施工缺陷	管线接头松动		施工质量差	
		设计缺陷	实际水压过大		防水层不满足规范要求	
	环境类风险源	地震			防水层开裂	
		暴雨			雨量超过最大防水能力	

（2）建立渗漏故障树

根据大型建筑运营期发生渗漏的过程和各风险因素分析，以大型建筑发生渗漏作为故障树顶事件，在严格保证建立故障树的逻辑性基础上，以 WBS-RBS 分析得到的风险因素及风险事件（故障树中间事件）为主，结合事故调查结果，建立渗漏的故障树，如图 6-19 所示。

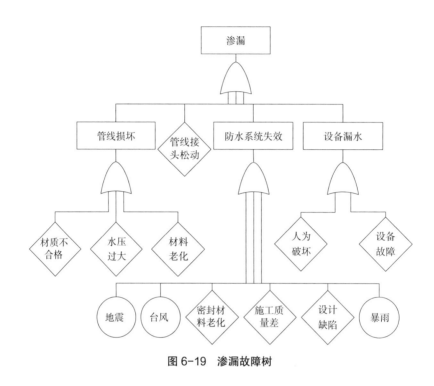

图 6-19　渗漏故障树

根据上述分析，建立大型建筑渗漏因素耦合关系图，如图 6-20 所示。

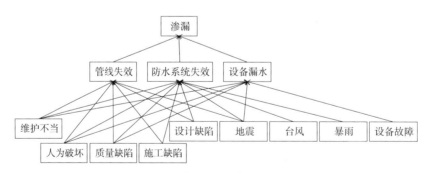

图 6-20　渗漏风险因素耦合关系图

6. 幕墙损坏

（1）建立 WBS-RBS 矩阵

根据幕墙的组成以及失效部位对大型建筑幕墙损坏进行 WBS 分解，其分项分解如图 6-21 所示。

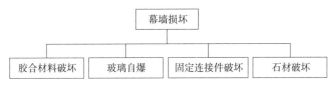

图 6-21　幕墙损坏 WBS 分解图

城市大型建筑幕墙损坏的风险源分解结果如图 6-22 所示。

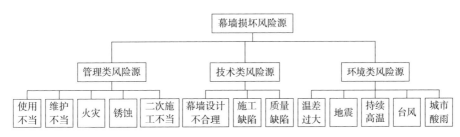

图 6-22　幕墙损坏 RBS 分解图

经过工作结构分解和风险源分解后，可以形成耦合矩阵，判断风险因素。即以工作结构分解后的工作单元作为行向量，风险源作为列向量，针对每个工作单元分别与所有风险源进行耦合，结果即为风险因素。根据上述 WBS 分解和 RBS 分解结构，对大型建筑渗漏风险识别进行 WBS-RBS 耦合分析，形成见表 6-6 所示的 WBS-RBS 风险耦合矩阵。

幕墙损坏 WBS-RBS 风险耦合矩阵　　　　　　　　　表 6-6

幕墙损坏 风险源			WBS			
			胶合材料破坏	玻璃自爆	固定连接件破坏	石材破坏
RBS	管理类风险源	使用不当	材料老化		固定连接件强度降低	
		维护不当	胶合材料强度降低		人为破坏	
		火灾		持续高温导致玻璃变形过大	火灾导致固定连接件强度降低	支承体系变形过大
		锈蚀			锈蚀导致固定连接件强度降低	
		二次施工不当			未按规范进行施工安装	
	技术类风险源	幕墙设计不合理	胶合材料强度不满足要求		固定连接件强度降低	
		施工缺陷				
		单元质量缺陷	胶合材料质量缺陷		固定连接件强度降低	石材产生裂缝
	环境类风险源	温差过大		温差过大导致玻璃变形过大		

续表

风险源		幕墙损坏	WBS			
			胶合材料破坏	玻璃自爆	固定连接件破坏	石材破坏
RBS	环境类风险源	地震	胶合材料强度降低		固定连接件强度降低	石材强度降低
		持续高温		高温烘烤使玻璃变形过大	支承体系变形过大	支承体系变形过大
		台风		风压使玻璃变形过大	固定连接件变形过大	
		城市酸雨	胶合材料被腐蚀	玻璃被腐蚀	固定连接件被腐蚀	石材被腐蚀

（2）建立幕墙损坏故障树

根据大型建筑幕墙损坏风险的 WBS-RBS 分析，以幕墙损坏为顶事件，形成大型建筑幕墙损坏的故障树，如图 6-23 所示。

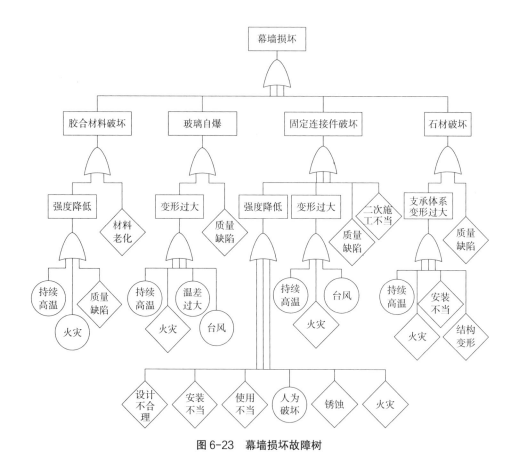

图 6-23　幕墙损坏故障树

根据上述故障树分析，对各风险因素和风险事件之间的相互关系进行分析，形成风险因素的耦合关系，如图 6-24 所示。

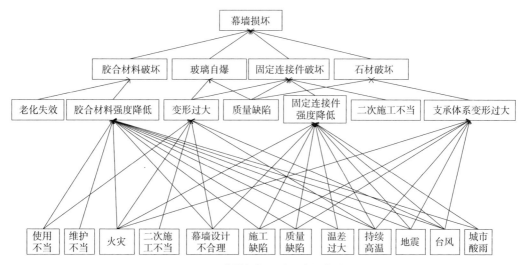

图 6-24　幕墙损坏风险因素耦合关系

7. 饰面砖脱落

（1）建立 WBS-RBS 矩阵

城市大型建筑饰面砖脱落的分项分解结果如图 6-25 所示。

图 6-25　饰面砖脱落 WBS 分解图

城市大型建筑饰面砖脱落的风险源分解结果如图 6-26 所示。

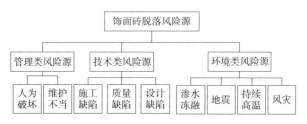

图 6-26　饰面砖脱落 RBS 分解图

经过工作结构分解和风险源分解后，可以形成耦合矩阵，判断风险因素。即以工作结构分解后的工作单元作为行向量，风险源作为列向量，针对每个工作单元分别与所有风险源进行耦合，结果即为风险因素。根据上述 WBS 分解和 RBS 分解结构，对大型建筑饰面砖脱落风险识别进行 WBS-RBS 耦合分析，形成见表 6-7 所示的 WBS-RBS 风险耦合矩阵。

饰面砖脱落			WBS	
风险源			粘结层破坏	饰面砖破坏
RBS	管理类风险源	人为破坏		饰面砖强度降低
		维护不当	材料老化	材料老化
	技术类风险源	设计缺陷	粘结层强度不足	
		施工质量差	粘结层强度不足	
		质量缺陷	粘结材料性能差	饰面砖材质不合格
	环境类风险源	恶劣天气	渗水使粘结层强度降低	温差使饰面砖强度降低
		地震	粘结层强度降低	

饰面砖脱落 WBS-RBS 风险耦合矩阵　　　　　　　表 6-7

（2）建立饰面砖脱落故障树

根据大型建筑运营期发生饰面砖脱落的过程和各风险因素分析，以大型建筑发生饰面砖脱落作为故障树顶事件，在严格保证建立故障树的逻辑性基础上，以 WBS-RBS 分析得到的风险因素及风险事件（故障树中间事件）为主，结合事故调查结果，建立饰面砖脱落的故障树，如图 6-27 所示。

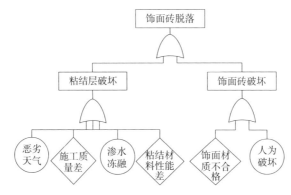

图 6-27　饰面砖脱落故障树

根据上述故障树分析，对各风险因素和风险事件之间的相互关系进行分析，形成风险因素的耦合关系，如图 6-28 所示。

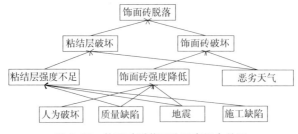

图 6-28　饰面砖脱落风险因素耦合关系

8. 电梯故障

（1）建立 WBS-RBS 矩阵

根据电梯易发生故障部位对大型建筑中电梯故障事故进行 WBS 分解，其分项分解如图 6-29 所示。

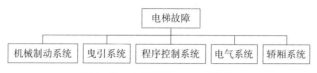

图 6-29 电梯故障 WBS 分解图

城市大型建筑电梯故障的风险源分解结果如图 6-30 所示。

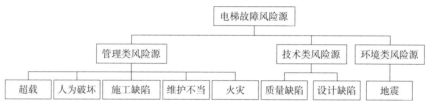

图 6-30 电梯故障 RBS 分解图

经过工作结构分解和风险源分解后，可以形成耦合矩阵，判断风险因素。即以工作结构分解后的工作单元作为行向量，风险源作为列向量，针对每个工作单元分别与所有风险源进行耦合，结果即为风险因素。根据上述 WBS 分解和 RBS 分解结构，对大型建筑电梯故障风险识别进行 WBS-RBS 耦合分析，形成如表 6-8 所示的 WBS-RBS 风险耦合矩阵。

电梯故障 WBS-RBS 风险耦合矩阵 表 6-8

风险源		电梯故障	WBS				
			机械制动系统	曳引系统	控制程序系统	电气系统	轿厢系统
RBS	管理类风险源	超载		绳索破坏			
		人为破坏	制动设备损坏	绳索等传动设备损坏	控制元件损坏	线路损坏	感应装置损坏
		火灾		绳索损坏	控制线路损坏	线路损坏	
		维护不当	制动设备老化损坏	传动设备润滑不良	控制元件脱落损坏	线路老化	导轨润滑不良磨损
	技术类风险源	施工缺陷			控制元件接线不良导致控制系统失效	线路接触不良	导轨定位不精确导致磨损
		质量缺陷	制动系统失效	曳引系统失效	控制程序失效	线路损坏	控制程序失效
		设计缺陷	制动系统失效	曳引系统失效	控制程序失效		控制程序失效
	环境类风险源	地震	制动设备损坏	绳索损坏	控制线路损坏	线路损坏	导轨损坏

（2）建立电梯故障故障树

根据大型建筑电梯故障风险的 WBS-RBS 分析，确定故障树顶事件为机械制动系统故障、曳引系统故障、程序控制系统故障、电气系统故障和轿厢系统故障。根据以上对大型建筑电梯故障风险源的识别分析，以机械制动系统故障、曳引系统故障、程序控制系统故障、电气系统故障和轿厢系统故障为故障树顶事件，形成大型建筑电梯故障事故发生的故障树分别如图 6-31 ~ 图 6-35 所示。

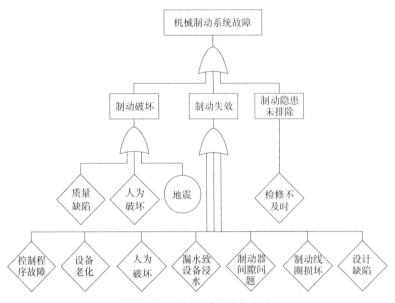

图 6-31　机械制动系统故障树

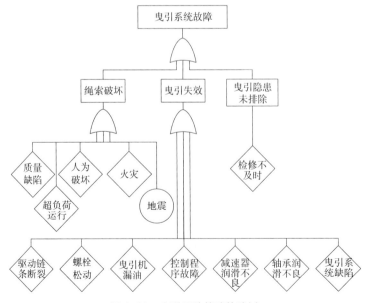

图 6-32　曳引系统故障故障树

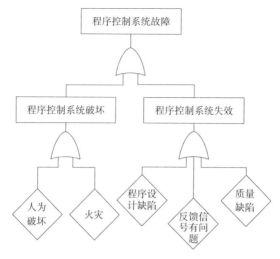

图 6-33 程序控制系统故障故障树

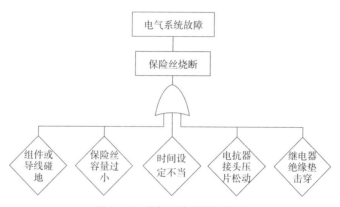

图 6-34 电气系统故障故障树

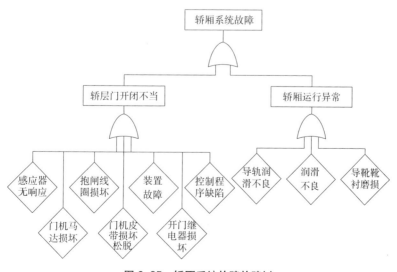

图 6-35 轿厢系统故障故障树

　　根据上述故障树分析，对各风险因素和风险事件之间的相互关系进行分析，形成风险因素的耦合关系，如图 6-36 所示。

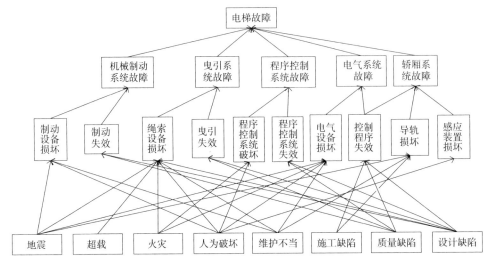

图 6-36　电梯故障风险因素耦合关系

9. 供电系统故障

（1）建立 WBS-RBS 矩阵

城市大型建筑供电系统故障的分项分解结果如图 6-37 所示。

图 6-37　供电系统故障 WBS 分解图

城市大型建筑供电系统故障的风险源分解结果如图 6-38 所示。

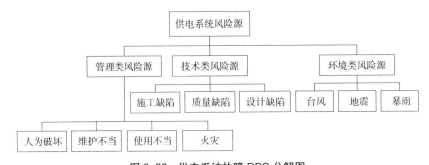

图 6-38　供电系统故障 RBS 分解图

　　经过工作结构分解和风险源分解后，可以形成耦合矩阵，判断风险因素。即以工作结构分解后的工作单元作为行向量，风险源作为列向量，针对每个工作单元分别与所有风险源进行耦合，结果即为风险因素。根据上述 WBS 分解和 RBS 分解结构，对大型建筑供电系统故障风险识别进行 WBS-RBS 耦合分析，形成如表 6-9 所示的 WBS-RBS 风险耦合矩阵。

供电系统故障 WBS-RBS 风险耦合矩阵　　　　　　　　　　表 6-9

风险源		供电系统故障	WBS		
			控制系统	发电与配电系统	输电系统
RBS	管理类风险源	人为破坏	控制线路损坏	设备损坏	输电线路断路
		火灾	控制线路损坏	设备损坏	输电线路损坏致断路
		维护不当	设备老化	设备老化	线路腐蚀损坏致断路
		使用不当		设备负荷过载	输电线路短路
	技术类风险源	施工缺陷	控制元件接线不良导致控制程序失效		输电线路接触不良致断路
		质量缺陷	控制程序失效	设备质量不合格	输电线路漏电
		设计缺陷	控制程序失效	设备负荷过载	线路负荷过载
	环境类风险源	地震	设备损坏	设备损坏	输电线路损坏致断路
		暴雨	设备浸水	设备浸水	
		台风			输电线路损坏致断路

（2）建立供电系统故障故障树

　　根据大型建筑运营期发生供电系统故障的过程和各风险因素分析，以大型建筑发电与配电系统故障、输电系统故障和控制系统故障作为故障树顶事件，在严格保证建立故障树的逻辑性基础上，以 WBS-RBS 分析得到的风险因素及风险事件（故障树中间事件）为主，结合事故调查结果，建立供电系统故障的故障树，如图 6-39 所示。

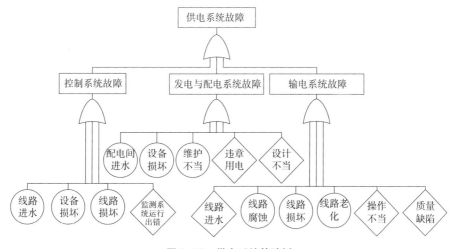

图 6-39　供电系统故障树

城市大型建筑供电系统故障的风险源分解结果如图 6-40 所示。

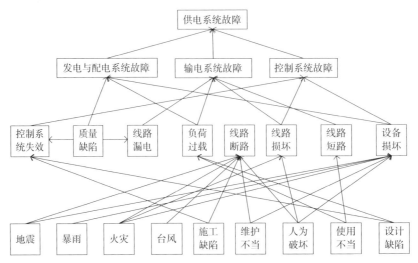

图 6-40　供电系统故障风险因素耦合关系

10. 空调系统故障

（1）建立 WBS-RBS 矩阵

在事故案例收集过程中，未发生因空调系统故障而发生运营安全的事故，但是，在调研时发现，对于大型建筑而言，存在重要机房、设备间、控制中心等可能影响运营功能事故的区域，一旦空调系统发生故障不工作而导致重要设备间温度上升，引起设备不能正常工作，极可能造成建筑物内的使用功能事故，故本研究也把空调系统故障作为典型安全运营风险事件之一。城市大型建筑空调系统故障的分项分解结果如图 6-41 所示。

图 6-41　空调系统故障 WBS 分解图

城市大型建筑空调系统故障的风险源分解结果如图 6-42 所示。

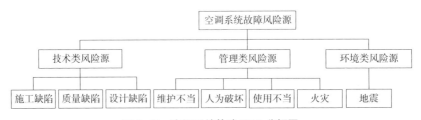

图 6-42　空调系统故障 RBS 分解图

经过工作结构分解和风险源分解后，可以形成耦合矩阵，判断风险因素。即以工作结构分解后的工作单元作为行向量，风险源作为列向量，针对每个工作单元分别与所有风险源进行耦合，结果即为风险因素。根据上述 WBS 分解和 RBS 分解结构，对大型建筑空调系统故障风险识别进行 WBS-RBS 耦合分析，形成如表 6-10 所示的 WBS-RBS 风险耦合矩阵。

空调系统故障 WBS-RBS 风险耦合矩阵　　　　表 6-10

风险源	空调系统故障		WBS		
			冷热源系统	风系统	水系统
RBS	管理类风险源	人为破坏	设备损坏	设备损坏	设备损坏
		火灾	线路损坏	线路损坏	线路损坏
		维护不当	设备润滑不良	设备腐蚀磨损	设备腐蚀磨损
		使用不当	设备损坏	设备损坏	设备损坏
	技术类风险源	施工缺陷		漏风	漏水
		质量缺陷	设备质量不合格	设备质量不合格	设备质量不合格
		设计缺陷	设备选型不合理	设备选型不合理	设备选型不合理
	环境类风险源	地震	设备损坏	设备损坏	设备损坏

（2）建立空调系统故障故障树

根据大型建筑运营期发生空调系统故障的过程和各风险因素分析，以大型建筑发生空调系统故障作为故障树顶事件，在严格保证建立故障树的逻辑性基础上，以 WBS-RBS 分析得到的风险因素及风险事件（故障树中间事件）为主，结合事故调查结果，建立空调系统故障的故障树，如图 6-43 所示。

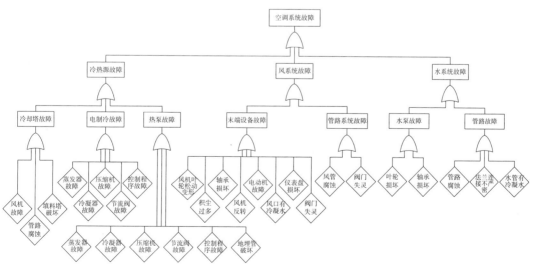

图 6-43　空调系统故障故障树

根据上述故障树分析，对各风险因素和风险事件之间的相互关系进行分析，形成风险因素的耦合关系，如图6-44所示。

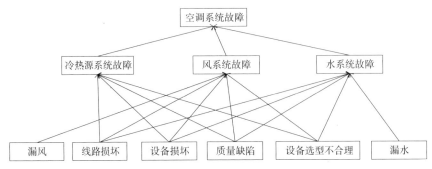

图6-44 空调系统故障风险因素耦合关系

6.3 运营阶段风险管理的风险评价

6.3.1 大型公共建筑安全运营风险动态评估研究现状

城市大型建筑物运营阶段不同于其他工程阶段，由于使用周期较长，可能发生的风险具有复杂性和多变性的特点。因此，动态风险评估显得尤为重要，故提出了基于贝叶斯网络的城市建筑安全运营风险动态评估技术。

在解决许多实际问题中，需要从不完全的、不精确的或不确定的知识和信息中做出推理，通过人工智能方法建立专业知识领域的决策模型，尤其是当数据较难获得的时候。贝叶斯网络方法的研究是近年来人工智能领域的热点问题。贝叶斯网络方法（Bayesian Networks）是 Pearl 于 1988 年提出的一种非常有代表性的不确定性知识表示和推理方法。它是一种概率推理技术，使用概率理论来处理不同知识成分之间的条件相关而产生的不确定性，提供了一种将知识直觉地图解可视化的方法。

贝叶斯网络模型包括随机变量（可以是离散或连续）集组成的网络节点、具有因果关系的网络节点对应的有向边集合、用条件概率分布表示节点之间的影响等。其中，网络节点表示对过程、事件和状态等实体的某些特征的描述；有向边则表示变量间的概率依赖关系，起因假设、结果数据均用节点表示，各变量之间的因果关系由节点之间的有向边表示；一个变量影响到另一个变量的程度用数字编码形式描述。

近年来，国内外学者对贝叶斯网络进行了大量的研究，并应用于不同领域，如生态学、环境影响评估、经济风险和产品生命周期分析、采矿和地质数据研究、安全氛围和安全行为研究等。有学者尝试利用贝叶斯网络对核电站软件系统的安全性进行评估，但没有给出切实可行的方法。还有研究将故障树向贝叶斯网络的转化，并通过一个多处理器系统的实例对二者的建模能力进行了比较。

在建设领域的安全风险研究中，Richard 等人识别了建筑工地高空坠落事故是最主要的风险因素，根据风险因素之间的联系构建了高空坠落风险贝叶斯网络，通过对建筑工人进行问卷调研的方式获得数据，对建筑工地上不同高度情况下最重要的不安全因素进行评估。研究中所采用的是间接获得数据的方法，虽然存在一定局限性，但将贝叶斯网络应用于建筑施工安全风险研究是一种突破性的尝试。王利民对比了贝叶斯网络和其他专家系统的风险预测能力，认为贝叶斯网络预测能力更强，能更好地分析施工现场事故，其主要优点包括：（1）可针对不同情况进行模拟，并对每一个变量进行概率分析。（2）适用于离散的定性变量（如与事故相关的各种参数）。（3）能够清楚地构建各个变量之间的因果依赖关系。

城市大型建筑物安全运营风险评估和管理是一个动态的过程，为了有效防范、化解和处置社会稳定风险，在建筑物运营过程中，需要根据建筑物运营的实际情况，对建筑物进行动态监测，更新识别的主要风险因素，评判风险等级，为优化完善风险防范、化解和处置措施提供基础。因此，本研究将利用贝叶斯网络进行建筑物安全运营风险的动态分析和评估，结合故障树分析耦合关系，建立贝叶斯网络计算模型；通过数据统计和推理，确定风险评估的基本参数，充分发挥贝叶斯网络更新推理的优势，进行城市典型建筑安全运营动态风险评估。

6.3.2　基于贝叶斯网络的安全运营风险评估

1. 基于贝叶斯网络的风险概率计算方法

（1）贝叶斯网络理论

贝叶斯网络（Bayesian Network，BN），又称信度网络（Belief Networks），是基于概率推理的图形化网络，能直观地表示一个因果关系，可将复杂的变量关系表示为一个网络结构，通过网络模型反映问题领域中变量的依赖关系，是目前不确定知识表达和推理领域最有效的理论模型之一。贝叶斯网络是一种表示变量间概率分布及关系的有向无环图（Directed Acyclic Graph，DAG）模型。在此网络中，每个节点代表随机变量，节点间的有向边（由父节点指向其后代子节点）代表了节点间的依赖关系，每个节点都对应一个条件概率表（Conditional Probability Table，CPT），表示该变量与父节点之间的关系强度，没有父节点的用先验概率进行信息表达。

贝叶斯网络的推理实质上是通过联合概率分布公式，在给定的结构和已知证据下，计算某一事件发生的后验概率 $P(X|E)$。由于贝叶斯网络已经有很成熟的算法计算节点的联合概率分布和在各种证据下的条件概率分布，因而在构建了系统的贝叶斯网络之后，就可以很方便地进行概率安全评估。

（2）风险发生概率推理

贝叶斯网络的概率推理（Probabilistic Inference）就是贝叶斯网络解决实际问题的过程。通过概率计算，在贝叶斯网络模型给定的情况下，根据已知节点变量的概率分布，利用条件概率的计算方法，计算出所感兴趣的节点变量发生的概率。设所有随机变量集合为 N，

给定节点变量集合 E 为集合 N 的子集，其中 E 取值用 e 表达（假定为 True 或 False），即 $E=e$。查询节点变量集合为 Q，其值为 q_i。概率推理就是在给定 $E=e$ 时，计算条件概率如下式所示：

$$p(Q_i = q_i \mid E = e) = \frac{p(N_i = q_i, E = e)}{p(E = e)} \tag{6-1}$$

贝叶斯网络概率推理主要包括以下几种推理方式：

1）因果推理（causal inference）：由原因推出结论，也称自顶向下的推理（top-down inference）；已知原因，利用推理计算，求出原因导致结果发生的概率。

2）诊断推理（diagnostic inference）：由结论推出原因，也称自下向上的推理（bottom-up inference）；已知发生了某些结果，根据推理计算，找到造成该结果发生的原因和发生的概率。

3）支持推理提供解释以支持所发生的现象（explaining away），目的是对原因之间的相互影响进行分析。

本研究中，贝叶斯网络因果推理方法适用于风险因素的敏感性分析和风险事件的动态评估，即依据案例库的统计结果和专家经验得到风险因素资料，预测风险事件的变化态势。

2. 基于建筑抗风险能力的损失估算方法

建筑抗风险能力是指建筑物抵御风险发生和承受风险带来损失的能力。鉴于建筑物本身具有抵抗安全事故发生的能力，同时也能在安全事故发生后发挥一定的补救措施，阻碍风险进一步恶化，本研究提出了一种合理的损失评估方法：基于建筑抗风险能力的损失评估方法。建筑自有风险抗力主要来源于建筑物的属性，包括结构体系（如钢结构、混凝土结构等）、设施设备等建筑硬件设施，以及管理体系、预警应急防范措施等软件配备。此外，建筑物的风险抗力并非静态变量，还与运营阶段的实时状况有关；而且，在规划阶段、设计阶段、施工阶段埋下的各种隐患也会对其产生重要影响。建筑物抗风险能力越大，说明其发生风险后的损失相对越小。因此，根据建筑物抗风险能力的大小来评判其损失大小，进而确定风险等级，是一种新颖的风险损失研究方法。

比如，以大型建筑物安全运营火灾风险为例，从建筑物的自身属性以及管理系统分析建筑物的抗火灾风险能力。建筑物的自身属性包括结构形式、防火分区、电气设备、单位面积荷载、建筑结构的耐火等级、装修材料燃烧特性。管理系统包括防火系统、管理体系、火灾应急预案等；其中，防火系统对抗火灾风险能力的影响涉及火灾探测系统、报警系统、灭火系统、安全疏散设施、防排烟系统、消防救援设施等。

基于建筑自身具备抗火灾能力的火灾损失包括直接损失和间接损失。其中，直接损失即火灾发生后直接造成的财产损失和人员伤亡带来的实际经济代价；间接损失，即火灾发生后带来的除了财产以外的损失。

（1）经济损失估算

衡量火灾下财产损失，首先必须知道财物损失的判断依据。火烧下的损失即由过火面积乘以单元面积财产得到的损失值。计算时采用每个防火分区中的平均过火面积来计算，而平均过火面积又与每个阶段的火灾成长概率和每个阶段的过火面积相关。

火灾发展分为四个阶段：初期阶段、全面阶段、蔓延阶段和熄灭阶段。火灾发生后究竟会发展到什么程度，取决于建筑物的结构属性、防火材料耐火性能以及防火系统的扑救。

因此，可根据防火分区的平均过火面积 A 与建筑物的财产密度 ρ 的乘积，得到火灾烧损的损失计算公式如下：

$$L_1 = A \times \rho \qquad (6-2)$$

烟熏损失是指由于烟气熏黑或者腐蚀造成某些物体（如电子产品、衣物等）无法挽回的财产损失。根据烟气对于物体的淹没体积除以单一物体的体积再乘以单价即可得到烟熏损失。火灾发生后烟气由于浮升力的原因，自下而上蔓延，当到达顶棚时将水平蔓延然后再向下浸没。因此对于浸没体积主要有以下几个影响因素：热释放速率的分布、房屋布置、建筑结构、防排烟系统等。建筑物的烟熏损失为：

$$L_2 = \frac{V}{V_E} \times P_E \qquad (6-3)$$

式中 V——烟气淹没体积；

V_E——单一物体体积；

P_E——物体单价。

（2）人员伤亡估算

通常用建筑物内人员可用的安全疏散时间（Available required Safety Egress Time，ASET）和人员疏散所需的时间（Required Safety Egress Time，RSET）来判断人员是否会安全，并界定：1）当 $RSET < ASET$ 时，人员安全疏散，不造成人员伤亡。2）当 $RSET > ASET$ 时，人员会发生生命危险。

可用的安全疏散时间主要由三个因素来判断，即发生火灾时的烟气层高度、浓度以及烟气毒性，由这三者首先达到了不可容忍的时间来决定。如果烟气温度、一氧化碳（CO）浓度和能见度在某时刻超过规定的临界值（表6-11），则可以认为此时烟气开始对人员疏散构成威胁，该时间为人员的可用安全疏散时间。

各参数的极限值 表6-11

参数		极限值	考虑安全裕度的极限值
冷空气层的高度（m）		> 2.0	≥1.8
距底板1.8m内的CO体积分数（×10⁻⁶）		< 1400	≤700
距底板1.8m内的温度（℃）		< 65	≤50
热烟气层的温度（℃）		< 600	≤280
可见度（m）	熟悉环境	≥30	≥30
	不熟悉环境	≥5	≥5

人员疏散时间的确定：从火灾发生开始到所有人员达到建筑物外的安全地带，该时间由三部分组成：辨别火灾时间（T_b）、反应时间（T_f）和人员在疏散通道的疏散时间（T_s）。

辨别火灾时间为火灾被探测到和火灾自动报警启动的时间，对于特定的建筑物，一般认为这个是固定值。

反应时间是指人员从开始辨别到发生火灾后从建筑内做出逃生行为的时间。它主要受危险信号（如人们发觉烟气等）、警报、建筑类型等影响。人员反应时间与人员组成、建筑环境等多方面因素有关，且在火灾等紧急情况下人员的心理行为较复杂。

疏散时间，即移动时间，指人员在通道上的疏散时间，这个可以根据疏散通道的距离与人员移动的速度计算出。

3. 基于贝叶斯网络的风险动态评估技术

基于贝叶斯网络的动态评估方法主要包括两部分内容：

（1）将风险评估过程进行任务单元划分，并形成一个可以进行更新作业的系统，建立贝叶斯网络模型；各个单元的作业内容和静态风险评估方法基本一致。

（2）针对各个任务单元，一方面跟踪风险事件，更新风险因素的种类和个数以及风险因素之间的逻辑关系；另一方面选取用于监控和跟踪的特征量，比如材料的耐久性指标、风险因素的权重度等，通过贝叶斯网络的概率演算进行风险事件的态势评估。

本研究将以城市大型建筑物"幕墙损坏"风险事件为例，论述基于贝叶斯网络的动态风险评估技术。

6.4 运营阶段风险管理的风险处置

大型建筑安全运营风险识别和评估本身不是目的，识别和评估的目的是为了更好地了解风险事件及其风险因素，并采取针对性的预控措施和方法进行有效控制，防止风险事件发生概率提升，避免风险事件发生后果加重。

6.4.1 风险预控措施

因此，本节在识别结果的基础上，提出预防大型建筑安全运营风险事件发生的控制措施和方法。本研究针对已搜集的事故，追根溯源，分析其发生机理，针对每种风险事件提出了控制措施和方法以供参考，具体控制措施见表 6-12 ~ 表 6-22。

结构坍塌／倒塌风险预控措施和方法　　　　　　　　　　　　　表 6-12

风险事件	第一层风险因素	第二层风险因素	第三层风险因素	预控措施和方法
结构坍塌/倒塌	基础破坏	桩基破坏	河水冲刷和浸泡	建筑物基础周围修建防水墙
			强震导致桩基破坏	定期向地震监测部门获取最新资料

续表

风险事件	第一层风险因素	第二层风险因素	第三层风险因素	预控措施和方法
结构坍塌/倒塌	基础破坏	桩基破坏	暴雨洪水导致土体蠕变滑移	（1）加强暴雨预测工作； （2）增设排水管道
			外荷载过大	控制上部荷载并及时采取加固措施
			桩基设计不当	由于桩基设计不当造成桩基倾斜破坏的，采用掏土与抽水相结合的方法对桩基进行纠偏处理
			桩基质量缺陷	采取地基补强加固处理措施
		地基土剪切破坏	强震地基土体破坏	定期向地震监测部门获取最新资料
			暴雨洪水浸泡土体抗剪承载力下降	雨季做好暴雨预报及排水工作
			外荷载过大	地基加固
			地基加固处理不到位	采用其他地基处理方法进行加固改良
		地基液化或流变	地震导致土体液化	定期向地震监测部门获取最新资料
			周边环境振动导致土体液化或流变	（1）检查周边建筑物必须满足最小间距要求； （2）不能满足要求时，必须做加强处理； （3）加强监测
	结构强度不足	构件承载力不足	设计荷载不合理	（1）采取措施减少或控制上部荷载； （2）及时加固
			构件存在质量缺陷	采取更换构件或对构件进行加固处理
			材料锈蚀	（1）定期检查； （2）及早处理； （3）查清锈蚀原因，最大限度地排除腐蚀因素，选取最优的防护措施
			使用年限久	使用年限久的构件应及时加固或更换
			技术缺陷	后期加固改善
			施工缺陷	跟踪监测构件变形值、裂缝宽度等，做好预警工作
		超载	雪灾	（1）做好预报工作； （2）及时清理积雪
			台风	（1）做好抗击台风应急管理工作； （2）狠抓应急管理责任制
			屋面积水	（1）大雨、暴雨后及时清理屋面积水； （2）增设排水管道
			屋面尘埃	定期清理屋面尘埃
			行人	做好现场安保工作，控制行人量
	结构刚度不足	构件损伤		重要构件处放置警示牌、警示标语，避免人为撞击
		火灾	用电不慎	（1）制定专门的管理条例； （2）照明电器设备，必须经有关部门批准，并严格执行电气技术规程
			易燃材料	做好易燃材料相关管理工作，定点堆放，隔离引火源

风险事件	第一层风险因素	第二层风险因素	第三层风险因素	预控措施和方法
结构坍塌/倒塌	结构刚度不足	火灾	施工不慎	（1）检查焊工有无经批准的用火作业许可证； （2）检查用火监护人是否在现场； （3）防火措施是否落实
	结构损伤	构件裂损	地震	定期向地震监测部门获取最新资料
			物理撞击	（1）重要构件旁警示牌/警示标语数量是否足够； （2）检查警示牌、警示标语位置是否正确
			爆炸	提高警惕，将引爆因素控制在预谋阶段
			火灾	（1）不定时抽查； （2）提高消防安全素质； （3）坚持消防安全评估常态化
			地下室渗水	（1）采用防水剂在裂缝及点状渗水处压力注浆堵漏； （2）在新建地下室集水坑侧壁附设消压泄水管降低地下水位
		裂缝加固不及时		（1）加强对裂缝跟踪监测； （2）及时加固已出现的裂缝
		构件变形过大	构件承载力不足	减少上部荷载或采取加固措施
			构件质量缺陷	更换构件或采取加固措施
			构件刚度不足	采取加固措施
		恐怖袭击		（1）留意可疑人物、包裹、车辆、邮件； （2）如有怀疑，应立即报警
	管理混乱			（1）每天核查各岗位人员是否到岗； （2）及时填补空缺职位
	维护缺失			设立维护岗位，定期巡查

构件破坏风险预控措施和方法　　　　　　　　　　表 6-13

风险事件	第一层风险因素	第二层风险因素	第三层风险因素	预控措施和方法
构件破坏	变形过大	构件承载力不足	设计荷载不合理	（1）采取措施减少或控制上部荷载； （2）及时加固
			构件质量缺陷	及时采取加固措施
			构件腐蚀	（1）在钢结构表面施加金属镀层保护如电镀或热镀锌等； （2）定期检查、除锈
			焊接质量差	加强或补焊
		超载	雪灾	（1）做好预报工作； （2）及时清理积雪
			台风	（1）做好抗击台风应急管理工作； （2）狠抓应急管理责任制
			暴风雪	定期向暴风雪监测部门获取最新资料
		共振	地震	定期向地震监测部门获取最新资料

风险事件	第一层风险因素	第二层风险因素	第三层风险因素	预控措施和方法
构件破坏	构件刚度降低	构件损伤		设置警示牌、警示标语，避免人为撞击
		火灾		（1）及时清理易燃、可燃物； （2）核查有无违规用电； （3）定期检查火灾自动报警系统及自动喷水灭火系统的可用性
	构件刚度不足	材料不合格		更换材料或采取加固措施
		设计不当		采取加固措施
		施工缺陷		及时补强
	构件损伤	地震		定期向地震监测部门获取最新资料
		海啸		定期向海啸监测部门获取最新资料
		次生灾害		及时处理可能引发次生灾害的风险源
		物理撞击		警示牌、警示标语的数量及摆放位置必须满足要求
		爆炸		（1）加强民用爆炸物品的管理； （2）建立爆炸物品安全技术监测系统
		火灾		（1）及时清理易燃、可燃物； （2）核查有无违规用电； （3）定期检查火灾自动报警系统及自动喷水灭火系统的可用性
		锈蚀		在构件表面施加金属镀层保护
		气压增大		发现异常时，及时释放气压
	地基变形过大	软弱土		采取地基处理措施
		基础不均匀沉降		在适当部位掏取适当的地基土，使地基引力在局部范围内得到解除或转移，增大沉降量大的一侧的沉降量
	渗水	基础裂缝		（1）加强对裂缝发展的监测； （2）及时加固处理
	维护缺失			设立维护岗位，定期巡查

火灾风险预控措施和方法　　　　　　　　　　　　　　　　　　表 6-14

风险事件	第一层风险因素	第二层风险因素	预控措施和方法
火灾	线路起火	违章用电	（1）设立专门的监管部门，检查与处罚违章现象； （2）建立/增加违章处罚制度
		线路老化	（1）定期测量检查线路的绝缘状况； （2）须查找出绝缘破损的地方并加以处理，过分陈旧老化、破损严重的导线必须更换； （3）经常对运行中的线路和设备进行巡视和检查，一旦发现接头松动或发热，及时处理
		电流过载	安装漏电防火报警系统（即剩余电流报警系统），通过探测线路中漏电流的大小来判断火灾的发生的可能性，从而提早预防火灾发生
		短路	（1）定期紧固各线路接线端子，防止松动脱落； （2）检查继电器等电气元件，对于损坏的电气元件要及时修复更换

续表

风险事件	第一层风险因素	第二层风险因素	预控措施和方法
火灾	线路起火	电气操作失误	重要电器配备用电使用说明书或由专人操作
		电路故障	定期检查有无线路损坏、设备老化
		用电不慎	定期检查电气线路乱接乱拉、超负荷用电
		电线接触不良	加强管理，及时处理线路老化或者人为造成的线路接触不良
		空调器起火	定期检查空调器性能，出现故障部位及时更换
		环境高温	定期检查，及时更换老化线路
	明火燃烧	电焊火花	检查用火监护人是否在现场
		电器火花	定期检查有无电线短路、损坏
		人为纵火、玩火	定期巡视检查，发现引火源及时清理
		用火不慎	在指定地方用火并有专人指导和监视
		燃放烟花	在建筑物内、外贴示标语；加强巡视，发现燃起的烟花及时扑灭
		可燃物燃烧	定时巡视检查仓库、油库内、外有无可燃物
		易燃物自燃	定时巡视检查仓库、油库内、外有无易燃物
		燃气泄漏	（1）保持室内空气流通，煤气灶旁不要摆放易燃易爆物品； （2）采用PGC仪器对与天然气管道相邻的污水井、电力槽沟等地方进行采样检测，看有无天然气泄漏，如有，则立即组织抢险抢修小组进行抢修
		炉灶失火	检查煤气开关是否关好，厨房是否有煤气漏出所特有的臭味。可将肥皂水涂抹在怀疑漏气的地方检查是否漏气
		乱扔烟头	（1）定时巡视； （2）定时清扫场地
		二次施工	（1）检查焊工有无经批准的用火作业许可证； （2）检查用火监护人是否在现场； （3）防火措施是否落实
		违章操作	定期检查，加大监管力度
		化学危险品存储不当	加强管理，定期做好例行检查工作
		打火机自爆	加大检查力度，禁止携带打火机
		油库漏油	定期检查，加强管理
		雷击	定期检查，确保避雷设施的可用性
		车辆自燃	定期检查火灾自动报警系统及自动喷水灭火系统的可用性
		飞机失事	加强监测
	飞机撞击		加强监测
	设计不合理		采取相应措施加快空气流通
	消防意识不足		定期地向群众宣传现代消防设备的使用方法，提高群众防火意识
	火警预报系统失效		（1）定期检查火警预报系统的各项指标、性能； （2）及时更换老化、损坏的密封件和管路
	消防设备不完善		加强管理，定期做好例行检查工作，检查火灾报警系统、消防泵、风机、疏散出口指示灯、自动洒水设备、灭火器、消火栓、排烟设备、消防电话和应急广播、消防电梯

风险事件	第一层风险因素	第二层风险因素	预控措施和方法
火灾	消防管理混乱		熟悉建筑物内消防设备的设计与安装，明确具体的消防设备的位置； 消防管理团队人员须熟悉消防设备的具体使用方法； 相关管理部门制定相应的日常消防管理工作计划
	电梯井烟囱效应		增强电梯井内空气流通

水淹风险预控措施和方法　　　　　　　　　　　　　　表 6-15

风险事件	第一层风险因素	第二层风险因素	预控措施和方法
水淹	管线满溢	管线设计缺陷	（1）根据建筑排水的特点对排水管线的分布位置进行改造，以弥补管线设计阶段的缺陷； （2）对于排水管线的直径或深度不能满足雨季排水需要的，进行相应的改造
		排水管阻塞	（1）日常使用过程中应防止垃圾、杂物等落入排水栓，堵塞排水管道； （2）使用过程中发现排水流速缓慢时，应及时查明管道被堵塞部位，并将垃圾、杂物等清理干净
		暴雨	（1）加强对降雨量监测，做好预警应急； （2）雨量超过排水管线的设计阈值，需加设水泵进行排水
	水管爆裂	施工破坏	二次施工时应督促施工方加强对既有水管的保护，严禁野蛮施工
		材质不合格	（1）运营阶段需注意对材料品质的识别； （2）对于发现的不合格的材料及时进行更换
		建筑物沉降	（1）改进供水管道的材质，采用柔性较强的材料； （2）加大检查力度，防患于未然
		材料老化	（1）定期检查水管的使用现状，发现问题及时更换； （2）对于使用较长时间的管线，应加强巡视的频率
	屋面漏雨	防水层设计缺陷	对屋面防水层设计缺陷进行相应的改造，以弥补设计缺陷，满足防水功能需求
		防水层破坏	（1）屋面二次施工时须注意对屋面防水层的保护； （2）定期检查屋面，发现损坏立即修补
	地下室渗水	防水层设计缺陷	对地下室防水层设计缺陷进行相应的改造，以弥补设计缺陷，满足地下室防水功能需求
		防水层破坏	（1）二次施工时须注意对地下室防水层的保护； （2）定期检查地下室，检查有无裂缝、渗漏，一经发现立即修补
	河水漫堤		加强对周边河道的水位监测，做好预警应急

渗漏风险预控措施和方法　　　　　　　　　　　　　　表 6-16

风险事件	第一层风险因素	第二层风险因素	预控措施和方法
渗漏	管线损坏	材质不合格	（1）运营阶段需注意对管线材质的识别； （2）对于发现的不合格的材料及时进行更换
		水压过大	定期检查上水管的管道压力，做好预警
		材料老化	（1）定期检查水管的使用现状，发现问题及时更换； （2）对于使用了一定年限的管线，应加强巡视的频率

续表

风险事件	第一层风险因素	第二层风险因素	预控措施和方法
渗漏	管线接头松动		定期检查管线接头的紧固情况，以便及时处理
	防水系统失效	地震	做好地震的预警和应急
		台风	做好台风的预警和应急
		密封材料老化	加强对屋面、幕墙和门窗等部位密封材料现状的检查，以便及时更换
		施工质量差	运营阶段对于发现的施工质量差的部位进行改造
		设计缺陷	对建筑防水系统的设计缺陷进行相应的改造，以弥补设计缺陷，满足防水功能需求
		暴雨	加强对降雨量监测，做好预警应急
		人为破坏	二次施工时须注意对建筑既有防水系统的保护
	设备漏水	设备故障	定期检查设备的运行情况

幕墙损坏风险预控措施和方法（玻璃幕墙） 表 6-17

风险事件	第一层风险因素	第二层风险因素	第三层风险因素	预控措施和方法
玻璃幕墙损坏	胶合材料破坏	老化失效		加强对玻璃幕墙胶合材料的现状检查，以便及时更换
		强度降低	持续高温	夏季持续的高温天气需加强检查的频率
			火灾	做好火灾的预警及应急
			质量缺陷	（1）日常巡视时需注意对胶合部位的检查； （2）胶合部位发现的质量缺陷需及时修补
	玻璃自爆	变形过大	持续高温	夏季持续的高温天气需加强检查的频率
			火灾	做好火灾的预警及应急
			温差过大	温差较大区域幕墙玻璃的巡检频率适当加大
			台风	做好台风的预警和应急
		质量缺陷		（1）日常巡视时需注意对玻璃板块的检查； （2）发现存在质量缺陷的玻璃需及时更换
	固定连接件破坏	强度降低	设计不合理	对于设计不合理的幕墙连接件及时改造，满足结构安全和使用功能
			安装不当	运营阶段发现的安装不当的连接件及时进行改造
			使用不当	做好日常的巡检工作，定期进行维护
			人为破坏	做好日常的巡检工作
			锈蚀	做好日常的巡检工作，定期进行除锈、补漆
			火灾	做好火灾的预警及应急
		变形过大	持续高温	夏季持续的高温天气需加强检查的频率
			火灾	做好火灾的预警及应急
			台风	做好台风的预警和应急
		质量缺陷		使用阶段做好连接件的定期巡视检查工作，发现质量缺陷及时修补
		二次施工不当		二次施工时需注意对幕墙连接件的保护

幕墙损坏风险预控措施和方法（石材幕墙）

表 6-18

风险事件	第一层风险因素	第二层风险因素	第三层风险因素	预控措施和方法
石材幕墙损坏	胶合材料破坏	老化失效		加强对玻璃幕墙胶合材料的现状检查，以便及时更换
		强度降低	持续高温	夏季持续的高温天气需加强检查的频率
			火灾	做好火灾的预警及应急
			质量缺陷	（1）日常巡视时需注意对胶合部位的检查；（2）胶合部位发现的质量缺陷需及时修补
	石材破坏	支承体系变形过大	持续高温	夏季持续的高温天气需加强检查的频率
			火灾	做好火灾的预警及应急
			安装不当	运营阶段发现的安装不当的部位及时进行改造
			结构变形	定期对建筑结构的变形进行监测
		质量缺陷		（1）日常巡视时需注意对石材板块的检查；（2）发现存在质量缺陷的石材需及时更换
	固定连接件破坏	强度降低	设计不合理	对于设计不合理的幕墙连接件及时改造，满足结构安全和使用功能
			安装不当	运营阶段发现的安装不当的连接件及时进行改造
			使用不当	做好日常的巡检工作，定期进行维护
			人为破坏	做好日常的巡检工作
			锈蚀	做好日常的巡检工作，定期进行除锈、补漆
			火灾	做好火灾的预警及应急
		变形过大	持续高温	夏季持续的高温天气需加强检查的频率
			火灾	做好火灾的预警及应急
		质量缺陷		运营阶段做好连接件的定期巡视检查工作，发现质量缺陷及时修补

饰面砖脱落风险预控措施和方法

表 6-19

风险事件	第一层风险因素	第二层风险因素	预控措施和方法
饰面砖脱落	粘结层破坏	恶劣天气	定期进行巡检、维护
		施工质量差	运营阶段对于发现的施工质量差的部位进行改造
		渗水冻融	使用阶段定期进行巡检、维护
		粘结材料性能差	对于使用性能较差的粘结材料的部位，应加大巡检的频率
	饰面砖破坏	饰面材质不合格	对于不合格材质的饰面，应加大巡检频率，发现缺陷需及时更换
		人为破坏	（1）做好日常的巡检工作；（2）外墙开洞时注意对周边饰面砖的保护

电梯故障风险预控措施和方法

表 6-20

风险事件	风险因素	预控措施和方法
电梯故障	机械制动系统故障	（1）定期紧固各设备的接线端子，防止各接线端断线、脱焊和松动现象，并定期对接线端子进行清洁和调整，磨损严重时要及时更换；（2）定期检查各控制柜和配电柜内各熔断器的保险丝型号和密度，对于密度不符及熔断损坏的，要及时进行更换；

风险事件	风险因素	预控措施和方法
电梯故障	机械制动系统故障	（3）定期对制动器进行拆修、清洗，更换制动闸瓦，调整间隙并定期调整制动器的制动弹簧压缩力； （4）定期清洁各可动部分并加适量润滑脂，保证转动灵活，轴承磨损严重时应及时修复和更换； （5）定期检查各安全开关的动作情况，继电器动作是否正常，查找原因后并进行修复和更换，并定期检查调整传动机构，检查各轴承动作是否灵活； （6）定期检查动作杆是否正常，调整安全钳拉杆及与导轨的间隙，对有松脱的活动部分进行紧固，保证转动连杆灵活无卡死，钳口采取防锈措施，保证清洁无油污； （7）定期检查油位及泄露情况，保证油位在最低油位线与最高油位线之间，栓塞外露部分应保持清洁，涂抹防锈油脂并用塑料袋罩好，以防灰尘侵入； （8）定期清洁抱闸铁芯并加适量润滑油，对于磨损严重的铁芯要及时更换
	曳引系统故障	（1）定期紧固各设备的接线端子，防止各接线端断线、脱焊和松动现象，并定期对接线端子进行清洁和调整，磨损严重时要及时更换； （2）定期检查各控制柜和配电柜内各熔断器的保险丝型号和密度，对于密度不符及熔断损坏的，要及时进行更换； （3）定期检查曳引机电动机，发现杂质及时更换，根据使用频繁程度和油质变化情况，定期更换油脂； （4）定期检查清洗更换各部位润滑油； （5）定期调整绳头螺母，使各条牵引拉力一致； （6）定期检查钢丝绳有无断丝爆股、扭曲生锈情况，定期添加润滑油，防止钢丝绳生锈，严重时要及时更换； （7）定期检查紧固绳头组合螺母，查看开口销有无脱落并及时修补； （8）定期检查曳引机减速箱，发现杂质及时更换，根据使用频繁程度和油质变化情况，定期更换油脂
	程序控制系统故障	（1）定期紧固各设备的接线端子，防止各接线端断线、脱焊和松动现象； （2）定期对接线端子进行清洁和调整，磨损严重时要及时更换； （3）定期检查各控制柜和配电柜内各熔断器的保险丝型号和密度，对于密度不符及熔断损坏的，要及时进行更换
	电气系统故障	（1）定期紧固各设备的接线端子，防止各接线端断线、脱焊和松动现象，并定期对接线端子进行清洁和调整，磨损严重时要及时更换； （2）定期检查各控制柜和配电柜内各熔断器的保险丝型号和密度，对于密度不符及熔断损坏的，要及时进行更换
	轿厢系统故障	（1）定期紧固各设备的接线端子，防止各接线端断线、脱焊和松动现象，并定期对接线端子进行清洁和调整，磨损严重时要及时更换； （2）定期检查各控制柜和配电柜内各熔断器的保险丝型号和密度，对于密度不符及熔断损坏的，要及时进行更换； （3）定期检查各安全开关的动作情况，查找原因后进行修复和更换，并定期检查调整传动机构，检查各轴承动作是否灵活； （4）保持各部位清洁，无异常声响，旋紧各部位螺母，并定期检查电动机的磨损情况，碳刷磨损过量时要及时更换，清除内部碳粉和灰尘； （5）检查触板微动开关，对于触点不动作的及时进行更换；检查继电器，对于损坏的及时修复更换；调整传动机构，检查各轴承动作是否灵活； （6）定期对各传动机构添加润滑油，防止传动构件的磨损； （7）定期检查皮带或链条与链轮齿面的磨损情况，皮带张力是否适度，链条与齿轮是否正确啮合，定期调整皮带的偏心轴或收紧链条； （8）定期检查门电机运行有无异常声响，旋紧各部位螺母； （9）定期清扫光幕上的灰尘，防止光幕感应不灵敏； （10）定期检查清洗更换各部位润滑油，对损坏的轴承应及时修复和更换；

风险事件	风险因素	预控措施和方法
电梯故障	轿厢系统故障	（11）定期调整平层感应器与隔磁板位置，紧固隔磁板螺母，防止松脱；定期检查调整选层器上的换速触头与固定触头的位置；检查感应器及感应器回路，对于损坏的及时修复更换； （12）定期检查并紧固各部位螺母，防止松脱，查看油盒油位、油质及有无漏油，并及时添加更换；检查导靴衬的磨损情况，对超过磨损量的要及时更换； （13）定期对磨损严重的导靴衬进行更换，并调整导靴与导轨的间隙，检查导轨支架螺栓有无松动，烧焊位置和混凝土块有无松动，导轨有无变形、弯曲及不正常现象，并及时修复

供电系统故障风险预控措施和方法　　　　　　　　　　　表 6-21

风险事件	风险因素	预控措施和方法
供电系统故障	控制系统故障	（1）定期紧固各设备的接线端子，防止各接线端断线、脱焊和松动现象，并定期对接线端子进行清洁和调整，磨损严重时要及时更换；定期检查继电器、熔断器的保险丝，对有损坏的要及时更换； （2）定期对控制系统进行维护，对有错误的逻辑及时进行更改
	发电与配电系统故障	（1）定期检查配电柜内元器件，对于损坏或缺失的电气元件，及时修复更换； （2）对于无人值班的配电室，要锁好配电室和配电柜的门锁，防止人为破坏； （3）定期对所管辖区域的用电设备进行核查，设置警示牌，防止违章电器的使用
	输电系统故障	保证线路外表清洁，无断裂，绝缘无破裂，对于易腐蚀部位，做好防腐处理

空调系统故障风险预控措施和方法　　　　　　　　　　　表 6-22

风险事件	风险因素	预控措施和方法
空调系统故障	冷热源故障	（1）加强用户的使用和操作，开机前确保压缩机能充分预热，防止损坏，并定期检查压缩机油位，保证压缩机内部润滑良好； （2）定期紧固各接头和阀门螺栓，防止螺栓的松动脱落，对于损坏变形的设备要及时修复更换； （3）定期对设备进行排气，防止汽蚀的产生； （4）定期检查各设备的减振装置，对于安装不合理及损坏的设备要及时修复更换； （5）定期对风机基础螺栓进行紧固，防止松动；定期检查风机是否转动灵活，有阻滞现象应及时注加润滑油，如有异常磨损声，应及时更换同型号轴承； （6）定期清洁管道及喷嘴，清洗过滤器，保证水内无杂物，并定期检查布水器，对于损坏的布水器及时修复更换； （7）定期对冷却塔进行清洁，做好冷却塔的防护工作，防止异物进入损坏填料； （8）管路安装过程中做好防腐处理，并做好管道的保温，防止内部结露，造成外面腐蚀
	风系统故障	（1）定期紧固风机各部件螺栓，防止风机叶轮的松动，做好过滤处理，防止空气中有异物对风机叶轮造成损坏； （2）安装过程中阀门位置安装合理，防止后期动作时阀门的损坏；定期对阀门进行润滑，防止阀门锈蚀； （3）定期对过滤网进行拆卸清洗，防止过滤网堵塞； （4）定期紧固接头处螺栓，防止接头处松动； （5）定期巡查各管路仪表设备，对于读数模糊不清或损坏的及时进行更换； （6）定期检查皮带的磨损情况，皮带张力是否适度，定期调整皮带的偏心轴
	水系统故障	（1）定期对电机部位进行润滑，防止传动轴承的磨损变形； （2）定期对水泵基础螺栓进行紧固，防止松动；检查水泵及电机启动线路是否正常，否则及时进行修复；定期检查电机轴承并注油；

风险事件	风险因素	预控措施和方法
空调系统故障	水系统故障	（3）定期对各传动机构添加润滑油，防止传动构件的磨损； （4）定期检查各设备的减振装置，对于安装不合理及损坏的设备要及时修复更换； （5）定期检查管道的连接部件，紧固各设备连接部位的螺栓，防止螺栓的松动造成漏水；做好管道的保温，防止内部结露，造成外面腐蚀； （6）定期检查浮球动作是否可靠，并予以及时修复

风险跟踪监测的主要目的是评估一个被预测的风险是否真正发生和收集能够用于未来风险分析的信息。根据监测对象不同，风险跟踪监测可分为定量跟踪监测和定性跟踪监测。

定量风险跟踪监测的目的在于找出风险事件的定量监测对象并跟踪其指标值，根据实际监测值确定当前定量指标的预警等级，结合风险升降级数规则确定当前风险事件等级，进而实现风险动态评估，并结合相关预控措施进行有效防范。定性风险跟踪监测主要从管理角度对监测对象进行定期检查，发现风险进行记录并采取相关预控措施处理。

本节针对城市大型建筑安全运营所涉及的结构坍塌/倒塌、构件破坏、火灾、幕墙损坏、饰面砖脱落、水淹等风险的监测预警指标进行研究，建立定量与定性相结合的监测预警指标。本文中预警等级分为四级：Ⅰ级（红色预警，预警等级最高）、Ⅱ级（橙色预警，预警等级其次）、Ⅲ级（黄色预警，预警等级再次）、Ⅳ级（蓝色预警，预警等级最低）。

6.4.2 跟踪监测指标

从案例库的统计结果来看，大型建筑发生结构坍塌/倒塌主要是由于突发事件的发生，例如地震、雪灾等，从而造成结构超载或结构荷载分布与设计假定产生差异，此外，又由于建筑材料性能的劣化，进而导致建筑物基础破坏、结构刚度不足以及结构损伤等，最终导致大型建筑发生坍塌/倒塌。因此，对于基础失效与上部结构破坏导致结构坍塌/倒塌的情况，可以从基础破坏和结构刚度不足方面进行定量的跟踪监测。影响结构刚度的主要因素是构件裂缝宽度，考虑到在不采取任何裂缝处理措施的前提下，裂缝宽度随时间增长不断增大，需要对其进行定量的跟踪监测，以确定裂缝宽度是否超过允许设计值。此外，暴雨洪水使土体发生蠕变滑移破坏、河水冲刷和浸泡都可能导致基础破坏，因此针对基础破坏，主要考虑降雨的不利作用、基础裂缝宽度和基础沉降值是否超出设计允许值，因此，根据《混凝土结构设计规范》（GB 50010-2010）和《高层建筑混凝土结构技术规程》（JGJ 3-2010）等相关规范，并结合课题组试验成果，对降雨量、基础裂缝宽度、基础沉降增量、沉降速率（连续3d）、累计整体倾斜和整体倾斜增量进行跟踪监测，并提出监测频率，见表6-23。

结构坍塌 / 倒塌风险定量跟踪监测指标 表 6-23

风险事件	风险因素	监测指标	监测频率
结构坍塌/倒塌	结构刚度不足	构件裂缝宽度	1次/月
	基础破坏	降雨量	1次/时
		基础裂缝宽度	1次/月
		基础沉降增量	1次/月
		沉降速率（连续3d）	1次/月
		累计整体倾斜	1次/季
		整体倾斜增量	1次/季

对于使用过程中堆载过重、材料锈蚀等可能导致结构坍塌 / 倒塌的问题则需要通过管理方式进行定性的跟踪监测。结构坍塌 / 倒塌风险定性跟踪监测指标见表 6-24。

结构坍塌 / 倒塌风险定性跟踪监测指标 表 6-24

风险事件	风险因素	监测指标	监测频率
结构坍塌/倒塌	基础破坏	督察周边施工情况	1次/月
	结构强度不足	材料锈蚀	1次/季
	结构损伤	重要构件处警示牌、警示标语的数量	1次/周
		警示牌、警示标语的位置	1次/周
		地下室渗水量	1次/周
		火灾安全法规的执行情况	1次/d
		热工操作的控制情况（改、扩建工程）	1次/d
	管理混乱	职位设置是否齐全	1次/d
		所有工作人员是否到岗	1次/d

1. 预警等级划分

对降雨量、基础裂缝宽度、基础沉降增量、沉降速率（连续 3d）、累计整体倾斜和整体倾斜增量等跟踪监测指标，结合结构坍塌 / 倒塌发生机理和相关调查分析，提出结构坍塌 / 倒塌风险的预警等级划分标准，见表 6-25。对于本表中指标而言，因风险的发生是一个递进的过程，区别于一般的结构损伤，故其等级划分的原则比结构损伤的划分等级宽松，但是后果严重。对于无法定量跟踪的风险监测指标，则可考虑按照定性管理工作的完成量进行简单工作预警，本文暂不做进一步研究。

结构坍塌 / 倒塌风险预警等级划分 表 6-25

监测指标 \ 预警等级	Ⅰ级	Ⅱ级	Ⅲ级	Ⅳ级
构件裂缝宽度	≥0.8mm	≥0.5mm	≥0.3	≥0.2mm

续表

监测指标 \ 预警等级	Ⅰ级	Ⅱ级	Ⅲ级	Ⅳ级
降雨量	3h内降雨量将达100mm以上，或者已达100mm以上且降雨可能持续	3h内降雨量将达50mm以上，或者已达50mm以上且降雨可能持续	6h内降雨量将达50mm以上，或者已达50mm以上且降雨可能持续	12h内降雨量将达50mm以上，或者已达50mm以上且降雨可能持续
基础裂缝宽度	≥0.7mm	≥0.6mm	≥0.5mm	≥0.4mm
基础沉降增量	≥110mm	≥80mm	≥60mm	≥40mm
沉降速率（连续3d）	≥6mm/d	≥4mm/d	≥3mm/d	≥2mm/d
累计整体倾斜	13‰	10‰	7‰	5‰
整体倾斜增量	5‰	3‰	2‰	1‰

2. 构件破坏

（1）跟踪监测指标

从案例库的数据统计结果来看，在大型建筑运营期间，由于基础裂缝宽度超出允许设计值、基础沉降量过大和构件产生过大挠度都可以引起结构渗水、地基变形过大和构件刚度降低等问题的出现，进而导致构件的破坏。因此针对以上风险因素，采取定量的跟踪监测方法，根据《混凝土结构设计规范》（GB 50010-2010）、《高层建筑混凝土结构技术规程》（JGJ 3-2010）、《钢结构设计规范》（GB 50017-2003）以及《地下工程施工影响下的既有建筑安全性评定技术指南》，对裂缝宽度、基础沉降量、梁或板挠度、结构层间位移和屋架挠度值进行跟踪监测，并提出监测频率，见表6-26。

构件破坏风险定量跟踪监测指标 表6-26

风险事件	风险因素	监测指标	监测频率
构件破坏	渗水	基础裂缝宽度W	1次/月
	地基变形过大	基础沉降增量ΔS	1次/月
	构件刚度降低	构件裂缝宽度W	1次/月
		混凝土主梁挠度Y_1	1次/月
		混凝土次梁或楼板挠度Y_2	1次/月
		层间位移D_1	1次/月
		多高层房屋的顶点位移D_2	1次/月
		钢结构主梁挠度Y_3	1次/月
		钢结构次梁（含檩条）挠度Y_4	1次/月
		钢结构实腹侧向弯矢高H_1	1次/月
		钢结构屋架挠度Y_5	1次/月

针对大型建筑在运营期间由于构件锈蚀、施工缺陷以及管理不当造成的构件超载和承载力不足的情况，主要采取定性的跟踪监测，通过定期的检查巡视，对运营期间出现

的构件变形过大和构件损伤情况及时采取有效措施，从而降低构件破坏事件发生的概率。构件破坏风险定性跟踪监测指标见表6-27。

构件破坏风险定性跟踪监测指标　　　　　　　　表6-27

风险事件	风险因素	监测指标	监测频率
构件破坏	变形过大	检查钢结构构件表面腐蚀情况	1次/季
		焊接点质量变化情况	1次/年
	构件损伤	警示牌、警示标语数量及位置	1次/d
		构件外观破损观测	1次/月
		热工操作的控制情况（改、扩建工程）	1次/d
		检查钢结构构件表面腐蚀情况	1次/周

（2）预警等级划分

对裂缝宽度、基础沉降量、梁或板挠度、结构层间位移和屋架挠度值等跟踪监测指标，结合其发生机理和相关调查分析，提出构件破坏风险的预警等级划分标准，见表6-28。

构件破坏风险定量跟踪监测指标预警等级　　　　　　　　表6-28

监测指标 ＼ 预警等级	Ⅰ级	Ⅱ级	Ⅲ级	Ⅳ级
基础裂缝宽度W'	$W' \geq 0.7mm$	$W' \geq 0.6mm$	$W' \geq 0.5mm$	$W' \geq 0.4mm$
基础沉降增量ΔS	$\Delta S \geq 110mm$	$\Delta S \geq 80mm$	$\Delta S \geq 60mm$	$\Delta S \geq 40mm$
构件裂缝宽度W	$W \geq 0.8mm$	$W \geq 0.5mm$	$W \geq 0.3mm$	$W \geq 0.2mm$
混凝土主梁挠度Y_1	$Y_1 \geq l_0/180$	$l_0/180 > Y_1 \geq l_0/200$	$l_0/200 > Y_1 \geq l_0/250$	$Y_1 < l_0/250$
混凝土次梁或楼板挠度Y_2	$Y_2 \geq l_0/120$	$l_0/120 > Y_2 \geq l_0/150$	$l_0/150 > Y_2 \geq l_0/200$	$Y_2 < l_0/200$
层间位移D_1	$D_1 \geq h/180$	$h/180 > D_1 \geq h/200$	$h/200 > D_1 \geq h/300$	$D_1 < h/300$
多高层房屋的顶点位移D_2	$D_2 \geq H/250$	$H/250 > D_2 \geq H/300$	$H/300 > D_2 \geq H/450$	$D_2 < H/450$
钢结构主梁挠度Y_3	$Y_3 \geq l_0/200$	$l_0/200 > Y_3 \geq l_0/250$	$l_0/250 > Y_3 \geq l_0/350$	$Y_3 < l_0/350$
钢结构次梁（含檩条）挠度Y_4	$Y_4 \geq l_0/150$	$l_0/150 > Y_4 \geq l_0/200$	$l_0/200 > Y_4 \geq l_0/250$	$Y_4 < l_0/250$
钢结构实腹侧弯矢高H_1	$H_1 \geq l_0/600$	$l_0/600 > H_1 \geq l_0/800$	$l_0/800 > H_1 \geq l_0/1000$	$H_1 < l_0/1000$
钢结构屋架挠度Y_5	$Y_5 \geq l_0/250$	$l_0/250 > Y_5 \geq l_0/300$	$l_0/300 > Y_5 \geq l_0/400$	$Y_5 < l_0/400$

3. 火灾

（1）跟踪监测指标

从国内外火灾发生的原因统计结果来看，二次施工、人为纵火造成的明火燃烧、电气线路老化、使用不当造成的线路起火是引起公共建筑火灾的主要原因。针对以上原因造成的火灾，除了利用建筑物本身的火灾探测技术，在火灾发生时，通过感烟、感温探测器对火灾初期烟、光、热三种燃烧产物进行探测报警，做好火灾的监测、预警以及防范工作。另外，还可以基于光纤温度传感技术实时监测温度，发出火灾预警，确定异常点位置的功能，进而方便人员检查。

火灾风险主要与温度、电阻、电流、电压、防火距离等有关。电气线路起火是建筑物运营阶段火灾的主要诱因，因此，电气火灾风险的定量跟踪监测可以从电流以及线路温度方面考虑。

1）电流监测

目前多采用剩余电流式火灾监测系统对线路中的剩余电流进行监测。《电气火灾监控系统　第2部分：剩余电流式电气火灾监控探测器》（GB 14287.2-2014）第4.2.2条规定，探测报警值不应小于20mA，不应大于1000mA，探测器报警值应在报警设定值的80%～100%之间。广东地方标准《电气火灾监控系统设计、施工及验收规范》第6章规定：终端剩余电流报警值的设定不应小于30mA，不应大于500mA，且探测器报警值应在设定值的80%～100%之间，由此可见电流报警值的设定应根据回路所带负载情况具体设定。

2）温度监测

温度监测主要是通过温度探测仪器对电缆温度进行监测。电缆温度的监测，一般可探测范围为70～140℃。一般而言，电缆在急速加热到125～130℃时，会出现细微烟雾，当电缆在缓慢加热到140℃时，会出现细微烟雾，而且不同材质的电缆，线缆和线芯长期工作最高温度允许值也不相同。其线缆长期工作最高允许温度见表6-29。

线缆长期工作最高允许温度　　　　　　　　　　　　　　　　表 6-29

类型	长期工作最高允许温度（℃）
交联聚烯烃绝缘电缆	90
聚氯乙烯绝缘电缆	70
橡胶绝缘电缆	65

注：数据来源：《建筑电气火灾预防技术要求和检测方法》（征求意见稿）。

因此，根据以上相关规范规定及大型建筑火灾风险的调查，对于火灾风险的定量跟踪监测指标见表6-30。

火灾风险定量跟踪监测指标　　　　　　　　　　　　　　　　表 6-30

风险事件	风险因素	监测指标	监测频率
火灾	线路起火	剩余电流	连续监测
		线缆温度	连续监测

在火灾发生前期，还可以采取定性的跟踪检查，加强建筑物的安全管理和教育工作，通过定期的巡视检查，排除风险源，从而降低火灾发生的概率。火灾风险的定性跟踪监测指标见表6-31。

火灾风险定性跟踪监测指标 表6-31

风险事件	风险因素	监测指标	监测频率
火灾	线路起火	违章用电	1次/d
		线路老化	1次/月
		控制柜电路故障	1次/月
	明火燃烧	仓库、油库内、外有无可燃、易燃物	4次/d
		吸烟室烟头、引燃物	4次/d
		厨房煤气、天然气有无漏气现象	4次/d
		管路老化、管道内压	1次/月
		火警预报系统失效	1次/d
		消防设备不完善	1次/d
		消防管理混乱	1次/d
		消防人员是否齐全	1次/d

（2）预警等级划分

对电气线路剩余电流和线缆温度等跟踪监测指标，结合火灾发生机理和相关调查分析，提出火灾风险的预警等级划分标准，见表6-32。

火灾风险预警等级划分 表6-32

监测指标 \ 预警等级	I级	II级	III级	IV级
剩余电流I（mA）	$I \geqslant 700$	$700 > I \geqslant 600$	$600 > I \geqslant 500$	$500 > I \geqslant 400$
线缆温度t（℃）	$t \geqslant 100$	$100 > t \geqslant 90$	$90 > t \geqslant 80$	$80 > t \geqslant 70$

4. 水淹

（1）跟踪监测指标

大型建筑运营期间水淹的主要原因有水管爆裂、管线满溢、地下室渗水和河水漫堤等。针对管线满溢、地下室渗水和河水漫堤等引起的水淹还需要根据建筑物周边环境、气象环境、建筑物单体周边雨水管排水设计能力等进行定量分析和确定。水淹定量监测主要针对市政排水和地下空间，影响市政排水的主要因素为降水量的大小和排水设施的运行情况，考虑到雨水最终排入枢纽周边水系，因此应对水系水位情况进行监测，所以市政排水监测分为雨量监测、雨水泵站监测和建筑物周边水系的水位监测三个方面。地下室主要考虑雨水侵入、涌水及潜水泵失效导致集水井水不能及时排出，因此，对地下空间出入口处排水沟水位进行跟踪监测。水淹风险的定量跟踪监测指标见表6-33。

水淹风险定量跟踪监测指标   表 6-33

风险事件	风险因素	监测指标	监测频率
水淹	管线满溢	地下空间出入口排水沟水位（mm）	1次/d
		泵站集水井水位（mm）	1次/d
		降雨量（mm）	1次/h
	河水漫堤	周边水系水位（mm）	1次/周

针对水管爆裂原因引起的水淹可以进行定性跟踪监测，主要对水管的材质、老化情况以及周边环境定期检查并加强管理，对出现以上情况的水管进行及时修复更换。对于地下室渗水等因素，从管理角度主要对出现裂缝的部位进行修复，防止裂缝继续增大，从而造成建筑水淹风险。水淹风险定性跟踪监测指标见表6-34。

水淹风险定性跟踪监测指标   表 6-34

风险事件	风险因素	监测指标	监测频率
水淹	水管爆裂	检查上水管锈蚀、老化及渗漏水情况	1次/周
	屋面漏雨	检查屋面开裂、损坏等情况	1次/周
	地下室渗水	检查变形缝处开裂及渗漏情况	1次/周
		检查潜水泵工作情况	1次/周

（2）预警等级划分

根据市政管线的设计要求，结合相关工程调查数据分析，提出水淹风险的预警等级划分标准，见表6-35。

水淹风险预警等级划分   表 6-35

监测指标 ＼ 预警等级	Ⅰ级	Ⅱ级	Ⅲ级	Ⅳ级
地下空间出入口排水沟水位 A_1（mm）	$A_1 \geqslant 1.00A$	$0.95A \leqslant A_1 < 1.00A$	$0.90A \leqslant A_1 < 0.95A$	$0.85A \leqslant A_1 < 0.90A$
泵站集水井水位 B_1（mm）	$B_1 \geqslant 1.00B$	$0.95B \leqslant B_1 < 1.00B$	$0.90B \leqslant B_1 < 0.95B$	$0.85B \leqslant B_1 < 0.90B$
降雨量（mm）	3h内降雨量将达100mm以上，或者已达100mm以上且降雨可能持续	3h内降雨量将达50mm以上，或者已达50mm以上且降雨可能持续	6h内降雨量将达50mm以上，或者已达50mm以上且降雨可能持续	12h内降雨量将达50mm以上，或者已达50mm以上且降雨可能持续
周边水系水位（mm）	历史平均水位C	D/3+2/3C	2/3D+1/3C	保证水位D

注：A为地下空间出入口排水沟的设计水位（mm）；B为泵站集水井的设计水位（mm）；C为历史平均水位（mm）；D为保证水位（mm）。

5.渗漏

（1）跟踪监测指标

在大型建筑运营过程中，渗漏主要是由于建筑内的管线损坏和防水系统失效造成的。

对于管线损坏，一方面是由于管线内水管压力超出设计值，导致水管承受压力超出水管材质所要求的极限压力，从而导致水管出现裂缝并发生渗漏。因此针对该风险因素，应定量监测管道内的压力并进行记录，渗漏风险定量跟踪监测指标见表6-36。

渗漏风险定量跟踪监测指标 表 6-36

风险事件	风险因素	监测指标	监测频率
渗漏	管线损坏	上水管道的水压E	1次/d
		虹吸排水管压力F	1次/d

针对防水系统失效和管线损坏，另一方面原因是防水层破坏、管线老化以及接头松动，因此针对该风险因素，可采取定期的跟踪检查，加强日常的维护保养。渗漏风险定性跟踪监测指标见表6-37。

渗漏风险定性跟踪监测指标 表 6-37

风险事件	风险因素	监测指标	监测频率
渗漏	管线损坏	检查密封材料的老化情况	1次/月
		检查管道的锈蚀、老化情况	1次/月
	管线接头松动	检查管线接头的松动情况	1次/月
	防水系统失效	检查密封材料的老化情况	1次/季
		检查屋面的损坏情况	1次/季

（2）预警等级划分

对管线损坏的相关跟踪监测指标，结合相关调查分析，提出渗漏风险的预警等级划分标准，见表6-38。

渗漏风险定量跟踪监测指标预警等级 表 6-38

监测指标 \ 预警等级	I级	II级	III级	IV级
上水管道的水压E_1/MPa	$E_1 \geq 1.00E$	$0.95E \leq E_1 < 1.00E$	$0.90E \leq E_1 < 0.95E$	$0.85E \leq E_1 < 0.90E$
虹吸排水管压力F_1/MPa	$F_1 \geq 1.00F$	$0.95F \leq F_1 < 1.00F$	$0.90F \leq F_1 < 0.95F$	$0.85F \leq F_1 < 0.90F$

6. 幕墙损坏

（1）跟踪监测指标

从案例库的统计结果来看，大型建筑发生幕墙损坏的主要原因是环境持续高温、室内外温差过大以及台风等自然因素。此外，又由于施工缺陷和幕墙质量劣化等问题，从而引起幕墙玻璃自爆、固定连接件和胶合材料破坏，最终导致幕墙的损坏。根据《建筑幕墙》（GB/T 21086-2007）、《玻璃幕墙工程技术规范》（JGJ 102-2003）、《玻璃幕墙工程质量检验标准》（JGJ/T 139-2001）以及《既有建筑幕墙可靠性鉴定及加固规程》（征求意见稿）中相关规定可知，幕墙的跟踪监测比较难。但是，通过分析可发现：对于承载力，可以将设计值与现有承载能力的比值 f/σ 作为定量监测指标；对于位移，可以将现有变形与位移限制变形的比值 d_f/d_{flim} 作为定量监测指标。因此，本研究主要将幕墙的承载力和位移作为幕墙损坏风险的定量监测指标。

而对于不能量化的指标，从结构受力机理来看，影响到结构最终破坏的内外因都是可以在承载能力以及变形方面体现出来的，对于幕墙安全性影响的监测指标主要分为承载力、变形等量化指标以及外观检查、连接状况等定性指标。定期对幕墙的外观和连接件状况进行检查，对于损坏严重的及时采取维修措施，可将幕墙损坏的风险概率降到最低。幕墙损坏风险定性跟踪监测指标见表6-39。

幕墙损坏风险定性跟踪监测指标 表 6-39

风险事件	风险因素	监测指标	监测频率
幕墙损坏	胶合材料破坏	检查胶合材料的老化情况	1次/两年
	玻璃自爆	检查玻璃表面裂纹	1次/两年
		检查中空层内结露	1次/两年
	固定连接件破坏	检查连接件焊缝外观情况	1次/两年
		检查连接件螺栓紧固情况	1次/两年
		检查连接件涂层情况	1次/两年

（2）预警等级划分

对于 f/σ 和 d_f/d_{flim} 两个幕墙损坏风险的定量监测指标，结合标准规范和工程经验，提出风险预警的等级划分标准，见表6-40。

幕墙损坏风险预警等级划分 表 6-40

监测指标 \ 预警等级	I级	II级	III级	IV级
幕墙承载力（f/σ）	≥1.00	$0.90 \leqslant f/\sigma < 1.00$	$0.85 \leqslant f/\sigma < 0.90$	<0.85
幕墙变形（d_f/d_{flim}）	≥0.95	$0.90 \leqslant d_f/d_{flim} < 0.95$	$0.85 \leqslant d_f/d_{flim} < 0.90$	<0.85

注：f/σ 为设计值与现有承载能力的比值；d_f/d_{flim} 为现有变形与位移限制变形的比值。

7. 饰面砖脱落

从案例库的数据统计结果来看，大型建筑运营期饰面砖脱落主要是由于施工质量差、饰面材质不合格、粘结材料性能差以及人为破坏等原因造成。因此对于饰面砖安全性，主要从定性角度加强饰面砖的安全管理和教育工作，防止人为的破坏。同时，对于施工质量和饰面材质等方面，可以采用外观检查和小锤敲击的方法，查看饰面砖有无裂损、脱落以及起拱现象。另外，对于粘结材料性能方面，可以根据《红外热像法检测建筑外墙饰面粘结质量技术规程》（JGJ/T 277-2012）和《红外热像法检测建筑外墙饰面层粘结缺陷技术规程》（CECS 204：2006）中的有关规定，采用红外热像法对粘结层进行检查，从而防止饰面砖的脱落。饰面砖脱落风险定性跟踪监测指标见表6-41。

饰面砖脱落风险定性跟踪监测指标 表 6-41

风险事件	风险因素	监测指标	监测频率
饰面砖脱落	粘结层破坏	检查饰面砖内部有无空鼓	1次/两年
	饰面砖破坏	检查饰面砖有无起鼓	1次/季
		检查饰面砖有无裂缝	1次/季
		检查饰面砖有无剥落	1次/季

8. 电梯故障

电梯系统故障是由于电梯系统中的零部件、元器件不能正常工作或存在异常振动、噪声，导致严重影响电梯的乘坐舒适感或者失去设计中预定的主要功能、甚至不能正常运行必须停机修理、造成设备事故以及人身事故等。根据电梯系统的组成，电梯故障可以划分为机械制动系统故障、曳引系统故障、轿厢系统故障、电气系统故障以及程序控制系统故障。

机械制动系统故障、曳引系统故障和轿厢系统故障在电梯全部故障中所占的比重比较少，但一旦发生故障，可能会造成长久的停机并需要很长的维修时间，甚至会造成更为严重的设备和人员伤亡事故。针对这部分的监测预警只能依赖于定期的检查和监督检验，做好日常的维护保养，定时检查各系统中各部件的转动、滚动和滑动部位的润滑情况，按时加油和注油，避免出现润滑不良甚至干磨的现象。在搞好日常维护保养的基础上开展预检修，就可以把电梯系统故障降到最低，确保电梯的正常运行，延长各种零部件的使用寿命，把故障和事故消灭在萌芽状态。

电气系统故障和程序控制系统故障是电梯故障的主要原因。据统计,电梯系统故障中,电气系统故障和控制系统故障占全部电梯故障的70%左右。造成电气系统和程序控制系统故障的原因是多方面的，主要是电气元部件的故障，例如电梯安全钳开关故障、限速器开关故障、轿门厅门连锁开关故障、接触器与继电器故障、缓冲器开关及地坑急停开关故障等。因此对于电气系统故障和程序控制系统故障的监测多为定性监测，主要是定期检测一些电气元部件的质量，加强对这些元部件的维护保养。

综上所述，目前对于电梯运营的日常监测指标多为定性说明，量化监测指标需要进一步研究。电梯故障风险定性跟踪监测指标见表6-42。

电梯故障定性跟踪监测指标 表 6-42

风险事件	风险因素	监测指标	监测频率
电梯故障	机械制动系统故障	检查主电源、辅助电源、曳引机、控制柜中各接线端子	2次/月

续表

风险事件	风险因素	监测指标	监测频率
电梯故障	机械制动系统故障	检查主电源及控制电源的熔断器	2次/月
		检查制动器的制动闸瓦与制动轮盘的间隙	2次/月
		检查限速器和限速器张紧轮轴承以及润滑情况	2次/月
		检查各安全开关（安全钳开关、轿内和轿顶急停开关、限速器开关、门连锁开关等）	2次/月
		检查安全钳楔块与导轨侧面的间隙是否合理	1次/季
		检查缓冲器是否锈蚀，油位是否正常，缓冲器开关是否有效	1次/季
		检查抱闸铁芯是否损坏	1次/年
	曳引系统故障	检查主电源、辅助电源、曳引机、控制柜中各接线端子	2次/月
		检查主电源及控制电源的熔断器	2次/月
		检查曳引机电动机的油位	2次/月
		检查曳引轮轴承、导向轮轴承的润滑油	1次/季
		检查调整曳引绳的张力，使受力偏差在5%以内	1次/季
		检查曳引绳组合是否完好，曳引绳有无断丝、断股现象	1次/季
		检查曳引绳的伸长长度是否超出越程要求	1次/季
		检查曳引机减速器中的油（电梯专用油）是否更换	1次/年
	程序控制系统故障	检查主电源、辅助电源、曳引机、控制柜中各接线端子	2次/月
		检查主电源及控制电源的熔断器	2次/月
	电气系统故障	检查主电源、辅助电源、曳引机、控制柜中各接线端子	2次/月
		检查主电源及控制电源的熔断器	2次/月
	轿厢系统故障	检查主电源、辅助电源、曳引机、控制柜中各接线端子	2次/月
		检查主电源及控制电源的熔断器	2次/月
		检查各安全开关（安全钳开关、轿内和轿顶急停开关、限速器开关、门连锁开关等）	2次/月
		检查开门机系统各机械连接部件	2次/月
		检查安全触板是否正常	2次/月
		检查门机各机械传动部件的润滑油	2次/月
		检查门机皮带的松紧及磨损情况	2次/月
		检查门电机的各螺栓	2次/月
		检查光幕上是否有积尘	2次/月
		检查曳引轮轴承、导向轮轴承的润滑油	1次/季
		检查井道传感器，确保平层感应器准确可靠	1次/季
		检查导靴和靴衬是否磨损	1次/季
		检查导靴与导轨的间隙	1次/季

9. 供电系统故障

（1）跟踪监测指标

从案例库的数据统计结果来看，供电系统故障主要是在运行中受到电、热、机械、环境等各种因素的作用，导致电气设备的损坏、线路绝缘材料的击穿、导线烧断等，进而引起建筑内大面积停电甚至火灾的发生，从而造成重大的经济损失。

由于供电系统主要与温度、电流、电压等有关，任何部件及部位出现故障，都会引起电流、电压以及温度的变化，因此，供电系统主要对线路的剩余电流、突变电路、线缆温度以及环境温度进行定量预警监测，其定量监测指标见表 6-43。

供电系统故障定量跟踪监测指标　　　　　　　　　　　　表 6-43

风险事件	监测指标	监测频率
供电系统故障	突变电流	连续监测
	线缆温度	连续监测
	剩余电流	连续监测
	箱内温度与环境温度的差值	1次/d

另外，对于供电系统的监测，除了加强建筑物内的安全检查，防止外界环境因素对供电系统的影响之外，还应加强供电系统本身的巡视，定期对供电系统中各个部位的元器件及线路进行维护保养，以降低供电系统各个部位发生故障的概率。供电系统故障风险定性跟踪监测指标见表 6-44。

供电系统故障定性跟踪监测指标　　　　　　　　　　　　表 6-44

风险事件	风险因素	监测指标	监测频率
供电系统故障	控制系统故障	检查电压互感器、电流互感器、电气仪表、控制继电器、熔断器等元器件是否正常	1次/月
		查看控制系统逻辑是否出错	1次/月
	发电与配电系统故障	检查配电柜中设备是否缺失损坏	1次/周
		检查是否有违章电器的使用	1次/周
	输电系统故障	检查线路是否破损	1次/月

（2）预警等级划分

对于供电系统故障的风险监测指标，根据有关供电系统管理经验确定预警等级划分标准，其预警等级见表 6-45。

供电系统故障风险定量跟踪监测指标预警等级　　　　　　表 6-45

监测指标 ＼ 预警等级	Ⅰ级	Ⅱ级	Ⅲ级	Ⅳ级
突变电流 I（mA）	$I \geq 400$	$300 \leq I < 400$	$200 \leq I < 300$	$100 \leq I < 200$
线缆温度 t（℃）	$t \geq 100$	$90 \leq t < 100$	$80 \leq t < 90$	$70 \leq t < 80$
剩余电流 I（mA）	$I \geq 700$	$600 \leq I < 700$	$500 \leq I < 600$	$400 \leq I < 500$
箱内温度与环境温度的差值 t（℃）	$t \geq 70$	$60 \leq t < 70$	$50 \leq t < 60$	$40 \leq t < 50$

10. 空调系统故障

空调系统故障主要是指在系统或设备运行过程中的某个环节出现异常现象或性能低于正常水平，其主要表现为：性能降低、无法运行和设备损坏。根据空调系统的组成，可将空调系统故障分为冷热源故障、风系统故障和水系统故障。

对于以上三种空调系统中的故障，对于空调系统故障中性能降低问题，主要是监测设备和管路中不同部位的压力和温度，监测运行指标是否符合系统的设计指标，防止管路压力和温度出现波动，因此，提出空调系统故障风险定量跟踪监测指标见表6-46。

空调系统故障定量跟踪监测指标　　　　　表6-46

风险事件	监测指标	监测频率
空调系统故障	冷凝器温度	2次/d
	压缩机温度	2次/d
	压缩机压力	2次/d
	温度表	1次/d
	压力表	1次/d

针对无法运行和设备损坏的情况，只能依赖于定期的检查和监督检验，做好日常的维护保养，定时检查各系统中各部件的转动及过滤情况，避免设备出现润滑不良或过滤堵塞情况。另外，还应加强对管路和末端设备的巡视，防止管路发生腐蚀漏水以及设备损坏。在搞好日常维护保养的基础上开展预检修，把空调系统故障发生率降到最低，确保空调系统的正常运行，延长各种零部件的使用寿命，提高空调系统的运行效率。空调系统故障风险定性跟踪监测指标见表6-47。

空调系统故障定性跟踪监测指标　　　　　表6-47

风险事件	风险因素	监测指标	监测频率
空调系统故障	冷热源故障	检查压缩机运转是否平稳，有无异常响声	1次/周
		各水管接头和阀门是否漏水，是否损坏	1次/月
		各管道是否有异常振动	1次/月
		减振装置及进出口软接头减振是否良好	1次/月
		风机运行是否平稳，有无损坏	1次/月
		冷却塔布水器是否堵塞	1次/月
		填料层是否损坏	1次/月
		管路是否腐蚀损坏	1次/月
	风系统故障	风机叶轮是否松动变形	1次/月
		管路阀门是否损坏	1次/月
		过滤网是否堵塞	1次/月
		风管软接头是否破损漏风	1次/月

风险事件	风险因素	监测指标	监测频率
空调系统故障	风系统故障	设备仪表是否损坏	1次/月
		风机皮带是否磨损破坏	1次/月
	水系统故障	电机温升是否正常	1次/周
		水泵是否有异常噪声和振动	1次/周
		轴承润滑是否良好，磨损	1次/周
		减振装置及进出口软接头减振是否良好	1次/周
		水箱、管道是否漏水	1次/月

6.5　上海某大型博览会运营风险管理案例

1.某博览会的运营风险管理工作

（1）组织机构的效率以及运行机制风险管理。某博览会的运营涉及方方面面，哪一个部门的工作没有到位，都将严重地影响整个运营工作的绩效。因此，某博览会运营机构设立的完整性和合理性将直接影响到组织运行的效率和工作的绩效。而组织机构中信息传递机制、问题报告和处理机制以及运营管理机制的完整性和合理性，则是各种信息畅通、可靠，问题的及时报告和处理的基础和保证。如果没有这些保障，某博览会的运营可以说是风险重重，最后会危及整个会议的开展。

（2）资源的配置风险管理。某博览会的成功举行，需要耗费大量的有效资源。如何根据某博览会现有配置的资源，充分利用、合理分配，减少对环境和社会的压力，实施绿色和可持续发展的战略，特别是在场馆、展位和交通等方面要达到预期设定的目标，其运营风险管理的重要性不言而喻。

（3）资金的筹集和使用风险管理。某博览会的成功举行，还需要大量的资金来支撑。在资金筹集方面，所需资金是否能够及时到位；在资金运用方面，运营成本控制是否合理，收支是否能够基本平衡；资金运用是否透明等，是某博览会实施财务运营管理，并取得成功的重要保证。

（4）服务水平风险管理。某博览会的主题是"城市，让生活更美好"，如何使参展商满意，使参观者满意，使所有参与者满意，就成为某博览会的一大任务，因此，本文将服务水平作为一个指标来研究其风险管理。

2.上海某博览会运营风险的外部影响因素

由于某博览会历时 184 天，时间之长，会使某博览会期间的许多外在因素影响某博览会的顺利进行，这些因素也许不同于一般的国际活动的运营风险。影响某博览会正常安全运营的因素错综复杂，使得某博览会运营安全管理具有较强的不确定性。从总体上来说，其影响因素主要表现在以下几个方面：

（1）上海城市灾害、事故时有发生，很大程度上影响着某博览会的举办。具体表现在：

1）台风灾害：如 2005 年的"麦莎"台风导致上海 4 人遇难。台风可能对某博览会展馆和设施如风雨棚等造成影响，并可能对黄浦江水上交通造成影响。

2）高温灾害：每年 7～8 月份是上海的高温季节，是某博览会期间最热的阶段，在客流上是个高峰季节。高温天气可能直接导致游客中暑，给游客带来各种困难；持续高温可能导致电力供给负荷增大，并有可能引起大面积停电事故；高温引起的用水危机和水质恶化也有可能转化为公共卫生事件并引发社会混乱。

3）龙卷风灾害：龙卷风也是上海的灾害性天气之一，常出现在春夏两季，特别是以 7～8 月最多。虽然龙卷风影响的范围较小，但一旦发生，同样会造成重大损失。龙卷风对园区一般不会构成直接的威胁，但如果龙卷风造成大面积停电或引起交通阻塞等事故，会对某博览会的安全构成威胁。

4）火灾：根据上海市医疗急救中心对上海市突发性灾害和涉及医疗事件的统计分析，火灾的发生次数仅次于交通事故。

（2）上海的城市功能和结构在应对灾害方面存在较大的脆弱性，城市应对突发事件的能力还有待提高。某博览会将经历 5 月份的梅雨季节和夏季高温季节，这对食品卫生要求很高，各种流行病多发季节，密集人流成为移动载体，容易传播和扩散。这些都存在爆发突发公共卫生事件的可能。

（3）某博览会时间跨度大，危机隐患多。特别是某博览会将跨越梅雨潮湿多雨、夏季台风高温季节，在防止春季流行病、台风灾害、暴雨、高温酷暑等方面面临着巨大压力。

（4）某博览会入场人数多，交通拥挤、突发事件等都有可能造成踩踏事故而影响某博览会安全。交通事故是上海发生次数最多的突发事件，且近年随着轿车拥有量的增加，交通事故有明显上升的趋势。某博览会期间，交通承受巨大压力，一旦路面交通发生重大事故，或轨道交通、地铁发生突发性事故，将对该博览会交通产生重大影响。踩踏事故是国内外大型活动中经常发生的突发事件。上海某博览会的特征就是参观人数多，高峰期间，日客流量将达 80 万以上，场地拥挤引起踩踏事故的可能性很大。

（5）不同语言交流障碍同样也会影响某博览会运营安全管理。当危机发生，由于来自世界各地的参展人员和游客，受到语言、文化习惯等影响，很大程度上影响救助的实施效果。

（6）某博览会境外人员的大量入境，跨国犯罪、国际金融犯罪等发生的可能性增加；各种犯罪活动的危险性大大增强。

（7）城市居民安全防患意识不强，面对突如其来的事故和灾害，缺乏必要的应对能力。

3. 上海某博览会运营风险预警机制的建立

从以上某博览会运营风险外在的影响因素分析可以看出，影响上海某博览会的安全运营因素是复杂多变的，如何从系统论角度对其进行科学的分析研究是本文要解决的一大难题。因此，本文试图构建上海某博览会运营风险的指标体系和运营风险预警机制，为某博览会安全顺利的进行提供决策依据。

4. 上海某博览会运营风险预警指标

运营风险预警指标的建立是一个系统复杂的工程，不同的具有内在联系的指标从多个视角和层次反映出运营系统的基本状况，这些具有内在联系的指标构成一个完整的指标集，即指标体系。科学合理的运营风险预警指标体系是建立有效灵敏的风险预警机制的前提和基础。因此，建立上海某博览会运营风险预警指标一定要注意遵守指标的科学性、动态性、独立性、规范性以及可操作性相结合的原则。

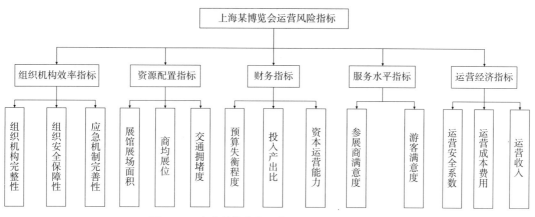

图 6-45　上海某博览会运营风险预警指标结构图

在构建上海某博览会运营风险预警指标的体系中，本文考虑了组织机构效率指标、资源配置指标、财务指标、服务水平指标以及运营经济指标等一级指标，一级指标包含组织机构完整性、组织安全保障性、应急机制完善性、展馆展场面积、商均展位、交通拥堵度、预算失衡程度、投入产出比、资本运营能力、参展商满意度、游客满意度、运营安全系数、运营成本费用以及运营收入这 14 个二级指标。这些指标采用定量研究和定性研究相结合的原则，定量分析优先等原则。上海某博览会运营风险预警指标如图 6-45所示。

从以上 14 个二级指标的研究来看，上海某博览会运营风险预警模型的建立要采用多指标综合预警的方法，即通过对多个二级指标变量的统计规律和变化趋势进行综合的研究，根据其重要性以及其对风险状况反应的灵敏度来确定权重。对于有些指标的原始数据很难获得，或者根本无法获取的，可以采用模糊数学中模糊综合评价方法研究。本文正是在此基础上构建上海某博览会三级运营风险预警模型（按照一级指标），本文称之为"红色、橙色、黄色"三级预警系统。其中，红色为最高级运营风险，橙色为中级运营风险，黄色为低级运营风险。三级预警系统以红色预警系统为重点，本文认为如果上海某博览会运营系统中有 4 个（包括 4 个）以上的一级运营指标处于非正常运营状态，即系统处于高度风险状态，则应该发出红色预警。这时系统孕育着极大的风险，甚至是危害，该风险会对上海某博览会运营产生严重的不良后果，而且使整个过程处于无法控制当中。

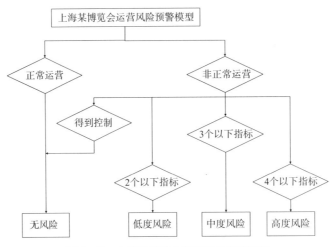

图 6-46 上海某博览会运营风险预警模型

对于高度风险的处理要集中全部资源和社会力量加以应对。橙色预警，本文认为如果上海某博览会运营系统中有 3 个（包括 3 个）以下的一级运营指标出现问题或差错，即系统处于中度风险状态，则应该发出橙色预警。这时运营系统如果不加以控制，该风险同样也会对上海某博览会运营产生不良的后果。在模型中，中度风险的处理也要引起高度的重视，否则易演化成高度风险。黄色预警，本文认为如果上海某博览会运营系统中有 2 个（包括 2 个）以下的一级运营指标出现问题或差错，即系统处于低度风险状态，则应该发出黄色预警。此时运营系统基本能够正常运营，该风险也不会对上海某博览会运营产生不良的后果。但是，如果不能够正确的处理，低度风险同样也会进一步演化成中高度风险，因此，在实践中，务必要处理好系统中这 3 种运营风险之间的关系。上海某博览会运营风险预警模型如图 6-46 所示。

5. 上海某博览会运营风险管理方法创新

从以上对上海某博览会运营风险预警指标和模型的研究，可以看出，建立好完善的某博览会运营风险安全管理体系，需要在运营风险管理方面多下功夫，对具体的风险运营管理方法创新进行探讨。本文在上述研究基础上提出了运营风险制度化管理、运营风险组织化管理、运营风险层次化管理、运营风险预案应急管理等创新的管理方法，从多角度、全方位对某博览会运营风险进行全面管理。

（1）运营风险制度化管理

我国举办规模如此巨大的国际某博览会尚属首次，没有相关的规章制度，因此，一定要加强相关规章制度的建设。根据国际展览局的相关规则，上海世界某博览会组织委员会应该根据我国相关法律法规制定《上海某博览会特殊规章》，明确某博览会相关方面的安全要求，明确博览会区范围内统一适用中国法律法规所规定的安全标准，为推进某博览会公共安全工作奠定制度基础。当然，在此基础上，上海世界某博览会组织委员会根据具体情况，还可以编制其他指南手册，向各国参展者、参观者详细说明在参加上海某博览会期间应注意的具体安全性问题。

（2）运营风险组织化管理

高效的组织运行机制是确保某博览会运营风险管理实施的重要条件。由于某博览会运营风险管理本身的特殊性和复杂性，需要建立一个完整的某博览会运营风险管理组织体系，对某博览会的安全进行全方位风险管理。建立某博览会安全管理委员会对某博览会运营安全进行综合管理。在此基础上，由不同类型的管理部门构成横向管理体系，市应急管理委员会—博览会安全管理委员会不同层次的应急管理机构构成纵向管理体系。非政府组织或志愿者组织构成社会安全管理体系。因此，在具体实施过程中，可以采用网格化的管理理念，对博览会采取网格化管理方法，分区域对各类突发事件进行监控，提升园区预防、预警和即时处置运营风险事件发生的能力。同时，可以协调上海市公安、武警和驻军等骨干应急队伍，强化园区公共安全保障机制，提升现场处理安全事宜的能力。另外，可以加强对公共服务网络抢险抢修、医疗救护、卫生防疫、食品安全监管、安全生产监管、检验检疫、质量监督、市容环卫、环境监测、水上救助、防核化等专业队伍建设，来提升应急水平；通过对志愿者进行培训，提高志愿者自救互救的技能，发挥志愿者在园区公共安全保障中的作用等。

（3）运营风险层次化管理

运营风险层次化管理，就是要确保参与上海某博览会人、财、物等的安全运营，它包含了某博览会参展人员及工作人员、参观人员的生命安全，某博览会的所有设施、展品等各种财产安全，以及博览会运营经济效益的安全边际。对于不同的管理对象安全需要通过不同层次的管理方法进行管理。

参展物品安全管理。确保参展品的安全是博览会运营安全管理的最基本要求。对各地区参展品，根据其重要性和安全特性进行分层次和等级管理，并按照展品—展馆—展区—博览会区不同层次对展品和展馆做好安全管理。

参展人员安全管理。参展人员和博览会工作人员是博览会区的重要相对固定人流，确保他们的人身安全是保证博览会顺利举办的前提。由于他们既是被管理对象，又是参与园区安全管理的重要力量，所以可以事先对他们进行安全管理培训和演练，提高他们的安全管理的意识。

参观人员安全管理。由于参观人员流动性大，具有不确定特性，需要对其进行动态管理，通过出入口管理、园区内合理诱导等方法进行安全管理。同时可以为他们提供必要的有关安全游览的指引手册等。

城市公共安全管理。在有效地管理博览会区内运营安全的同时，应该按照博览会场区域—机场、车站等重点区域—上海市区—上海周边地区等不同层次进行管理，确保上海城市社会的稳定和安全，只有这样才能保证博览会安全举行。

（4）运营风险预案应急管理

博览会运营安全管理除了在规章制度、组织机构方面提供保障外，还需要根据博览会召开时的具体特征和需要进行风险预案应急管理。为此，应该加强应急救灾抢险网络体系和救灾抢险应急队伍的建设，以确保风险发生后实施快速有效的救助和抢险。具体来说：

针对园区规划中不同的建筑，例如：单体展馆、水域、各出入口、广场等制定相应的工作预案。

针对不同类别的事件，例如：重大刑事类案件、人员踩踏、自然灾害等，制定相应的工作预案。

针对警卫目标及特定人员，制定相应的工作预案。

针对物资储备规划，应急救灾。物资的储备是确保突发事件发生后能为灾民提供急需的生活用品。所以应该对饮用水、食品、帐篷、医用品等救灾物资的分布和储备进行规划和管理等。当然，运营风险预案应急管理是以预防为主、兼顾应急，使各类安全隐患消除在萌芽状态中。

第 7 章　城市大型公共建筑运营风险管理系统

目前，国内外关于建设工程如地铁工程、公路隧道工程、房屋建筑工程等建设风险评估和管理方面的系统较多，可实现有效的施工全过程的风险管控。但是，这些系统无法实现监测、预警和应急响应的一体化管理。因此，有必要针对大型建筑运营阶段风险管理的特点和难点，开发一套集风险评估、风险监测、风险预警及风险应急响应于一体的风险管理系统。

本书提出了城市大型建筑物安全运营风险管理系统的研发思路和主要成果，包括大型建筑安全运营风险管理系统软件开发的需求分析、功能分析、模块分析等，确定系统开发的框架；开发风险识别模块、风险评估模块、风险跟踪监测模块、风险预警模块、风险应急响应模块等多个功能模块，最终形成大型建筑物安全运营风险管理系统，通过工程应用完善管理系统功能。

城市大型建筑安全运营风险管理系统开发的具体研究内容包括：

（1）首先，进行城市大型建筑物安全运营风险管理框架体系研究，建立基于信息共享、协调控制、技术集成等于一体的城市建筑运营安全风险管理框架体系。从风险管理功能有效实现的角度，开发风险识别模块、风险评估模块、风险跟踪监测模块、风险预警模块及风险应急响应模块等多功能模块。

（2）其次，对大型建筑围护系统安全和地下施工安全等关键技术和管理技术进行梳理和分类，并与地下工程施工影响下城市建筑物安全保障关键技术和城市建筑围护结构安全事故防治关键技术进行有效的整合。

（3）最后，在风险管理框架体系研究和专项技术集成的基础上，开发集监测、预警、应急响应于一体的大型建筑运营安全风险管理系统，并结合国内某综合交通枢纽工程，进行风险管理系统的工程示范。

7.1　大型公共建筑安全运营风险管理系统研究现状

随着风险管理理论研究的日趋规范，风险管理软件开发领域也有了新的进展。风险管理软件开发的核心是风险评估理论基础，即风险定量计算模型的建立。风险定量分析有三大理论：概率论、多属性偏好理论、模糊逻辑理论。在进行风险评估时，可采用多种评估方法，包括基于知识（Knowledge-based）的分析方法、基于模型（Model-based）的分析方法、定性（Qualitative）分析方法和定量（Quantitative）分析方法，无论何种方法，共同的目标都是找出不同对象面临的风险及其影响，以及当前安全水平与组织安全需求之间的差距。

目前，根据评估技术不同，风险管理软件可基本分为四大类：（1）基于 Monte-Carlo 数值模拟技术的管理软件；（2）基于模糊数学的风险管理软件；（3）与网络技术相结合的风险管理软件；（4）采用概率统计手段综合经验的风险管理软件。

1. 基于 Monte-Carlo 数值模拟技术的风险管理软件

具有代表性的是 @risk 和 Crystalball，它们的共同特点是都以蒙特卡洛方法为内核，基于 Microsoft Excel 的软件模块。软件存储了多种数据分布曲线，用户可以自己定义，可以实现风险因子分布的自动拟合。

2. 基于模糊数学方法的风险管理软件

基于模糊数学方法对风险评估软件基本上停留在学术研究的阶段，尚未形成较为完善的商业化软件。

3. 与网络技术相结合的风险分析技术

网络模型和风险管理的第一次结合是 1957 年在美国杜邦公司用于工程紧急维修的关键路线法（Critical Path Method，CPM），以及随后在美国北极星导弹计划中用的计划评审技术（Program Evaluation and Review Technique，PERT），随着网络技术的发展，一种新的网络技术，即随机网络（图示评审技术）（Graphical Evaluation and Review Technique，GERT）逐步发展和完善起来。在 GERT 的基础上，Moeller 提出一种新的网络技术，即风险评审技术（Venture Evaluation and Review Technique，VERT）。

4. 基于经验总结的风险管理软件

其代表软件有风险登记数据库系统、基于风险管理过程的概率风险分析决策支持系统、集成风险管理过程及分析技术的风险管理知识库系统等，这些软件都关注风险管理的全过程，关注风险概率、风险损失的确定。

综上，虽然国内外已对风险评价理论和风险管理软件有了一定的研究成果，但是针对风险动态识别与评估技术的管理软件研究较少。为了有利解决城市大型建筑物安全运营保障问题，本节将前文基于风险链的大型建筑安全运营风险耦合分析与识别技术、基于贝叶斯技术的大型建筑安全运营动态风险评估技术应用于城市建筑安全运营风险管理框架体系，集成大型建筑安全运营风险性状跟踪、监控、预警、应急等专项技术，开发集监测、预警、应急响应于一体的大型建筑安全运营风险管理系统，该系统的开发也是本项研究研究的关键内容之一。

7.2 大型公共建筑安全运营风险管理体系设计思路

1. 风险管理框架体系

安全运营风险管理框架体系是大型建筑安全运营风险管理系统开发的体系基础，可指导整个风险管理软件的开发和应用。本研究在经典风险管理理论的基础上，结合本研究前述研究内容，系统梳理风险管理的框架体系，该体系的梳理最终表现形式是风险管理软件的整体构件。

因为风险管理的使用对象为工程技术人员和工程管理人员，因此设计是由数据层、支持层、应用层、表现层以及用户层 5 个层次组成的风险管理逻辑层次。其中，数据层由项目库、案例库、事件库、措施库、预案库、指标库以及文档库 7 个数据库构成，涉及了工程中大量项目数据、案例数据、风险预案数据、文档数据、地理信息数据以及监测与安全监控数据的分类存储，并相对独立，便于系统的扩展与维护。支持层描述了对持久化数据库的封装，对数据的管理，以及存储抽象化成统一数据访问接口、数据安全性检查接口以及数据交换中间件接口这 3 个 API 接口。应用层主要包括工程概况、风险识别、风险评估、风险跟踪、风险预警、风险应急 5 个功能，形成包括监测、预警、应急响应于一体的大型建筑安全运营风险管理系统。表现层主要由两个终端组成，这两个终端分别代表了客户端的两种形式，分别是移动端和 IE 端。用户层展示了参与信息系统协同工作的各方，包括建设单位、咨询机构、其他参建单位。因此，大型建筑安全运营风险管理的框架体系及其管理系统总体架构如图 7-1 所示。

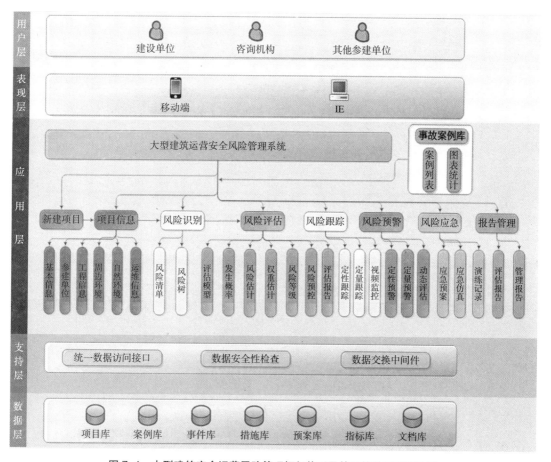

图 7-1　大型建筑安全运营风险管理框架体系及管理软件系统架构图

2. 风险管理业务逻辑

城市建筑安全运营风险管理以案例数据库为基础，收集国内外各类城市大型建筑在运营阶段发生的典型安全事故，建立风险数据库，为风险识别和评估提供基础数据。

风险识别是在风险数据库的基础上，通过把工程事件与风险库进行比对，对尚未发生的、潜在的、客观存在的各种风险进行系统分析、预测、辨识、推断和归纳，生成安全运营风险清单和风险树，对风险大小和可能性作出总体分析。

风险评估则对风险清单进行分析，确定各类风险大小的先后顺序，确定各类风险之间的内在联系，评估风险事件等级。

风险跟踪监测对建筑安全运营过程中存在的风险进行评估，跟踪已识别的重要风险，并监测其变化与发展。

风险预警系统是本管理体系的核心，由风险预警指标、风险预警模型、风险预警线这三部分组成，有助于决策人更好、更准确地认识风险整体水平、风险的影响程度及风险之间的相互作用；对超过预警值的风险事件，通过高效的控制机制，预防、减少、遏制或消除建筑运营风险。因此，大型建筑安全运营风险管理系统业务逻辑架构（示意图）如图 7-2 所示。

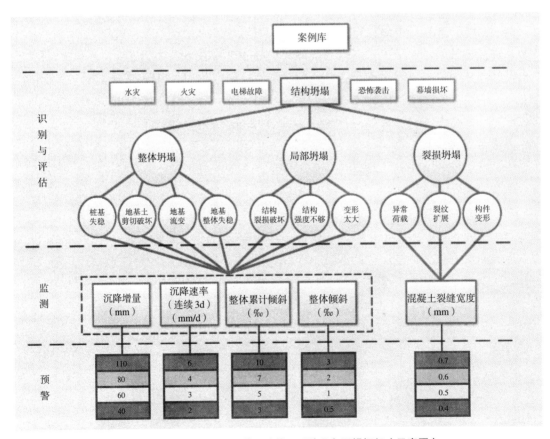

图 7-2　大型建筑安全运营风险管理系统业务逻辑框架（示意图）

7.3　大型公共建筑安全运营风险管理系统设计

1. 系统设计目标

本系统开发能够为建筑物运营方、管理者提供有效、方便的风险管理手段，实现风险动态评估与管理、监测与预警的信息集成管理。该系统的适用对象（按建筑使用功能）包括国际机场、枢纽车站（地铁站、火车站、汽车站）、大型展馆（博物馆、展览馆、体育馆等）、综合大楼（居住类建筑、商场、办公楼、酒店、厂房、仓库以及广播电视中心等）。

本系统适用对象（按结构类型）包括框架结构、排架结构、剪力墙结构、框架剪力墙结构、框架核心筒结构；钢结构包括大跨度钢结构、高层钢结构、空间结构和工业厂房钢结构。

2. 系统业务流程

安全运营风险管理系统数据流程如图 7-3 所示，运营监测数据、现场巡查数据以及勘察与设计、施工资料数据，地理信息数据等工程文档数据通过客户端系统与 Internet 连接发送到信息中心数据库，经由风险咨询机构专家组的综合分析，确定预警等级、应急响应措施，预警信息通过网络与无线通信设备进行发布，并对事件处理过程与结果进行自动记录。系统还通过 Internet 为用户提供查询、报表输出、数据预测、事务管理等操作。

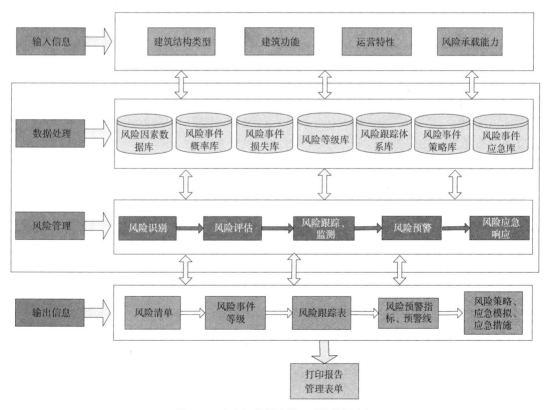

图 7-3　安全运营风险管理系统数据流程

7.4 大型公共建筑安全运营风险管理系统功能示范

1. 新建项目

风险管理系统采用目前流行的支持多用户同时使用、客户端零安装的 B/S 架构。系统部署在上海市建筑科学研究院服务器上，分布在各地的大型城市建筑管理方，可以利用 Internet 登录系统，使用风险管理系统的各个管理功能。其登录界面如图 7-4 所示。

本研究结合国内某交通枢纽示范工程项目，进行风险管理系统的介绍。

图 7-4　大型建筑运营安全风险管理系统登录界面

对大型建筑安全运营风险管理，首先需要新建项目，主要包括项目基本信息和单位工程等的新增、修改、删除功能。新项目需要通过新建来进行管理。进入一个项目列表页如图 7-5 所示。在项目列表页上方有"新增"按钮可以新增新的风险管理项目。

图 7-5　风险管理系统项目列表

2. 风险数据库

风险数据库是整个系统的核心，其主要作用包括：（1）存储风险评估计算结果。（2）为风险决策的技术预案提供信息，并存储决策信息。（3）记录和存储风险跟踪情况。风险数据库设计了三类内容：一是风险因素、风险清单、风险路径等关系表，通过工程项目信息的识别，对整个工程项目进行初始风险识别及评估；二是风险监测指标表、参数表等，为实时监测及动态评估提供支持；三是基本的项目表、事故案例库、风险措施库等。以下是事故案例库的主要内容，内容显示区域展示的是系统已录入的案例的统计图，统计图分别按照建筑类型、结构类型和事故类型来划分，分别如图 7-6~ 图 7-8 所示。

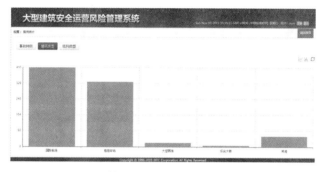

图 7-6　基于建筑类型的事故案例统计图

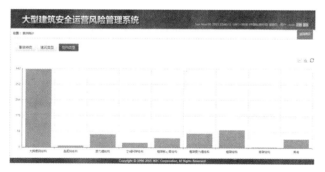

图 7-7　基于结构类型的事故案例统计图

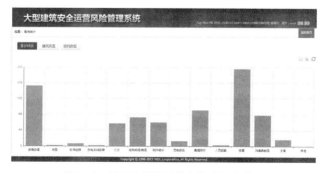

图 7-8　基于事故类型的事故案例统计图

3. 项目信息

在"项目信息"模块中，可以将详尽的项目数据输入到系统中，包括项目基本信息、参建单位信息、工程信息、周边环境、自然条件和运维管理信息等。

项目"基本信息"模块，主要对项目的工程概况包括项目名称、项目地点、项目类型、项目投资以及项目中各个单体的工程名称信息进行维护，如图 7-9 所示。

图 7-9　项目基本信息录入

项目"参加单位"模块，主要对项目的参建各方，主要是建设单位、勘察单位、设计单位、监理单位和施工单位（及其资质等级）等信息进行维护，如图 7-10 所示。

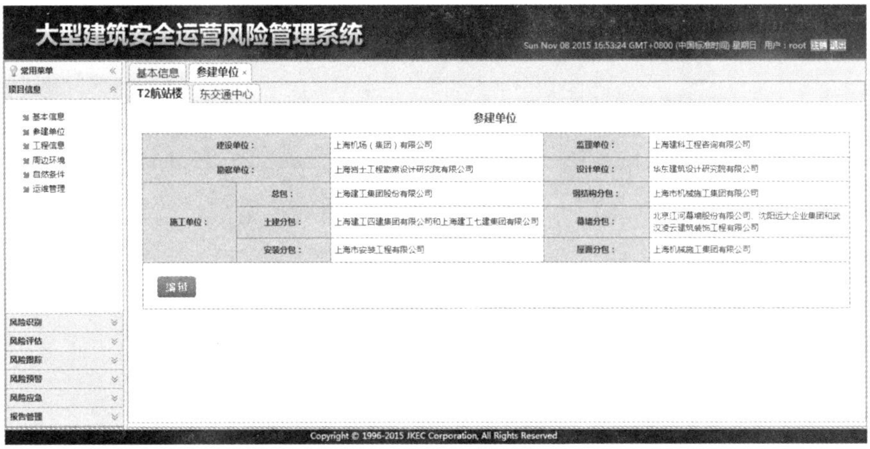

图 7-10　项目参建单位信息录入

项目"工程信息"模块，主要对项目建筑面积、建筑高度、建筑层楼、地下层数、抗震等级及设计使用年限等信息进行维护，如图 7-11 所示。

图 7-11　项目工程信息录入

项目"周边环境"模块，主要对项目周边建筑、周边涵洞、周边道路、周边河道、周边隧道、周边高架及周边管线等信息进行维护，如图 7-12 所示。

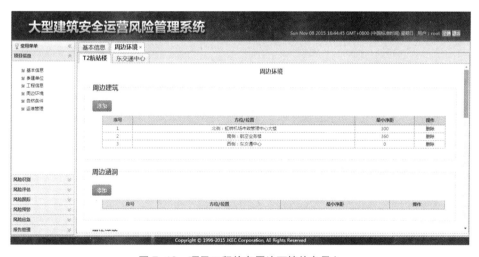

图 7-12　项目工程信息周边环境信息录入

4. 风险识别

在风险识别模块中，系统会根据录入的详细信息计算出项目中可能出现的风险的风险清单，如图 7-13 所示。通过把工程事件与风险清单和风险树进行比对以及匹配，对尚未发生的、潜在的、客观存在的各种风险进行系统分析，生成安全运营风险清单，对风险大小和可能性作出总体分析。根据风险清单中的风险之间的因果关系推导出风险树如图 7-14 所示，供后续风险评估所用。

图 7-13　项目风险清单（以玻璃自爆为例）

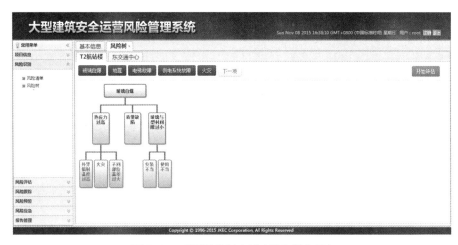

图 7-14　项目风险树（以玻璃自爆为例）

5. 风险评估

完成对项目的风险识别后，根据不同的灾难事故以及项目的具体情况定义不同的评估模型如图 7-15 所示。风险评估则是根据评估模型，对风险清单以及风险树与案例数据库结合进行项目风险的评估，并且根据算法估计每种风险的权重，确定各类风险之间的内在联系，评估风险事件等级。风险等级包括以下工作：（1）利用数据库，采用统计分析和修正系数分析的方法确定各种风险因素发生的概率。（2）利用数据库，统计和分析各种风险的损失量，包括可能发生的运营工期损失、费用损失，以及对运营的质量、功能和使用效果方面的影响。（3）根据各种风险发生的概率和损失量，结合大型建筑物安全运营风险等级划分标准，确定风险等级。根据风险等级结果生成相应的风险预控措施。系统根据定义的风险模型得出每种风险发生的概率如图 7-16 所示。最后得出每个风险与之相应的风险等级如图 7-17 所示。

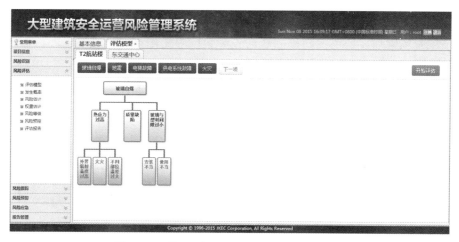

图 7-15　项目风险评估模型（以玻璃自爆为例）

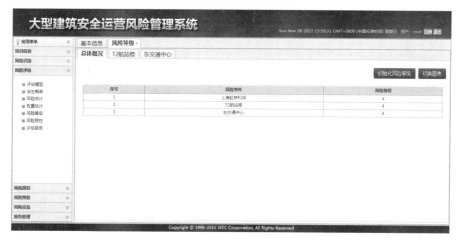

图 7-16　风险发生概率（以玻璃自爆为例）

图 7-17　风险等级（以国内某机场为例）

6. 风险跟踪

评估项目风险后，还需要根据项目的各个参数的变化对项目风险进行跟踪，对可能发生的各项风险事件进行态势监控。通过远程监控系统、自动检测系统和人工测量系统，及时获取监测数据，根据实际检测到的数据对照每个风险事件的特征参数与目标值对比判断该事件的状态，然后对发生各种风险的可能性进行推测，及时作出预警或应急决策。如图 7-18、图 7-19 所示为数据采集和监测。

图 7-18　风险定性跟踪（以玻璃自爆为例）

图 7-19　风险定量跟踪（以供电系统故障为例）

7. 风险预警

风险预警系统是运营风险管理体系的核心，由风险预警指标、风险预警模型、风险预警线这三部分组成。根据风险监测技术、监测设备所采集到的各种现场监测信息或数据，当监测指标超过预先设定的阈值时，系统便自动发出报警信息，同时进入预案启动执行状态。其中，预警指标分别对不同风险事件进行预设，系统根据不同级别的报警信息，启动不同的应急预案。系统会对检测到的数据进行分析，并结合之前的风险评估，对风险进行预警，如图 7-20、图 7-21 所示。风险动态评估结果如图 7-22 所示。

图 7-20　风险定性预警（以玻璃自爆为例）

图 7-21　风险定量预警（以供电系统故障为例）

图 7-22　风险动态评估结果（以国内某机场 T2 航站楼为例）

8. 风险应急

在风险应急模块中，根据各类风险事件人员的疏散模型及人流的特征，通过 API 接口调用疏散模拟软件，对风险发生的情况进行应急演练，并且根据不同的风险实施不同的应急预案。

随着我国近几年来的高速发展带动了城市化的进程，为我国城市大型公共建筑的运营带来了诸多前进中的问题和巨大的压力。如何进行城市大型公共建筑运营阶段风险评价与控制，逐渐变成研究的热点，在建筑安全运营领域尚待完善的研究内容还很多，特别是如何将微观分析手段与宏观评价更为顺畅地衔接起来，进一步提高公共安全风险评价的客观性和应急管理的有效性，还有待后续工作加以推进。

参考文献

[1] 周红波，姚浩，卢剑华．上海某轨道交通深基坑工程施工风险评估 [J]．岩土工程学报，2006，28（增 1）：1902-1906．

[2] 周红波，赵林．分层分析风险评价法在高层钢结构工程风险管理中的应用 [J]．建筑技术，2006，37（2）：101-102．

[3] 周红波，何锡兴，蒋建军等．地铁盾构法隧道工程建设风险识别与应对 [J]．地下空间与工程学报，2006，2（3）：475-479．

[4] 周红波，何锡兴，蒋建军等．软土地铁盾构法隧道工程风险识别与应对 [J]．现代隧道技术，2006，43（2）：10-14．

[5] 成虎，周红波，叶少帅．对建设工程保险制度在上海市应用的研究 [J]．铁道工程企业管理，2006，（1）：16-18．

[6] 周红波，高文杰．深基坑工程施工风险管理实务研究 [J]．建筑经济，2009，（9）：73-76．

[7] 周红波，蔡来炳，高文杰．基坑地下连续墙渗漏风险识别和敏感性分析 [J]．工业建筑，2009，39（4）：84-87．

[8] 周红波，高文杰，蔡来炳等．基于 WBS-RBS 的地铁基坑故障树风险识别与分析 [J]．岩土力学，2009，30（9）：2703-2707．

[9] 周红波，高文杰，刘成清．上海虹桥综合交通枢纽灾害链及其在灾害评估中的应用 [J]．灾害学，2009，24（1）：6-12．

[10] 周红波，高文杰，刘成清．综合交通枢纽工程的灾害评估内容和方法探讨 [C]．上海空港．2009．

[11] 周红波，高文杰，刘成清．上海虹桥综合交通枢纽工程的灾害识别与评估 [J]．灾害学，2009，24（2）：16-20．

[12] 张辉，周红波，高源．大型钢筋混凝土建筑结构事故案例统计分析 [J]．建筑技术，2010，41（7）：656-658．

[13] 何锡兴，周红波，姚浩．上海某深基坑工程风险识别与模糊评估 [C]．全国基坑工程研讨会．2006．

[14] 周红波，陆鑫，王挺．建筑工程质量安全风险管理模式简介与试点应用 [J]．工程质量，2006，（1）：62．

[15] 周红波，黄誉．超高层建筑在极端台风气候下结构及施工安全风险分析及控制研究 [J]．土木工程学报，2014，（7）：126-135．

[16] 蔡来炳，周红波．城市轨道交通深基坑工程承压水风险与控制研究 [C]．全国工程风险与保险研究学术研讨会会议交流材料．2014．

[17] 周红波，孟柯，黄明耀．基于修正系数法的大型建筑工程施工风险耦合效应研究 [J]．建筑技术，2014，45（9）：829-832．

[18] 周红波，纪梅．基于数值模拟方法的深基坑施工风险等级判定 [J]．建筑施工，2014，37（3）：233-235．

[19] Zhou Hongbo, Zhang Hui. Dynamic Risk Management System for Large Project Construction in China[A]. GeoFlorida 2010：Advances in Analysis, Modeling & Design[C]. 2010：1992-2001.

[20] Zhang Hui, Zhou Hongbo, Tao Hong. Risk Management Modes and Their Applications in the Construction Process of Large Infrastructure[A]. Proceedings of the Annual Conference of China Association for Science and Technology[C]. 2010, 6（1）：96-101.

[21] 姚浩, 周红波, 蔡来炳等. 软土地区土压盾构隧道掘进施工风险模糊评估 [J]. 岩土力学, 2007, 28（8）: 1753-1756.

[22] 周红波, 叶少帅, 沈康. 政府投资项目代建管理模式与风险分析 [J]. 建筑经济, 2007,（5）: 52-55.

[23] 高文杰, 周红波, 黄誉等. 南京紫峰大厦钢结构施工风险分析及评估 [J]. 施工技术, 2008,（增1）: 289-293.

[24] 周红波, 倪志芳, 高文杰. 轨道交通建设安全风险评估与控制措施研究 [J]. 地下空间与工程学报, 2008, 4（5）: 985-990.

[25] 周红波, 高文杰, 黄誉. 钢结构事故案例统计分析 [J]. 钢结构, 2008, 23（6）: 28-31.

[26] 胡华锋, 周红波, 周茂森. 基于工程保险的工程风险管理实践 [C]. 工程风险与保险研究学术研讨会. 2012.

[27] 姜琦, 周红波. 基于修正系数法的大型建筑物安全运营风险耦合效应研究 [J]. 施工技术, 2013, 42（24）: 5-8.

[28] 纪梅, 唐明杰, 周红波. 某地下通道穿越轨道交通施工方案的风险分析 [J]. 地下空间与工程学报, 2013, 9（2）: 451-455.

[29] 张辉, 李文勇, 倪志芳. 上海轨道交通12号线工程施工风险评估与管控措施研究 [J]. 城市轨道交通研究, 2010, 13（11）: 46-51.

[30] 周红波, 高文杰, 黄誉. 大型钢结构风险评估与控制研究及软件开发 [J]. 土木工程学报, 2010,（10）: 122-129.

[31] 周红波, 高文杰, 刘成清. 灾害链在上海虹桥综合交通枢纽灾害评估研究中的应用 [C]. 上海空港. 2010.

[32] Zhou Hongbo, Zhang Hui. Risk Assessment Methodology for a Deep Foundation Pit Construction Project in Shanghai[J]. Journal of Construction Engineering and Management, 2011, 137（12）: 1185-1194.

[33] Zhang Hui, Liu Shangliang. Research on Social Stability External Risk Evaluation in Key Construction Projects Based on ANP[A]. Second International Conference on Electric Information and Control Engineering（ICEICE 2012）[C]. 2012: 743-745.

[34] 周红波, 何锡兴, 江勇等. 工程质量风险管理模式的研究 [J]. 工程管理学报, 2005,（2）: 29-32.

[35] 张辉, 唐明杰, 刘尚亮. 重点建设项目社会稳定风险评估与管理组织模式研究 [J]. 地下空间与工程学报, 2012, 8（增2）: 1723-1727.

[36] 周红波, 陆鑫, 王挺. 建设工程质量安全风险管理模式简介与试点应用 [J]. 建筑经济, 2005,（11）: 29-32.

[37] 张辉. 风险管理标准现状及我国工程风险管理标准化发展趋势 [J]. 三峡大学学报（自然科学版）, 2014, 36（4）: 77-82.

[38] 赵林, 周红波, 邓绍伦. 层次分析法在工程项目风险评估中的应用研究 [C]. 2005全国地铁与地下工程技术风险管理研讨会. 2005.

[39] 周红波, 蔡来炳. 软土地区深基坑工程承压水风险与控制 [J]. 同济大学学报（自然科学版）, 2015, 43（1）: 27-32.

[40] 蔡来炳, 周红波. 城市轨道交通深基坑工程承压水风险与控制研究 [J]. 防灾减灾工程学报, 2015, 35（5）: 617-623.

[41] 周红波, 姜琦. 大型公共建筑安全运营风险管理与应急处置 [J]. 上海城市管理, 2015,（5）: 31-34.

[42] 朱斌, 张辉. 基于贝叶斯网络的高层建筑外墙饰面砖脱落风险发生概率研究 [J]. 三峡大学学报（自然科学版）, 2014, 36（4）: 83-86.

[43] 高文杰. 风险管理思想在工程监理实践中的应用 [J]. 地下空间与工程学报, 2012, 08（a02）: 1832-1836.

[44] 缪佳敏, 蔡来炳. 城市轨道交通工程安全管理模式研究 [C]. 工程风险与保险研究学术研讨会. 2012.